“十二五”职业教育国家规划教材

经全国职业教育教材审定委员会审定

楼宇智能化工程技术专业系列教材

综合布线系统工程技术

第2版

主　编　朱新宁

副主编　张华军

参　编　钱　蕾　王荣琤

主　审　王建玉

机械工业出版社

CHINA MACHINE PRESS

本书是"十二五"职业教育国家规划教材，是根据《教育部关于"十二五"职业教育教材建设的若干意见》及教育部新颁布的《高等职业学校专业教学标准（试行）》，以最新颁布的国家标准 GB 50311—2007《综合布线系统工程设计规范》和 GB 50312—2007《综合布线系统工程验收规范》为依据，在第 1 版的基础上修订而成的。本书根据综合布线系统施工和设计的实际实施过程，将整个综合布线系统工程技术分为 6 个项目 16 个任务，每个项目及任务分别按［学习目标］、［项目（任务）导入］、［学习任务］、［实施条件］、［实训指导］、［拓展实训］、［知识链接］、［知识拓展］及［实训报告］等模块组织内容，并按项目配套相应的基础理论知识题库和实训图库，通过项目任务驱动、探索式学习、实训指导、知识链接与拓展等方式，让学习者通过具体项目任务的实施来掌握综合布线系统工程设计与施工的过程、规范和方法，充分体现以学生为主体，以教师为主导的教学理念，实现"做中学、学中做"。

为便于教学，本书配有免费电子教案、助教课件、基础理论知识题库和实训图库等教学资源，选用本书的教师可来电（010-88379195）索取，或登录 www.cmpedu.com 网站，注册、免费下载。

本书可作为高等职业院校楼宇智能化工程技术专业教材，也可作为计算机网络、自动化和网络通信等专业的教学用书和网络综合布线技术培训教材，还可供网络综合布线行业、智能化建筑行业、安全技术防范行业设计、施工和管理等专业技术人员参考书。

图书在版编目（CIP）数据

综合布线系统工程技术/朱新宁主编. —2 版. —北京：机械工业出版社，2015.1（2025.1重印）

"十二五"职业教育国家规划教材

ISBN 978-7-111-48826-2

Ⅰ. ①综…　Ⅱ. ①朱…　Ⅲ. ①智能化建筑-布线-系统工程-职业教育-教材　Ⅳ. ①TU855

中国版本图书馆 CIP 数据核字（2014）第 290191 号

机械工业出版社（北京市百万庄大街 22 号　邮政编码 100037）
策划编辑：高　倩　责任编辑：范政文　责任校对：潘　蕊
封面设计：陈　沛　责任印制：单爱军
北京虎彩文化传播有限公司印刷
2025 年 1 月第 2 版第 9 次印刷
184mm×260mm·18.5 印张·416 千字
标准书号：ISBN 978-7-111-48826-2
定价：39.00 元

电话服务　　　　　　　　网络服务
客服电话：010-88361066　机　工　官　网：www.cmpbook.com
　　　　　010-88379833　机　工　官　博：weibo.com/cmp1952
　　　　　010-68326294　金　书　网：www.golden-book.com
封底无防伪标均为盗版　机工教育服务网：www.cmpedu.com

第2版前言

本书是按照教育部《关于开展"十二五"职业教育国家规划教材选题立项工作的通知》，经过出版社初评、申报，由教育部专家组评审确定的"十二五"职业教育国家规划教材，是根据《教育部关于"十二五"职业教育教材建设的若干意见》及教育部新颁布的《高等职业学校专业教学标准（试行）》，以最新颁布的国家标准 GB 50311—2007《综合布线系统工程设计规范》和 GB 50312—2007《综合布线系统工程验收规范》为依据，在第 1 版的基础上修订而成的。

本书运用先进的职业教育理念，采用任务驱动的项目教学法，"理实一体化"的教学模式，根据综合布线系统施工和设计的实际实施过程，将整个综合布线系统工程技术分为 6 个项目 16 个任务，主要包括：认知智能建筑和综合布线系统、实现工作区终端连接、实现综合布线系统配线端接、实现水平子系统的布线与端接、实现综合布线系统工程测试、实现综合布线系统工程设计。每个项目及任务分别按［学习目标］、［项目（任务）导入］、［学习任务］、［实施条件］、［实训指导］、［拓展实训］、［知识链接］、［知识拓展］以及［实训报告］等模块组织内容，并按项目配套相应的基础理论知识题库和实训图库，通过项目任务驱动、探索式学习、实训指导、知识链接与拓展等方式，让学生通过具体项目任务的实施来掌握综合布线系统工程设计与施工的过程、规范和方法，实现"做中学、学中做"，强化学生的专业知识和职业技能，提高学生的职业素养，充分体现以学生为主体，以教师为主导的教学理念。

本书内容按照项目任务和实际工程项目的设计与施工的流程以及编者多年从事综合布线系统工程项目的规划设计、施工、监理、维护和一线专业教学的实际经验，并结合历年指导学生集训和参加江苏省及全国职业院校技能大赛"网络综合布线技术"竞赛项目的心得体会而精心安排，突出项目设计和实训操作，同时列举了大量的工程实例，提供了大量的设计图样和工程经验。层次清晰，图文并茂，操作实用性强。

教学课时分配建议如下，任课教师可根据自己学校的具体情况作适当的调整。

项目	任务	建议学时	项目	任务	建议学时	项目	任务	建议学时
项目 1		6	项目 3	任务 4	18		案例分析	6
项目 2	任务 1	4	项目 4	任务 1	18		任务 1	12
	任务 2	8		任务 2	18		任务 2	18
项目 3	任务 1	6		任务 3	12	项目 6	任务 3	18
	任务 2	12	项目 5	任务 1	12		任务 4	18
	任务 3	12		任务 2	12		任务 5	18

　　本书由江苏联合职业技术学院南京分院（南京高等职业技术学校）朱新宁主编并统稿，江苏联合职业技术学院南京分院楼宇智能化教研室张华军、钱蕾和王荣琤参与编写。其中王荣琤编写项目1；钱蕾编写项目2；朱新宁编写项目3，项目4任务1、任务2和项目6；张华军编写项目4任务3和项目5，并共同参与项目配套基础理论知识题库编写。全书由王建玉博士主审。在编写过程中，得到了江苏省土木建筑学会智能建筑专业委员会黄筱淑教授和孙云杰、陈卫东等企业高级工程师的指导和帮助，在此表示衷心感谢！本书经全国职业教育教材审定委员会审定，教育部专家在评审过程中对本书提出了宝贵的建议，在此对他们表示衷心的感谢！

　　由于综合布线系统工程技术发展迅速，不断更新，加之编者水平有限，书中难免存在不足之处，敬请读者批评指正。

编　者

第1版前言

综合布线系统工程技术是楼宇智能化工程技术专业的主干专业课程之一，也是计算机网络及网络通信等相关专业的必修课程。

综合布线系统又称结构化布线系统，是目前流行的一种新型布线方式，它采用标准化部件和模块化组合方式，把语音、数据、图像和控制信号用统一的传输媒体进行综合，形成了一套标准、实用、灵活、开放的布线系统。综合布线系统将计算机技术、通信技术、信息技术和办公环境集成在一起，实现信息和资源的共享。综合布线系统由不同系列和规格的部件组成，其中包括：传输介质、相关连接器件（如配线架、连接器、插座、插头、适配器）及电气保护设备等。这些部件可用来构建各种子系统，它们都有各自的具体用途，不仅易于实施，而且能随需求的变化而平稳升级。

本书采用任务驱动教学法，"理实一体化"的教学模式，以最新颁布的国家标准 GB 50311—2007《综合布线系统工程设计规范》和 GB 50312—2007《综合布线系统工程验收规范》为依据编写。根据综合布线系统施工和设计的实际实施过程，将整个综合布线系统工程技术分为 6 个项目。主要包括：认知智能建筑和综合布线系统，实现工作区终端连接，实现综合布线系统配线端接，实现配线系统的布线与端接，实现综合布线系统工程线缆测试和实现综合布线系统工程设计。每个项目根据项目要求编排有学习目标、学习任务、实施条件、实训指导、拓展实训、知识链接、知识拓展以及实训报告等栏目，充分体现以学生为主体，以教师为主导的教学理念。

本书内容按照项目任务和实际工程项目的设计与施工的流程以及作者多年从事综合布线系统工程项目的规划设计、施工、监理、维护和一线专业教学的实际经验精心安排，突出项目设计和实训操作，同时列举了大量的工程实例，提供了大量的设计图纸和工程经验。层次清晰，图文并茂，操作实用性强。

本书由江苏联合职业技术学院南京分院（南京高等职业技术学校）朱新宁主编并统稿，江苏联合职业技术学院南京分院张华军参与编写。其中项目 1 ~ 3、项目 6 由朱新宁编写，项目 4、项目 5 由张华军编写。

由于编者水平有限，书中难免存在不足之处，敬请读者批评指正。

编　者

目　录

第 2 版前言
第 1 版前言

项目1　认知智能建筑与综合布线系统 ··· 1

项目2　实现工作区终端连接 ··· 20
　任务 1　完成网络跳线的制作 ··· 20
　任务 2　完成工作区信息点的安装 ··· 32

项目3　实现综合布线系统配线端接 ··· 42
　任务 1　完成标准机柜和设备的安装 ··· 42
　任务 2　完成 RJ45 配线架的端接 ··· 50
　任务 3　完成 110 型通信配线架（跳线架）的端接 ···························· 56
　任务 4　完成永久链路的搭接 ··· 65

项目4　实现配线子系统的布线与端接 ··· 73
　任务 1　完成 PVC 线管的布线施工 ··· 73
　任务 2　完成 PVC 线槽的布线施工 ··· 87
　任务 3　完成光缆的端接与接续 ··· 97

项目5　实现综合布线系统工程测试 ··· 116
　任务 1　完成双绞线电缆测试 ··· 116
　任务 2　完成光缆测试 ··· 157

项目6　实现综合布线系统工程设计 ··· 182
　案例分析 ··· 182
　任务 1　完成综合布线系统总体设计 ··· 189
　任务 2　完成工作区的设计 ·· 203
　任务 3　完成配线子系统水平缆线的设计 ··· 214
　任务 4　完成配线子系统电信间的设计 ··· 223

　　任务 5　完成设备间的设计 ……………………………………………………… 234

附录 ………………………………………………………………………………… 249
　　附录 A　《综合布线系统工程技术》基础理论知识题库 …………………………… 249
　　附录 B　《综合布线系统工程技术》基础理论知识题库参考答案 ………………… 281
　　附录 C　综合布线系统工程设计实训项目考核 …………………………………… 284

参考文献 …………………………………………………………………………… 288

项目1　认知智能建筑与综合布线系统

 学习目标

1. 了解智能建筑的概念及相关知识。
2. 能初步认识综合布线系统的标准和发展趋势。
3. 能概括综合布线系统的概念、特点和组成。

学习目标

项目导入

智能大厦（建筑）具有舒适性、安全性、方便性、经济性和先进性等特点，结构化布线系统正是实现这一目标的基础。综合布线系统是伴随着智能建筑的发展而崛起的，它是大厦智能化得以实现的"高速公路"。综合布线系统正是为了满足实现智能大厦（建筑）综合服务于管理的需要而建立的。因此，建设智能大厦（建筑）的目标必须要满足两个基本要求：

第一，对使用者来说，智能建筑应能提供安全、舒适、快捷的优质服务，有一个有利于提高工作效率、激发人的创造性的环境。

第二，对管理者来说，智能建筑应当建立一套先进科学的综合管理机制，不仅要求硬件设施先进，软件方面和管理人员（使用人员）素质也要相应配套，以达到节省能耗和降低人工成本的效果。

综合布线系统（Premises Distributed System，PDS）是采用标准化的语音、数据、图像，各线综合配置在一套标准的布线系统上，统一布线设计、安装施工和集中管理维护。综合布线系统应与信息设施系统、信息化应用系统、公共安全系统、建筑设备管理系统等统筹规划，相互协调，并按照各系统信息的传输要求优化设计。综合布线系统以无屏蔽双绞线和光缆为传输媒介，采用分层星型结构，传送速率高。还具有布线标准化、接线灵活性、设备兼容性、模块化信息插座、能与其他拓扑结构连接及扩充设备，安全可靠性高等优点，使得系统的统一管理成为可能，也使每个信息点的故障、改动或增删不影响其他的信息点，使安装、维护、升级和扩展都非常方便，并节省了费用。

学习任务

本项目的学习任务是通过参观一个智能建筑的综合布线系统工程，初步了解系统的功能、结构、原理和组成。

实施条件

联系一个已经投入运行，最好是在建的典型的智能建筑综合布线系统工程项目，用于参

观学习。系统功能越全越好。

组织参观智能大厦（建筑）的综合布线系统的工程

在学校实训部门的协助下，选择比较有代表性的智能大厦的综合布线系统作为参观对象，参观过程中教师或网络管理人员对整个布线系统的情况进行介绍。

任务要求：组织学生参观一个智能大厦（建筑）的综合布线系统的工程，在初步了解系统的功能、结构、原理和组成的基础上，将有关情况以图文并茂的方式描述出来。

实施方案一：联系一个已经投入运行，最好是在建的典型的（智能大厦）综合布线系统工程项目，用于学生的参观学习，系统功能越全越好。

实施方案二：在"综合布线系统实训实验中心"的模拟仿真墙上，预先安装综合布线各子系统，并进行各子系统连接导通，组织学生参观，并对整个布线系统的情况进行介绍，使学生从实际的布线环境中理解综合布线系统的基本组成。

一、智能建筑与综合布线

智能建筑是指运用系统工程的观点，将建筑物的结构（建筑环境结构）、系统（智能化系统）、服务（用户需求服务）和管理（物业运行管理）4 个基本要素，以及它们内在联系进行优化组合，以最优的设计，提供一个投资合理又优雅舒适、便利快捷、高度安全的环境空间。通常，结构和系统方面的优化是指将 4C 技术，即计算机技术（Computer）、自动控制技术（Control）、通信技术（Communication）、图形显示技术（CRT）和集成技术（Integration）综合应用于建筑物之中。智能建筑的系统构成主要包括楼宇设备控制自动化系统（Building Management Automation System，BAS）、通信自动化系统（Communication Automation System，CAS）和办公自动化系统（Office Automation System，OAS），三者通过结构化综合布线系统和计算机网络技术的有机集成。建筑环境是智能建筑的支持平台，如图 1-1 所示。

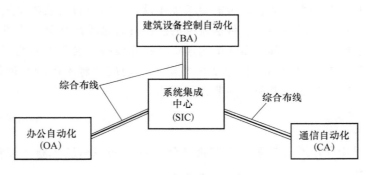

图 1-1 智能建筑环境

综合布线系统（PDS）与智能建筑的发展紧密相关，是智能建筑的实现基础。智能建筑是信息时代的必然产物，是建筑业和电子信息业共同谋求发展的方向。PDS 是一个组合压接方式、模块化结构、星形布线并且具有开放特征的布线系统，一般包含建筑中的有线电视、电话通信、计算机网络通信、消防报警、电力管理、照明控制、空调通风、门禁保安的综合结构化布线系统，通过这些使建筑物实现智能化的管理与控制。

综合布线系统是伴随着智能建筑的发展而崛起的。作为智能建筑中的神经系统，综合布线系统是智能建筑的关键部分和基础设施之一，它们之间的关系极为密切。

1. 综合布线系统是衡量智能建筑智能化程度的重要标准

在衡量智能建筑的智能化程度时，需要评价建筑物内综合布线系统的配线能力。例如：设备是否配套，技术功能是否完善，网络分布是否合理，工程质量是否优良。这些都是决定建筑智能化品质的重要因素。智能建筑能否为用户提供高质量服务，有赖于信息传输网络的质量和技术，综合布线系统在这方面具有决定性作用。

2. 综合布线系统是智能建筑的基础

综合布线系统把智能建筑内的通信、计算机和各种设施在一定条件下相互连接起来，形成完整配套的有机整体，实现高度智能化的要求。由于综合布线系统具有兼容性强、可靠性高、使用灵活和管理科学等特点，因而能适应各种设施的当前需要和今后的发展，所以它是智能建筑能够保证高效优质服务所必备的基础。

3. 综合布线系统是智能建筑内部联系和对外通信的传输网络

综合布线系统是智能建筑对内和对外并重的通信传输网络。综合布线系统除了在智能建筑中的内部作为信息网络系统的组成部分外，对外还与公用通信网络连接成一个整体，成为公用通信网的一部分。为了满足智能建筑与外界联系和传输信息的需要，综合布线系统的网络组织方式、各种性能指标和有关技术要求，都应服从于公用通信网的有关标准和规定。

4. 综合布线系统可以适应智能建筑今后发展的需要

土木建筑，百年大计，一次性的投资很大。在当前情况下，全面实现建筑智能化是有难度的，然而又不能等到资金全部到位，再去开工建设，这样会失去时间和机遇。综合布线为解决这一矛盾提供了最佳途径。

综合布线系统犹如智能建筑内的一条高速公路，可以统一规划、统一设计，在建筑物的建设阶段只需投资相当于整个建筑物报价的 3% ~5% 的资金，就可以将先进的缆线综合布放在建筑物内。至于楼内再安装或增设什么样的应用系统，完全可以根据时间和需要，在综合布线基础上进行模块化增加。

5. 综合布线系统必须与房屋建筑融为一体

综合布线系统与房屋建筑既是不可分离的整体，又是不同类型和性质的工程建设项目。综合布线系统分布在智能建筑内，有相互融合的需要，也有彼此产生矛盾的可能。所以，在综合布线系统的工程设计、安装施工和使用管理等过程中，应经常与建筑工程设计、施工、建设等有关单位密切配合，寻求合理的方式解决问题。

二、传统布线系统与综合布线系统

1. 传统布线系统

传统的布线系统是以满足各个系统的不同应用需要而独立设计与安装的，因此存在如下缺点：

（1）系统不兼容　各子系统分别独立设计，互不关联，互不兼容。

（2）设备相关性 各系统的终端设备只在本系统内有效，超出本系统则不被支持。

（3）工程协调难 工程施工分别进行而难以协调，造价高，工程完工后统一管理较难。

（4）灵活性差 缺乏统一的技术标准与统一的传输介质，系统一经确定难以更改。

随着全球社会信息化与经济国际化的深入发展，人们对信息共享的需求日益迫切，急切需要一个适合信息时代的布线方案。

2. 综合布线系统

开放式综合性布线系统可以把建筑物或建筑群内的所有语音设备、数据处理设备、影视设备以及传统的楼宇管理系统集成在一个布线系统中，统一设计、统一安排，这样不但减少了安装空间，减少了改动、维修和管理费用，而且能以较低的成本及可靠的技术接驳最新型的系统。美国电话电报公司（AT&T）贝尔实验室的专家们经过多年的研究，在办公楼和工厂试验成功的基础上，于20世纪80年代末期率先提出建筑与建筑群综合布线系统（PDS）的概念，并及时推出了结构化布线系统。

（1）综合布线 综合布线又称结构化布线，即为一个建筑物内安装统一的导体网络（通信网络），该网络必须满足一定数量、质量及安排灵活性的要求。

综合布线是一种预布线，该布线系统应是完全开放性的，能够支持多级、多层网络结构，易于实现建筑内的配线集成管理。系统应能满足建筑目前与将来的需求，系统可以适应更高的传输速率和带宽。其特征表现为：

1）系统性：在建筑物的任一区域均有输出端口，在连接和重新布置工作终端时，无须另外布线。

2）重构性：在不改变布线结构的情况下，可重新组织网络拓扑结构。

3）标准化：整个建筑物内的输出端口及相应配线电缆必须统一，以便平稳连接所有种类的网络和终端。

（2）综合布线系统 综合布线系统又称开放式布线系统或建筑物结构化综合布线系统，经我国国家标准 GB/T 50311—2000 命名为综合布线系统（Generic Cabling System，GCS）。它是建筑物内或建筑群之间的一个模块化设计、统一标准实施的信息传输网络，解决了传统布线中不易解决的设备更新调整后重新布线的问题。综合布线系统既能使语音、数据、图像设备和交换设备与其他信息管理系统彼此相连，又能使设备与外部通信网络相连接，包括建筑物到外部网络或电信线路上的连接点与应用系统设备之间的所有电缆及相关联的布线部件。

1）综合布线系统是一种标准通用的信息传输系统。

2）综合布线系统是用于语音、数据、影像和其他信息技术的标准结构化布线系统。

3）综合布线系统是按标准的、统一的和简单的结构化方式编制和布置各种建筑物（楼群）内各种系统的通信线路的系统。

4）综合布线结构包括网络系统、电话系统、电缆电视系统以及监控系统等。

综合布线系统由不同系列和规格的部件组成，其中包括传输介质、相关连接硬件（如配线架、连接器、插座、插头、适配器）和电气保护设备等。这些部件可用于构建各种子系统，它们都有各自的具体用途，不仅易于实施，而且能随需求的变化而平稳升级。总之，综合布线系统与智能建筑的发展紧密相关，是智能建筑的基础设施，它为 BAS、OAS、CAS 提供相互连接的有效手段，是智能化建筑中的神经系统。

综合布线系统应具有灵活的配线方式，布线系统上连接的设备在物理位置上的调整，以及语音或数据传输方式的改变，都不需要重新安装附加的配线或缆线来进行重新定位。

（3）综合布线系统的特点

1）综合性（兼容性）：通过统一的规划和设计，采用统一的传输介质、信息插座、交接设备等，将语音信号、数据信号与监控设备的图像信号，综合到一套标准的布线系统中。

所谓"兼容性"是指它是一个完全独立的系统，与应用系统相对无关，却可以适用于多种应用系统。

过去，为一座大楼或一个建筑群内的语音或数据线路布线时，往往采取不同厂家生产的电缆、配线插座以及接头等。例如，程控交换机通常采用双绞线，计算机系统通常采用粗同轴电缆或细同轴电缆。这些不同的设备使用不同的配线材料，而连接这些不同配线的接头、插座及端子板也各不相同，彼此互不兼容。一旦需要改变终端机或电话机位置时，就必须敷设新的缆线并安装新的插座和接头。

如今，综合布线系统将语音、数据与监控设备的信号线经过统一的规划和设计，采用相同的传输介质、信息插座、交接设备、适配器等，把这些不同的信号线综合到一套标准的布线中。由此可见，这种布线比传统布线大为简化，可节约大量的资金、时间和空间。在使用时，用户可不必了解某个工作区的信息插座的具体用途，只要把某种终端设备（如个人计算机、电话、视频设备等）插入这个信息插座，然后在配线间和设备间的交接设备上做相应的跳线操作，这个终端设备就被接入到其相应的系统中了。

2）灵活性：由于各信息系统均采用相同的传输介质、物理星形拓扑结构，因此所有的信息通道都是通用的，完全能满足灵活应用的需求。

传统的布线方式是封闭的，其体系结构是固定的，若要迁移设备或增加设备会相当困难，甚至是不可能的。综合布线系统采用标准的传输缆线和相关的连接硬件，以及模块化设计，因此，其所有的通道都是通用的。所有设备的开通及更改均不需改变布线，只需增减相应的应用设备，并在配线架上进行必要的跳线管理即可。此外，组网也可灵活多样，甚至在同一房间可有多台用户终端，如以太网工作站和令牌网工作站并存，为用户组织信息流提供了必要条件。

3）实用性：能实现语音通信、数据通信、图像通信以及多媒体信息的通信，满足了目前和将来办公及家庭对通信技术的发展要求。

综合布线采用高品质的材料和组合压接的方式构成一套高标准的信息传输通道。所有缆线和相关连接件均通过 UL、CSA 和 ISO 认证；对于每条信道，都要采用专用仪器测试其链路阻抗及衰减，以保证其电气性能。应用系统布线全部采用点到点端接，任何一条链路的故障均不影响其他链路的运行，为链路的运行维护及故障检修提供了方便；此外，各应用系统采用相同的传输介质，可互为备用，从而保障了应用系统的可靠运行。

4）先进性（开放性）：采用光纤与双绞线混合布线方式，构成了一套完整、合理的布线系统，应用极富弹性的布线概念可为将来的发展提供足够的容量。

综合布线采用光纤与双绞线相混合的布线方式，极为合理地构成一套完整的布线系统。所有布线都采用最新通信标准，链路均按 8 芯双绞线配置。5 类及 5 类以上的双绞线的数据传输速率可达到 100Mbit/s 以上；对于特殊用户的需求，可把光纤引到桌面（Fiber To The Desk，FTTD）。干线的语音部分用电缆，数据部分用光缆，为同时传输多路实时多媒体信息提供足够的裕量。

5）经济性：可以降低用户重新布局或设备搬迁的费用及日后维护系统的费用。

衡量一个建筑产品的经济性，应该从两个方面加以考虑，即初期投资与性能价格化。一般说来，用户总是希望建筑物所采用的设备不但在开始使用时应该具有良好的实用性，而且还应该有一定的技术储备，即在今后的若干年内即使不增加新的投资，还能保持建筑物的先进性。与传统的布线方式相比，综合布线就是一种既具有良好的初期实用性，又具有很高的性能价格比的高科技产品。

6）标准化与模块化：按同一标准与各种设备匹配，最大限度地支持其在智能建筑中的应用；模块化适应于系统的扩充、重置、搬迁。

对于传统的布线方式，只要用户选定了某种设备，也就选定了与之相适应的布线方式和传输介质。如果更换为另一种设备，那么原来的布线就要全部更换。可以想象，对于一个已经完工的建筑物，这种变化是十分困难的，要增加很多投资。

综合布线由于采用开放式体系结构，符合多种国际上现行的标准，因此，它几乎对所有著名厂商的产品（如计算机设备、交换机设备等）都是开放的，并几乎对所有的通信协议也是支持的（如支持 ISO/IEC 8802-3、ISO/IEC 8802-5 等）。

三、综合布线系统构成

根据国家标准 GB 50311—2007，《综合布线系统工程设计规范》，综合布线系统应为开放式网络拓扑结构，应能支持语音、数据、图像、多媒体业务等信息的传递。系统构成包括工作区、配线子系统、干线子系统、设备间（建筑物子系统）、建筑群子系统、进线间和管理 7 个部分，综合布线系统构成框架图如图 1-2 所示。

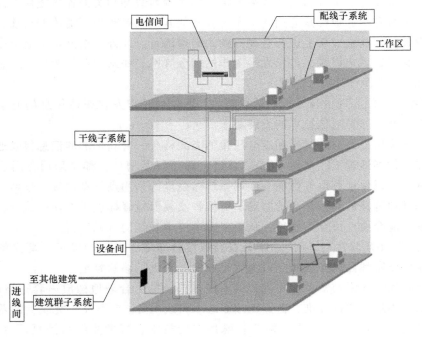

图 1-2　综合布线系统构成框架图

1. 工作区

工作区指最终用户的办公区域，一个独立的需要设置终端设备（TE）的区域宜划分为一个工作区。由配线子系统的信息插座模块（TO）延伸到终端设备处的连接缆线及适配器组成。其中信息插座包括墙面型、地面型和桌面型等多种。常用的终端设备包括计算机、电话机、传真机、报警探头、摄像机、监视器、各种传感器件、音响设备等。

在进行终端设备和 I/O 端口连接时，可能需要某种传输电子装置，但这种装置并不是工作区的一部分。例如，调制解调器，它能为终端与其他设备之间兼容性传输距离的延长提供所需的转换信号，但不能说是工作区的一部分。

工作区所使用的连接器必须具备有国际 ISDN 标准的 8 位接口，这种接口能接受楼宇自动化系统所有低压信号以及高速数据网络信息和数码声频信号。

2. 配线子系统

配线子系统功能是将干线子系统线路延伸到用户工作区。配线子系统由工作区的信息插座模块、信息插座模块至电信间配线设备（FD）的配线电缆和光缆、电信间配线设备及设备缆线和跳线等组成，一般为星形结构。配线子系统总是在一个楼层上，仅与信息插座、管理间连接。在综合布线系统中，配线子系统的水平线缆由 4 对 UTP（非屏蔽双绞线）组成，能支持大多数现代化通信设备，如果有磁场干扰或信息保密时可用屏蔽双绞线。在高宽带应用时，可以采用光缆。

电信间（telecommunications room）属配线子系统的重要组成部分，是放置电信设备、电缆和光缆终端配线设备并进行缆线交接的专用空间。一般设置在每个楼层的中间位置，由交连、互连和 I/O 组成，可为同层组网提供条件，包括有电缆配线架、光缆配线设备及电缆跳线和光缆跳线等。电信间主要为楼层安装配线设备（为机柜、机架、机箱等安装方式）和楼层计算机网络设备（HUB 或 SW）的场地，并可考虑在该场地设置缆线竖井、等电位接地体、电源插座、UPS 配电箱等设施。在场地面积满足的情况下，也可设置建筑物诸如安防、消防、建筑设备监控系统、无线信号覆盖等系统的布缆线槽和功能模块。如果综合布线系统与弱电系统设备合设于同一场地，从建筑的角度出发，称为弱电间。

从用户工作区的信息插座开始，配线子系统在交叉处连接，或在小型通信系统中的以下任何一处进行互连：远程（卫星）通信接线间、干线接线间或设备间。在设备间中，当终端设备位于同一楼层时，配线子系统将在干线接线间或远程通信（卫星）接线间的交叉连接处连接。在配线子系统的设计中，综合布线的设计必须具有介质与设施方面的知识，能够向用户或用户的决策者提供完善而又经济的设计。

3. 干线子系统

干线子系统也称垂直干线子系统、骨干子系统，由设备间至电信间的干线电缆和光缆，安装在设备间的建筑物配线设备（BD）及设备缆线和跳线组成。

建筑物内垂直方向上的主馈线缆，将整个楼层配线间的接线端连接到主配线间的配线架上，实现主配线架与中间配线架及计算机、PBX、控制中心与各管理间子系统间的连接，一般使用光缆或选用大对数的非屏蔽双绞线。干线子系统的布线走向应选择干线缆线最短、最安全和最经济的路由。该子系统通常是在两个单元之间，特别是在位于中央节点的公共系统设备处提供多个线路设施。该子系统由所有的布线电缆组成，或由导线和光缆以及将此光缆连到其他地方的相关支撑硬件组合而成。传输介质可能包括一幢多层建筑物的楼层之间垂直布线的内部电缆或从主要单元如计算机房或设备间和其他干线接线间来的电缆。在确定干线子系统所需要的电缆总对数之前，必须确定电缆中话音和数据信号的共享原则。

为了与建筑群的其他建筑物进行通信，干线子系统将中继线交叉连接点和网络接口（由电话局提供的网络设施的一部分）连接起来。网络接口通常放在设备相邻的房间。干线子系统还包括：①干线或远程通信（卫星）接线间、设备间之间的竖向或横向的电缆走向用的通道；②设备间和网络接口之间的连接电缆或设备与建筑群子系统各设施间的电缆；③干线接线间与各远程通信（卫星）接线间之间的连接电缆；④主设备间和计算机主机房之间的干线电缆。

4. 设备间

设备间又称建筑物子系统。由主配线架及公共设备组成，其功能是将各种公共设备（包括计算机主机或服务器、数字程控交换机、各种监控系统设备、网络互连设备等）与主配线架连接，完成各楼层配线子系统之间通信线路的调配、连接和测试以及与外网（公用通信网）互连。

设备间在实际应用中一般称为网络中心或者机房，是在每幢建筑物的适当地点进行网络管理和信息交换的场地。其位置和大小应该根据系统分布、规模以及设备的数量来具体确定，通常由电缆、连接器和相关支撑硬件组成，通过缆线把各种公用系统设备互连起来。主要设备有计算机网络设备、服务器、防火墙、路由器、程控交换机、楼宇自控设备主机等，它们可以放在一起，也可分别设置。

5. 建筑群子系统

建筑群子系统由连接多个建筑物之间的主干电缆和光缆、建筑群配线设备（CD）及设备缆线和跳线组成，其功能是提供楼群之间通信所需的线路。

建筑群子系统也称楼宇（Campus Backbone）子系统，是将一个建筑物中的电缆延伸到另一个建筑物的通信设备和装置，主要实现楼与楼之间的通信连接。建筑群子系统支持楼宇之间通信所需的硬件，其中包括导线电缆、光缆和端接设备以及防止电缆上的脉冲电压进入建筑物的电气保护装置。设计时应考虑布线系统周围的环境，确定楼间传输介质和路由，并使线路长度符合相关网络标准规定。

在建筑群子系统中，会遇到室外敷设电缆问题。室外敷设一般有以下情况：架空电缆、直埋电缆和地下管道电缆，或者是这三种的任意组合，具体情况应根据现场的环境来决定。

6. 进线间

进线间是建筑物外部通信和信息管线的入口部位，并可作为入口设施和建筑群配线设备的安装场地。进线间是 GB 50311—2007 国家标准在系统设计内容中专门增加的，要求在建筑物前期系统设计中要有进线间，以满足多家运营商业务需要，避免一家运营商自建进线间后独占该建筑物的宽带接入业务。进线间一般通过地埋管线进入建筑物内部，故宜在土建阶段实施。

建筑群主干电缆和光缆、公用网和专用网电缆、光缆及天线馈线等室外缆线进入建筑物时，应在进线间初端转换成室内电缆、光缆，并在缆线的终端处由多家电信业务经营者设置入口设施，入口设施中的配线设备应按引入的电缆、光缆容量配置。

电信业务经营者在进线间设置安装的入口配线设备应与建筑物配线设备（BD）或建筑群配线设备（CD）之间敷设相应的连接电缆、光缆，实现路由互通。

在进线间缆线入口处的管孔数量应满足建筑物之间、外部接入业务及多家电信业务经营者缆线接入的需求，并应留有 2~4 孔的余量。

7. 管理

管理应对工作区、电信间、设备间、进线间的配线设备、缆线、信息插座模块等设施按一定的模式进行标识和记录。管理的内容包括：管理方式、标识、色标、连接等。这些内容的实施，将给今后维护和管理带来很大的方便，有利于提高管理水平和工作效率。特别是较为复杂的综合布线系统，如采用计算机进行管理，其效果将十分明显。目前，市场上已有商用的管理软件可供选用。

综合布线的各种配线设备，应用色标区分干线电缆、配线电缆或设备端点，同时，还应采用标签表明端接区域、物理位置、编号、容量、规格等，以便维护人员在现场一目了然地加以识别。

在每个配线区实现线路管理的方式是在各色标区域之间按应用的要求，采用跳线连接。色标用来区分配线设备的性质，分别由按性质划分的配线模块组成，且按垂直或水平结构进行排列。

综合布线系统使用的标签可采用粘贴型或插入型。电缆和光缆的两端应采用不易脱落和磨损的不干胶标签标明相同的编号。目前，市场上已有配套的打印机和标签纸供应。

综合布线系统的管理宜符合下列规定：

1）综合布线系统工程宜采用计算机进行文档记录与保存，简单且规模较小的综合布线系统工程可按图样资料等纸质文档进行管理，并做到记录准确、及时更新、便于查阅；文档资料应实现汉化。

2）综合布线的每一电缆、光缆、配线设备、端接点、接地装置、敷设管线等组成部分均应给定惟一的标识符，并设置标签。标识符应采用相同数量的字母和数字等标明。

3）电缆和光缆的两端均应标明相同的标识符。

4）设备间、电信间、进线间的配线设备宜采用统一的色标区别各类业务与用途的配线区。

电子配线设备目前应用的技术有多种，在工程设计中应考虑到电子配线设备的功能，在管理范围、组网方式、管理软件、工程投资等方面，合理地加以选用。

四、综合布线系统的优点

综合布线系统具有以下优点：

1）结构清晰，便于管理维护。传统的布线方法中，各种不同设施的布线是分别进行设计和施工的，如电话系统、消防与安全报警系统、能源管理系统等都是独立进行的。各种线路如麻，拉线时又免不了在墙上打洞，在室外挖沟，造成一种"填填挖挖挖挖填，修修补补补修"的难堪局面，而且还造成难以管理，布线成本高、功能不足和不适应形势发展的需要。综合布线针对这些缺点采取标准化的统一材料、统一设计、统一布线、统一安装施工，做到结构清晰，便于集中管理和维护。

2）材料统一先进，适应今后的发展需要。综合布线系统采用了先进的材料，如 5 类非屏蔽双绞线，传输的速率在 100Mbit/s 以上，完全能够满足未来 5~10 年的发展需要。

3）灵活性强，适应各种不同的需求，使综合布线系统使用起来非常灵活。一个标准的插座，既可接入电话，又可用来连接计算机终端，实现语音/数据点互换，可适应各种不同拓扑结构的局域网。

4）便于扩展，既节约费用又提高了系统的可靠性。综合布线系统采用的冗余布线和星形结构的布线方式，既提高了设备的工作能力又便于用户扩展。虽然传统布线所用线材比综合布线的线材要便宜，但在统一布线的情况下，可统一安排线路走向，统一施工，这样既减少了不必要的用料和施工费用，也减少了占用大楼的空间。

五、综合布线系统工程的工作目标及工作流程

1. 综合布线系统工程的工作目标

1）布线手段标准化、简单化、系统化。

2）可连接任一类型终端。

2. 综合布线系统工程的工作流程

1）方案论证。

2）系统设计：①总体设计，配套产品选型；②各子系统设计；③绘制各系统图及相应施工图；④列设备器材清单。

3）工程施工，按图施工。

4）系统调试与验收。

5）资料归档。

6）应用与培训。

六、综合布线系统的主要应用范围

目前，智能建筑综合布线系统的应用范围有两类：一类是单栋的建筑，如智能大厦；另一类是由若干建筑物构成的建筑群，如智能化小区、智能化校园等。根据国际和国内标准，综合布线系统应能适应任何建筑物的布线，但要求建筑物的跨距不超过3000m，面积不超过100万m^2。

综合布线系统按应用场合分类，除建筑与建筑群综合布线系统（PDS）外，还有两种布线系统，即智能建筑布线系统（IBS）和工业布线系统（IDS）。它们的原理和设计方法基本相同。

（1）建筑与建筑群综合布线系统（PDS） PDS以商务环境和办公自动化环境为主。

传输介质：UTP、光缆、同轴电缆。

适用系统：语音（电话网络系统）；数据（计算机局域网系统）；视频和图像（有线电视网络系统）。

应用范围：商务及办公，如银行、饭店、公司、事务所、小型商务中心；公用建筑，如校园、政府机构；交通运输，如港口、火车站、机场；医药卫生，如医院等。

（2）智能建筑布线系统（IBS） IBS以大楼的环境控制和管理为主。从结构、系统、服务、管理四方面进行优化。

（3）工业布线系统（IDS） IDS以传输各类特殊信息和适应快速变化的工业通信为主。

 知识拓展

随着Internet网络和信息高速公路的发展，各国的政府机关、大型集团公司也都在针对

自己的办公特点，对楼宇进行综合布线，以适应新的需要。智能化大厦、智能化小区也已成为新世纪的建筑开发热点。理想的布线系统表现为：支持语音应用、数据传输、影像影视，而且最终能支持综合型的应用。由于综合型的语音和数据传输的网络布线系统选用的线材、传输介质是多样的（屏蔽、非屏蔽双绞线，光缆等），一般单位可根据自己的特点，对应选择布线结构和线材，作为布线系统。

一、综合布线系统的标准

1. 综合布线系统标准的发展历程

1968 年，美国国防部高级研究计划局主持研制的 ARPA 计算机网络诞生。

20 世纪 80 年代，局域网 Internet 飞速发展。1984 年，世界上第一座智能大厦在美国产生。1985 年初，计算机工业协会（CCIA）提出对大楼布线系统标准化的倡议，美国电子工业协会（EIA）和美国电信工业协会（TIA）开始标准的制定工作。

1991 年 7 月，ANSI/TIA/EIA-568 即《商业建筑电信布线标准》问世，同时，与布线通道及空间、管理、电缆性能及连接硬件性能等有关的相关标准也同时推出。

1995 年底，TIA/EIA-568 标准正式更新为 TIA/EIA-568-A，同时，国际标准化组织（ISO）推出相应标准 ISO/IEC11801。

1997 年 TIA 出台 6 类布线系统草案，同期，基于光纤的千兆网络标准推出。

1999 年至今，TIA 又陆续推出了 6 类布线系统正式标准。

6 类双绞线一般称为 Cat6 线，是在千兆以太网以及其他 Cat5/Cat3 向下兼容网络上所使用到的传输线材标准。相比 Cat5 缆线，Cat6 缆线加强了对抗串音及系统噪声的防护。而在规格上，它的信号传输频率高达 250MHz，适合用于 10BASE-T、100BASE-TX 及 1000BASE-T 等各种以太网传送标准。在短距离内，Cat6 甚至可用作架构万兆以太网。

2. 综合布线系统标准

目前综合布线系统标准主要有美国电子工业协会、美国电信工业协会的 EIA/TIA 系列标准。这些标准主要有下列几种：

1）EIA/TIA568：民用建筑线缆标准。

2）EIA/TIA569：民用建筑通信通道和空间标准。

3）EIA/TIA×××：民用建筑中有关通信接地标准。

4）EIA/TIA×××：民用建筑通信管理标准。

这些标准支持下列计算机网络标准：

1）IEEE 802.3 总线局域网络标准。

2）IEEE 802.5 环形局域网络标准。

3）FDDI 光纤分布数据接口高速网络标准。

4）CDDI 铜线分布数据接口高速网络标准。

5）ATM 异步传输模式。

我国在 2007 年 10 月 1 日开始实施 GB 50311—2007《综合布线系统工程设计规范》和 GB 50312—2007《综合布线系统工程验收规范》两个国家标准。这两个标准对综合布线系统工程的设计、施工、验收、管理等提出了具体的要求和规定，促进了综合布线系统在我国的应用和发展。同时，中国工程建设标准化协会信息通信专业委员会于 2008 年 11 月开始制定综合布线技术白皮书，先后发布了《综合布线系统管理与运行维护技术白皮书》、《屏蔽布线系统的设计与施工检测技术白皮书》、《数据中心布线系统工程应用技术白皮书》、《万兆铜缆系统工程设计、施工与检测技术白皮书》等行业规范，对我国的综合布线系统的发展起到了促进与推动作用。

3. 综合布线系统标准要点

（1）目的

1）规范一个通用语音和数据传输的电信布线标准，以支持多设备、多用户的环境。

2）为服务于商业的电信设备和布线产品的设计提供方向。

3）对商用建筑中的结构化布线进行规划和安装，使之能够满足用户的多种电信要求。

4）为各种类型的缆线、连接件以及布线系统的设计和安装建立性能和技术标准。

（2）范围

1）标准针对的是"商业办公"电信系统。

2）布线系统的使用寿命要求在 10 年以上。

（3）标准内容

标准内容为所用介质、拓扑结构、布线距离、用户接口、缆线规格、连接件性能、安装程序等。

（4）几种布线系统涉及的范围和要点

1）水平干线布线系统。涉及水平跳线架，水平缆线；缆线出入口/连接器，转换点等。

2）垂直干线布线系统。涉及主跳线架、中间跳线架；建筑外主干缆线，建筑内主干缆线等。

3）UTP 布线系统。UTP 布线系统传输速率划分为 5 类缆线：

3 类：指 16Mbit/s 以下的传输速率。

4 类：指 20Mbit/s 以下的传输速率。

5 类：指 100Mbit/s 以下的传输速率。

超 5 类：指 155Mbit/s 以下的传输速率。

6 类：指 200Mbit/s 以下的传输速率。

目前主要使用超 5 类、6 类。

4）光缆布线系统：在光缆布线系统中分水平干线子系统和垂直干线子系统，它们分别使用不同类型的光缆。

① 水平干线子系统：62.5/125μm 多模光缆（入出口有 2 条光缆），多数为室内型光缆。

② 垂直干线子系统：62.5/125μm 多模光缆或 10/125μm 单模光缆。

综合布线系统标准是一个开放型的系统标准，它能广泛应用。因此，按照综合布线系统进行布线，会为用户今后的应用提供方便，也保护了用户的投资，使用户投入较少的费用，便能向高一级的应用范围转移。

二、综合布线系统的发展趋势

20 世纪 80 年代以来，随着科学技术的不断发展，尤其是通信、计算机网络、控制和图形显示技术的相互融合和发展，高层建筑服务功能的增加和客观要求的提高，传统的专业布线系统已经不能满足需要。发达国家开始研究和推出综合布线系统，1985 年贝尔实验室推出了综合布线系统，经过多年的发展与众多厂商的努力，综合布线系统发展到了一定的技术水平，现在的综合布线系统的发展主要有两个方向：集成布线系统和智能小区布线。

1. 集成布线系统

集成布线系统是美国西蒙公司于 1999 年 1 月在我国推出的。西蒙公司根据市场的需要，于 1999 年初推出了整体大厦集成布线系统（Total Building Integration Cabling，TBIC）。集成布线系统扩展了结构化布线系统的应用范围，为大厦提供一个集成的布线平台，它以双绞线、光缆和同轴电缆为主要传输介质来支持语音、数据及各种建筑自控弱电信号的传输。集成布线系统支持所有的系统集成方案，这使大厦成为一个真正的即插即用的大楼。集成布线系统是一套为所有弱电远传信号提供传输通路的集成布线系统。集成布线系统的子系统与美国标准 ANSI/TIA/EIA-568-A 及国际布线标准 ISO/IEC11801 兼容。其主要内容如下：

（1）系统组成及拓扑结构　集成布线系统的物理拓扑结构仍采用常规的星形结构，即从主配线架（MC）、经过互连配线架（IC）到楼层配线架（HC），或直接从 MC 到 HC。

水平系统从 HC 配置成单星形或多星形结构。单星形结构是指从 HC 直接连到设备上，而多星形结构则要通过另一层星形结构——区域配线架（ZC），为应用系统提供了更大的灵活性。集成布线系统的拓扑结构如图 1-3 所示。

（2）长度限制要求　MC 与任何一个 HC 之间的最大距离为：①3000m—单模光纤；②2000m—62.5/125 或 50/125μm 多模光纤；③800m-UTP/STP 电缆。

IC 与任何一个 HC 之间的距离不能超过 500m；无论使用哪种传输介质，从 HC 到信息出口的最大距离不能超过 90m；整个水平通信的最大传输距离为 100m。

（3）子系统　与结构化布线系统相比，各子系统是一致的。唯一区别是在集成布线系统中针对 BAS 的应用，允许使用区域配线架来取集合点。

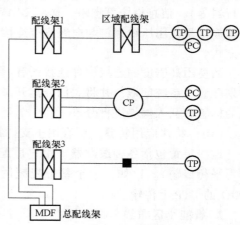

图 1-3　集成布线系统的拓扑结构

（4）区域配线架　区域配线架（ZC）为水平布线的连接提供了更灵活、方便的服务。它类似于集合点的概念，而且可以与集合点并排安装在同一地点。ZC 的主要用途是连接建筑控制系统的设备，而集合点（CP）用于连接信息出口/连接器。

ZC 允许跳线，安装各种适配器和有源设备，而集合点不能。有源设备包括各种控制器、电源和电气设备。从 ZC 到现场设备的连接可用星形、菊花链或任何一种连接方式，它是自由拓扑结构。它给出了许多现场信号（比如消防报警信号），这使设计者有更大的自由度去按照本系统要求进行连接。

（5）区域配线架安装位置　区域配线架的安装需要考虑的因素有：楼层面积、现场设备数量、有源设备及电源要求、连接硬件种类、对保护箱的要求、与集合点并存。

区域配线架应安装在所有服务区域的中心位置附近，这有利于减少现场电缆长度。

（6）现场设备的连接。根据现有的系统应用，现场设备连接可分为两种：第一种是星形连接方式，也就是设备直接通过水平缆线连接到 HC 或 ZC；第二种是自由连接方式，一些现场设备可使用桥式连接或 T 形连接至 ZC。

这种自由连接方式只能用于连接 ZC 与现场设备。从 HC 到 ZC 或从 HC 到现场设备的连接必须使用星形连接方式。

（7）楼控系统控制盘位置 网络化的控制器可用一个信息插座来连接，也可以直接连到 ZC 或 CP 上。若使所有设备连接并具有最强的灵活性，各应用系统的控制器（如 DDC 控制器）应靠近 ZC 或 HC，因为控制器处于布线连接的中心位置。

（8）共用缆线 当布线系统支持多种应用时，比如语音、数据、图像以及所有的弱电控制信号等，一根缆线支持多种应用是不允许的，应用独立的缆线支持某一特定应用。例如，当使用 2 芯线来连接一个特定的现场设备时，4 对 UTP 电缆中的剩余的 6 芯线不可用于其他应用，但可用于支持同一应用系统的其他用途，如作为 24V 电源线等。

（9）连接硬件 每个用于连接水平布线或垂直布线的连接硬件应支持某些具体应用系统。当现场设备具备 RJ45 或 RJ11 插孔时，应选用 MC 系列的、具备相同或更高传输特性的连线。MC 系列连接线分为 T568A 和 T568B 两种不同的标准型，可被用作连接系统控制器和操作员工作站，或其他标准的网络节点的场所。当用于连接其他现场设备时（像传感器和执行器等），信息模块可省略，而将 24AWG 双绞线直接连接在这些设备上。多数的现场设备的连接是使用压线螺钉与电缆直接连接方式。一些电缆压线端子和压线针也可作为辅助连接方式。

当使用高密度的连接硬件连接语音/数据系统和楼宇自控系统时，在连接硬件上必须明确划分应用系统区域，并将它们分离开来。对于不同应用系统的电缆管理，可使用带不同颜色的标签和插入模块进行分辨。

（10）特殊应用装置 所有用于支持特殊应用的装置必须安装在水平和垂直布线系统之外。这些装置包括各种适配器。用户适配器可用于转换信号的传输模式（比如从平衡传输到不平衡传输）。比如，一个基带视频适配器可对摄像机所产生的视频信号转换，然后在 100Ω 的 UTP 上传输。

2. 智能小区布线

智能小区布线（家居布线系统）将成为今后一段时间内布线系统的新热点。这其中有两个原因，一是标准已经成熟，1998 年 9 月，TIA/EIA TR 委员会的 TR-41.8.2 工作组正式修订及更新了小区布线的标准，并重新命名为 TIA/EIA-570-A 小区电信布线标准。另外一个原因是市场的推动，即有越来越多的家庭办公和家庭上网，并且多数家庭已不止一部电话和一台电视，对带宽的要求也越来越高。所以家庭也需要一套系统来对这些接线进行有效的管理。智能小区布线正是针对这样的一个市场提出来的。

智能小区布线由房地产开发商在建楼时投资。增加智能小区布线项目只需多投入 1% 的成本，而这将为房地产商带来数倍的利润。至于智能小区布线安装，目前在国外有一种家庭集成商的行业已经出现，他们专门从事家庭布线的安装与维护。此外，也可由系统集成商安装。

对中国用户来说，目前进行家庭办公、上网等多媒体应用的用户还不多。但必须看到，一个住宅投资至少是 10 年、20 年，甚至几十年以上，而信息技术飞速发展，如果现在不设置智能小区布线，将来有这些应用需求时，再增加布线会很麻烦。

智能小区布线系统主要分为两个等级。

等级一：提供一个可满足电信服务最低要求的通用布线系统，该等级可提供电话、有线电视和数据服务。按照星形拓扑，采用非屏蔽双绞线连接。这里使用的非屏蔽双绞线必须满足或超过 EIA/TIA-568-A 规定的 3 类电传输特性要求。另外还需一根 75Ω 的同轴电缆，并必须满足或超过 SCTE IPS-SP-001 的要求，以便传输有线电视信号。建议安装 5 类非屏蔽双绞线（UTP），以方便未来能升级到等级二。

等级二：提供一个满足基础、高级和多媒体电信服务的通用布线系统，该等级可提供当前和正在发展的家庭电信服务。等级二布线的最低要求为一根或两根 4 对 8 芯非屏蔽双绞线，并且必须满足或超过 TIA/EIA-568-A 的 5 类线的缆线性能要求，以及一根或两根 75Ω 同轴电缆，且此同轴电缆必须满足或超过 SCTE IPS-SP-001 的要求。可选择的光缆必须满足或超过 ANSI/ICEAS-87-640 的传输特性要求。

在多层建筑智能小区布线系统中，每个家庭必须安装一个分布装置（DD）。分布装置是一个交叉连接的配线架，主要端接所有的电缆、跳线、插座及设备连线等。分布装置配线架主要提供用户增强、改动电信设备的需要，并提供连接端口为服务供应商提供不同的系统应用。配线架必须安装在一个合适的地方，以便安装和维护。配线架可以使用跳线、设备线来提供互连方法，长度不超过 10m。电缆长度从配线架开始到用户插座不可超过 90m。如两端加上跳线和设备连线后，总长度不可超过 100m。所有新建筑从插座到配线架电缆必须埋于管道内，不可使电缆外露。主干必须采用星形拓扑方法连接，介质包括光缆、同轴电缆和非屏蔽双绞线，并使用管道保护。通信插座的数量必须满足需要。插座必须安装于固定的位置上，如果使用非屏蔽双绞线必须使用 8 芯 T568A（或 T568B）接线方式。如果某网络及服务需要连接一些特别的电子部件，如分频器、放大器、匹配器等，必须安装于插座外。

智能小区布线（家居布线系统）除支持数据、语音、电视媒体应用外，还可提供对家庭的保安管理和对家用电器的自动控制以及能源自控等。

智能小区和办公大楼的主要区别在于智能小区是独门独户，且每户都有许多房间，因此布线系统必须以分户管理为特征的。一般来说，智能小区每一户的每一个房间的配线都应是独立的，使住户可以方便地自行管理自己的住宅。另外，智能小区和办公大楼布线的一个较大的区别是智能住宅需要传输的信号种类较多，不仅有语音和数据，还有有线电视、楼宇对讲等。因此，智能小区每个房间的信息点较多，需要的接口类型也较为丰富。由于智能小区有以上特点，所以建议房地产开发商在建筑智能住宅时，最好选用专门的智能布线产品。目前，我国的普天集团公司，美国西蒙公司、奥创利公司等均可提供相关产品。

三、综合布线技术的最新进展

1. 综合布线标准的发展动态

新的结构化布线标准的制定对于综合布线以及网络的发展有深刻的影响。对业界人士而言，及时了解综合布线标准的动态对产品的开发至关重要；对用户而言，了解连接布线标准的发展，对保护自己的投资十分重要。尽管目前的网络应用大多考虑到现行的超 5 类系统或 6 类系统，但是随着电信技术的飞速发展，在不远的将来，网络应用会在级别更高的缆线和综合布线系统上运行。

5 类缆线的规范问世已经有相当长的一段时间了，随着电信技术的发展，许多新的电缆被开发出来，国际标准化委员会（ISO/IEC），欧洲标准化委员会（CENELEC）和北美的工业技术标准化委员会（TIA/EIA）都介入了新标准的制定。因此，Cat5、Cat5e（增强的Cat5）、Cat6 及 Cat7 类标准的概念，在通信行业内存在一定程度的差异。

吉比特以太网（Gigabit Ethernet）对布线系统有深远影响。吉比特以太网起始于北美，在开发时，试图在现有的 5 类非屏蔽双绞线（Cat5UTP）上运行吉比特的应用。因此，吉比特以太网几乎将 5 类非屏蔽双绞线的理论上的传输带宽到了极限。但在实际操作中，并非所有的 5 类缆线均可以运行吉比特以太网。由于吉比特以太网的 4 对全双工传输，使得远端串音（FEXT）成为一个突出的问题，并且回波损耗（Return Loss）、近端串音功率和（PS NEXT）、衰减串音比功率和（PSACR）和传输延时（Delay Skew）也成为必须要考虑的参数。据有关资料统计，在已经安装的 Cat5/ClassD 系统中，有 10%～20% 不能运行吉比特以太网。这个问题在依照北美的 TIA/EIA 标准进行设计的系统中尤为突出，因为该标准对于特性阻抗（造成回波损耗的主要参数）要求不够严格。

ISO/IEC11801 的修订稿在 1999 年春季颁布，该修订稿对链路的定义进行了修正，ISO/IEC 认为以往的链路定义应被永久链路和信道的定义所取代。此外，对永久链路和信道的等电平远端串音 ELFEXT、近端串音功率和传输延时进行了规定，修订稿也提高了近端串音等传统参数的指标。修订稿的颁布，使一些全部由符合现行 5 类标准的缆线和元件组成的系统达不到 ClassD 类系统的永久链路和信道的参数要求。

ISO/IEC 在 2002 年推出第二版的 ISO/IEC11801 规范。这个新规范定义了 6 类、7 类缆线的标准，给综合布线技术带来革命性的影响。第二版 ISO/IEC11801 规范把 Cat5/ClassD 的系统按照 Cat5e 重新定义，以确保所有的 Cat5/ClassD 系统均可运行吉比特以太网。更为重要的是，Cat6/ClassE 和 Cat7/ClassF 类链路在这一版的规范中定义。布线系统的电磁兼容性（EMC）问题也在新版的 ISO/IEC11801 中进行了定义。

第二版 ISO/IEC11801 规范对布线行业产生了深远的影响，现行的 5 类标准可能在未来达不到 D 类应用的要求，因此用户在建立综合布线系统时，必须更加注意选用能够保护其投资的布线产品品牌。

CENELEC-EN50173（欧洲标准）与 ISO/IEC11801 是一致的，但比 ISO/IEC11801 更为严格，CENELEC 也发表了 EN50173 的修订稿和第二版的 EN50173。

2. 万兆铜缆布线技术

目前对即将出现的万兆铜缆以太网（10GBase-T）解决方案的讨论将对当前和未来的布线系统的发展产生重大影响。对万兆铜缆以太网的标准化工作正在进行中，许多用户希望其综合布线系统的性能可以支持未来的发展。对用户来说，支持万兆铜缆以太网标准有着十分重要的意义。

开发万兆铜缆技术的主要驱动力是成本，现实应用需要降低成本。万兆铜缆以太网技术标准的目的是用 3 倍的成本实现 10 倍的性能，衡量的标准是目前使用的最先进的以太网技术（以吉比特以太网技术来衡量，成本是其 3 倍，性能达到其 10 倍）。对于大范围地实施万兆以太网来说，利用光纤传输的解决方案已被证明成本很高，因此铜缆的解决方案得以被开发和应用。

综合各种有关布线技术的发展信息，得出的结论是：目前的 6 类系统对新应用的支持能力有限，基本上标准的 6 类系统可以满足所有超 5 类系统的应用需求，而对新应用的支持则需要新的 6 类系统或 7 类系统。

万兆铜缆以太网标准，对现布线系统支持的目标如下：

1）4 连接器双绞线铜缆系统信道。

2）100m 长度 F 级（7 类）布线信道。

3）55m 长度 E 级（6 类）布线信道。

4）100m 长度新型 E 级（6 类）信道。

简言之，7 类布线系统可以在 100Md 信道上支持 10GBase-T，而 6 类非屏蔽布线系统有可能在 55m 的信道上支持 10G 以太网。新兴的高带宽服务及更高速以太网标准正被采纳，例如 1G 或现在的 10G 以太网，为网际协议（IP）和高端 IP 服务如 VOIP、IP 电视会议和视频监视及安全技术的普遍采用提供一个良好的环境。语音、数据和视频网络正逐步集成在同一套基础设施上，对于服务的可靠性和服务质量（QS）的需求也日益增加。一个可靠的高性能的结构化布线系统对于用户增加生产力和降低成本极其重要，它需要能处理那些高带宽信息的需求。

3. 光纤骨干网

光纤骨干网是当今通信网络的生命线。据估计，全部通信量的 80% 需要到达骨干网。现在的应用采取集中服务，用户的文件被存储在服务器上，文件共享和共用的情况日益普遍。互联网应用需求成倍增加，以及个人电脑多媒体处理能力的增强，都加大了骨干网的负担。骨干网络必须能够处理这一日益增长的应用需求。

城域网（MAN）是公众网的一部分，它是衔接企业网和公共网络的核心。目前的 MAN 骨干网已经能够以 SONET/SDH OC-192/STM-64 的方式处理 10Gbit 服务。随着 20 世纪 90 年代末期 1G 以太网的引入和目前 IEEE 10G 以太网标准（基于光纤）被通过，MAN 中以太网技术的运用将越来越普遍。在 MAN 的设计中有两种思路：一种是利用现有的结构如 SONET OC-48 或 OC-192c 来分开传输吉比特和吉比特以太网；另一种是选用本地以太网的技术进行传输。不管选用哪种方法，在以太网或 SONET 上运行的 IP 服务的增长率都发展得非常迅速。10G 以太网可以大幅度提高传输效率，正好适合 OC-192 的信号而不浪费带宽，而且允许服务供应商提供多种范围的应用。在另一方面，也就是本地以太网方面，像 Cisco、Nortel、Lucent 和 Foundry 网络设备提供商正在为他们的光纤交换机开发 10G 以太网卡。现在，以太网可以无缝接入 MAN，整个 MAN 已经具有了更好的基于 IP 的虚拟网络（VPN）服务开放环境。

以 10Gbit 为代表的新兴高带宽服务对于光纤系统提出了更新更高的要求，传统的多模光纤只能在几十米的距离内支持 10Gbit 传输。网络业界推出了一系列的光纤设计和测试标准，如 IEC-60973-2-10、-49 和 TIA-492AAAC、TIA/EIA-455-220 等。为了配合针对 10Gbit 应用而采用的新型光信号收发器件，ISO/IEC11801 制定了新的多模光纤标准等级，即 OM3 类别，并在 2002 年 9 月正式颁布。OM3 光纤对 LED 和激光器两种带宽模式都进行了优化。采用新标准的光纤布线系统能够在多模方式下至少可以支持 10Gbit 传输至 300m，在单模方式下能够达到 10km 以上（对 1 550nm 波长则可支持高达 40km 传输距离）。

新的光纤标准对连接器件也提出了新的要求，连接头端面的几何形状设计（包括弯曲半径、顶点偏移和球型切口）直接影响到激光能量的反射、加工工艺的精度，直接关系到避免链路性能下降及收发器的损坏。另外，小型化光纤连接器（SFF）的使用也改善了传统光纤接口的人性化界面。

4. 高带宽 IP 应用多媒体集成布线

现今网络正走向集中化。数据、语音和视频在单一介质上的传输可节省巨大的经费。基于 7 类/F 级标准开发的 STP 布线系统，设计为可在一个连接器和单根电缆中，同时传送独立的视频、语音和数据信号，甚至支持在单对电缆上传送全带宽的模拟视频（一般为 870MHz），而且在同一护套内的其他双绞线对上同时进行语音和数据的实时传送。

在安全防护方面，传统的安全系统已不能满足快速增长的需求。现在，大多数的安防系统要求一个更专门的网络，与数据网络分离。由于对安全性的更高要求，这些旧系统操作起来耗费很多，而且也不能满足新需求。现在所需的是一个有可编址元件的动态系统，它能够传送高质量的影像、语音和数据，并且使用跟现在的数据系统一样的网络。为了满足这种需要，新的安全系统基于 IP，每一个安保设备（诸如视网膜扫描器、X 射线设备等）都成为数据网络上可设地址的节点。这些新式的高级安保系统在同一平台上集成语音、数据和视频。显然，市场以及对于安全性的强调是驱动 10Gbit 这样的高带宽的主要因素之一。

7 类/F 级标准定义的传输介质是线对屏蔽（也称全屏蔽）的 STP 缆线，它在传统护套内加裹金属屏蔽层/网的基础上又增加了每个双绞线对的单独屏蔽。7 类/F 级缆线的特殊屏蔽结构保证了它既能有效隔离外界的电磁干扰和内部向外的辐射，也可以大幅度削弱护套内部相邻线对间的信号耦合串音，从而在获得高带宽传输性能保障的同时，又增加了并行传输多种类型信号的能力。

7 类/F 级 STP 布线系统可采用两种模块化接口方式：一种是传统的 RJ 类接口，其优点是机械上能够兼容低级别的设备，但是由于受其天生结构的制约很难达到标准要求的 600MHz 带宽；另一种选择是非 RJ 型接口，它的现场装配也很简单，能够提供高带宽的服务（西蒙的 TERA 可以提供 1.2GHz 的带宽，是即将公布的 7 类/F 级标准带宽的两倍），而且已经被 ISO/IEC11801 认可并被列为 7 类/F 级标准接口。

5. 面向桌面的铜缆布线

在新布线市场，6 类系统正在迅速地成为人们首选的解决方案。然而面对新兴的基于 IP 的 10Gbit 挑战，增强 5 类是否能支持 10Gbit 服务，6 类布线是否肯定能够满足 10Gbit 的性能要求？

2002 年 11 月，在 IEEE802 全会上，提出了"10GBase-T 的挑战和方案"这一指南，并考虑了基于双绞铜缆布线系统的 10Gbit/s 的以太网标准。IEEE802.3 工作组和 IEEE 标准执行委员会（SEC）标准了 10GBase-T 工作组的成立。这个工作组评估标准的 10Gbit/s 数据速率运行于长达 100m 距离的水平平衡布线系统（例如从工作区到电信间）的可行性，这个水平布线系统是由 EIA/TIA 1568-B 及 ISO/IEC11801 建筑布线标准所规定的。工作组 2000 年完成标准制定。

在 2003 年 2 月的 TIA TR-42.7 会议上，29 家布线产品制造商同意做另外的工作以支持基于 6 类/E 级而非增强 5 类布线的 10G 以太网应用，负责制定国际布线标准 ISO/IEC 11801。

与增强 5 类相比，6 类布线系统具有更好的抗噪声性能，可提供更透明、更全能的传输信道，在高频率上尤其如此。如果采用 1000Bast-T 中采用的 PAM-5 编码技术，10G 以太网需要至少 625MHz 的线性传输性能。大多数的增强 5 类电缆只有 150MHz 或 250MHz，标准也只要求有 100MHz。6 类虽没有被强制其性能达到 625MHz，但对于高带宽传输是更好的介质；许多制造商提供的电缆标称 600MHz，正是预计到有应用需要更高的性能。网络芯片和设备制造商需要某个确定性能级别以使他们能够生产出在铜缆上传送 10G 的产品。6 类系统在 625MHz 上的平均抗噪能力比增强 5 类高。利用不同的数字信号处理技术模拟 100m 平衡布线的实验指出：通过芯片和布线的努力，在 6 类/E 级布线系统上运行 10GBase-T 的目标可以达到。通过 DSP 数字信号处理技术，芯片开发者可以去除或者补偿大多数布线内部的信号损伤，包括回波损耗、近端串音、等电平远端串音和插入损耗。布线系统基础的容量越大，网络器件制造商对其产品就可以做越少的补偿。

既然光纤布线已经能够支持 10Gbit/s 的数据传输速率，为什么还要继续推行 6 类布线呢？新型光纤的设计使它可以处理高达 10Gbit/s 的数据传输速率，然而光纤网络设备和安装光纤的劳力花费却高得多（和铜缆相比）。现在大多数的网络设备制造商已拥有或正在开发 10G 以太网的解决方案，但是其中的大多数都使用光纤，而且都是面向骨干的高端产品。和这些产品相比，基于双绞线的 10G 产品，不论是从投资成本，还是从实施方便性来讲，都比较容易被桌面用户所接受。而随着 VOIP、VOD 点播、视频会议和动态数据库访问等新兴高端应用在桌面的普遍运用，支持 10G 服务的 6 类布线系统会在水平安装市场迎来一个新的增长期。

从以上的分析可得出结论，基于 IP 的 10G 服务正在领导着网络的发展。有数据表明，目前全球 90% 的网络通信是基于 IP 的，其中企业 VPN 的比重在 2005 年达到 32%，到 2007 年达到 75% 的语音服务也会转向 VOIP。目前使用 1G 以太网技术的用户占总量的 31%，庞大的网络市场给布线行业提供了一个良好的机会，传统的布线系统将面临全面升级，满足未来应用的需求，10G 布线成为新时期的热点。

 实训报告

1. 参观后完成系统的描述

1）在参观实习之前，将班级学生划分为几个学习小组，一方面便于在参观过程中需要分批分时对人员进行划分，另一方面也便于参观后组内学生讨论，以便能形成一个相对完整的系统描述方案。

2）小组内人员在参观过程中对参观学习的内容应有所侧重，分别重点关注系统功能、系统结构、系统设备和工作原理等，以便在交流过程中取长补短。

3）小组的交流讨论对于形成一个相对完整的系统描述是非常关键的，每个同学都应该认真准备，并能积极听取不同的意见。

4）每个同学都应该根据自己的观察及讨论的结果，对系统进行描述，形成一篇实习报告，并进行交流汇报。

2. 请学生分组讨论思考并回答以下的问题

1）智能大厦的综合布线系统中包含有哪些系统布线？

2）计算机网络中心在什么位置？网络中使用了哪些网络设备？

3）电话系统与计算机网络系统的线缆是可以共用的吗？

4）智能建筑与综合布线系统有什么关系？

项目2 实现工作区终端连接

任务1　完成网络跳线的制作

 **学习目标**

1. 了解网络传输介质，能区分双绞线（TP）电缆的种类。

2. 能比较 TIA/EIA-568-B 与 TIA/EIA-568-A 标准线序，区别直通线与交叉线，了解它们的适用范围。

3. 能独立完成 RJ45 网络跳线的制作。

4. 学会网络线压接常用工具的使用和网络跳线的测试方法。

 **任务导入**

学校改善办学条件，采用现代化的无纸化办公，建设校内局域网，为每一位教师配备了带网络适配器（网卡）的办公电脑，并将网络信息点布局到位。

 **学习任务**

1. 根据"知识链接"中应知基础理论，讨论、学习相关知识。

2. 每人完成以下网络跳线制作：

1）制作工作区跳线，选用超 5 类非屏蔽双绞线，制作 2 根直通跳线（按 EIA568B 标准），并用"网络电缆测试仪"作导通测试，实现 TO-TE 的连接，帮助教师解决办公电脑上网问题。

2）制作电信间设备跳线，选用超 5 类非屏蔽双绞线，制作 2 根交叉跳线，并用"网络电缆测试仪"作导通测试，供网络应用设备之备用。

▶ **实施条件**

1. 工具准备

剥线器、压线钳。

2. 材料准备

双绞线（4 对超 5 类非屏蔽/4 对超 5 类屏蔽/4 对 6 类非屏蔽双绞线）各若干；RJ45 水晶头（5 类/6 类）各若干。

一、网络双绞线剥线基本方法

（1）剥开外绝缘护套　首先剪裁掉端头破损的双绞线，使用专门的剥线工具将需要端接的双绞线端头外绝缘护套剥开。端头剥开长度尽可能短一些，能够方便地端接线就可以了。在剥护套过程中不能对 8 根线芯的绝缘护套及线芯本身造成损伤或者破坏。

特别注意：不能损伤 8 根线芯的绝缘层，更不能损伤任何一根铜线芯；但外绝缘护套内的牵引抗拉线必须剪掉。

（2）拆开 4 对双绞线　将端头已经剥去外皮的双绞线按照对应颜色拆开成为 4 对单绞线。拆开 4 对单绞线时，必须按照绞绕顺序慢慢拆开，同时保护 2 根单绞线不被拆开和保持比较大的曲率半径。不能强行拆散或者硬折线对，形成比较小的曲率半径。

（3）拆开单绞线　将 4 对单绞线分别拆开。注意 RJ45 水晶头制作和模块压接线时线对拆开方式和长度不同。

RJ45 水晶头制作时应注意，双绞线的接头处拆开线段的长度不应超过 20mm，压接好水晶头后拆开线芯长度必须小于 14mm，过长会引起较大的近端串音。

模块压接时，双绞线压接处拆开线段长度应该尽量短，能够满足压接就可以了。不能为了压接方便而拆开线芯很长，否则会引起较大的近端串音。

二、RJ45 水晶头端接原理和方法

1. RJ45 头的端接原理

利用压线钳的机械压力使 RJ45 头中的刀片首先压破线芯绝缘护套，然后再压入铜线芯中，实现刀片与线芯的电气连接。每个 RJ45 头中有 8 个刀片，每个刀片与 1 个线芯连接。注意观察压接后 8 个刀片比压接前低。图 2-1 所示为 RJ45 头刀片压线位置示意图。

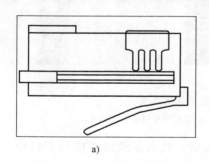
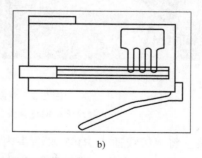

a)　　　　　　　　　　　　　　　　　b)

图 2-1　RJ45 头刀片压线位置示意图

a）RJ45 头刀片压线前位置图　b）RJ45 头刀片压线后位置图

2. RJ45 水晶头端接方法和步骤

1）剥开外绝缘护套。

2）剥开 4 对双绞线。

3）剥开单绞线。

4）8 根线排好线序。

5）剪齐线端。先将已经剥去绝缘护套的 4 对单绞线分别拆开相同长度，将每根线轻轻捋直，同时按照 T568B 线序（白橙，橙，白绿，蓝，白蓝，绿，白棕，棕）水平排好，如图 2-2a 所示。再将 8 根线端头一次剪掉，留 14mm 长度，从线头开始，至少 10mm 导线之间不应有交叉，如图 2-2b 所示。

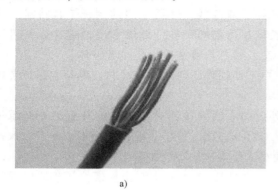

a)　　　　　　　　　　　　　　　　　b)

图 2-2　双绞线的剥线与剪裁

a）剥开排好的双绞线　b）剪齐的双绞线

6）插入 RJ45 水晶头。把水晶头刀一面朝着自己，将白橙线对准第一个刀片插入 8 芯双绞线，每芯线必须对准一个刀片，插入 RJ45 水晶头内，保持线序正确，如图 2-3a 所示。注意一定要插到底。如图 2-3b 所示为双绞线全部插入水晶头的效果。

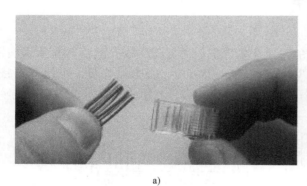
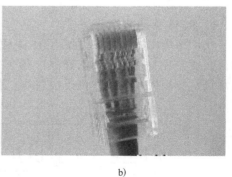

a)　　　　　　　　　　　　　　　　　b)

图 2-3　双绞线插入水晶头

a）导线插入 RJ45 插头　b）双绞线全部插入水晶头

7）压接。将双绞线插入 RJ45 水晶头内以后，放入压线钳对应的刀口中，用力一次压紧。重复以上步骤，完成另一端水晶头的制作，这样就完成了一根网络跳线。

8）测试。把跳线两端 RJ45 接头分别插入网络电缆测试仪的相应插口中，观察测试仪指示灯闪烁顺序。

如果跳线线序和压接正确，则测试仪上对应的 8 组指示灯会以 1-1、2-2、3-3、4-4、5-5、6-6、7-7、8-8 为顺序轮流重复闪烁。

如果有一芯或者多芯没有压接到位，对应的指示灯不亮。

如果有一芯或者多芯线序错误，对应的指示灯将显示错误的线序。

1）选用 6 类非屏蔽双绞线，练习制作直通跳线和交叉跳线，并用"网络电缆测试仪"作导通测试。

2）定长跳线的制作：

①选用 CAT5e-4-UTP 制作 2 根 600mm 的直通跳线，并作导通测试。②选用 CAT6-4-UTP 制作 2 根 400mm 的直通跳线，并作导通测试。

一、传输介质

传输介质是综合布线系统最重要的元素之一。在综合布线系统工程中，首先遇到的是通信线路和通道传输问题。通信线路的选择必须考虑网络的性能、价格、使用规则、安装难易性、可扩展性及其他一些因素。目前，通信传输方式分为有线通信和无线通信两种。有线通信是利用电缆、光缆或电话线来充当传输导体的，通常在通信线路上使用的传输介质有双绞线、同轴电缆、大对数线、光导纤维等；无线通信传输介质有无线电波、微波、红外线及激光等，还有一种称作"蓝牙"的新技术。在智能建筑中，有线通信是主要的通信传输方式，以下主要介绍有线通信的传输介质。

1. 双绞线

双绞线（Twisted-pair，TP）是综合布线系统工程中最常用的一种传输介质，由两根具有绝缘保护层的铜导线组成。把两根绝缘的铜导线按一定密度互相绞接在一起，可降低信号干扰的程度，每一根导线在传输中辐射出来的电波会被另一根线上发出的电波抵消。双绞线一般由两根 22 号、24 号或 26 号的绝缘铜导线相互缠绕而成。如果把一对或多对双绞线放在一个绝缘套管中便形成了双绞线电缆。与其他传输介质相比，双绞线在传输距离、信道宽度和数据传输速度等方面均受一定限制，但价格较为低廉。

（1）用途

1）语音传输：模拟声音信号，用于电话业务。

2）数据传输：短距离数字信号，用于计算机局域网。

（2）分类 双绞线可分为非屏蔽双绞线（Unshielded Twisted-pair，UTP，也称无屏蔽双绞线）和屏蔽双绞线（Shielded Twisted-pair，STP）。

1）非屏蔽双绞线。由多股双绞线和一个塑料护套构成，其特点是：绝缘性能不好，传输速率不高，传输距离有限，但价格便宜，且有如下优点：①无屏蔽外套，直径小，节省所占用的空间；②质量小、易弯曲、易安装；③将串音减至最小或加以消除；④具有阻燃性；⑤具有独立性和灵活性，适用于结构化综合布线。

2）屏蔽双绞线。根据屏蔽层不同，屏蔽双绞线可分为：①铝箔屏蔽电缆（FTP）；②铜线编织网或铝箔＋铜线编织网（STP）；③多种形式电缆总屏蔽层（SFTP）。

屏蔽双绞线具有以下特点：抗干扰能力强，传输速率优于非屏蔽双绞线。但其安装较困难，价格较贵。

（3）双绞线的类别 双绞线的类别如图 2-4 所示。

国际电气工业协会（EIA）为双绞线定义了 5 种不同质量的型号。通常计算机网络综合布线使用 3、4、5 类。这三类定义分别为：

图 2-4　双绞线的类别

3 类：指目前在 ANSI/TIA/EIA-568 标准中指定的电缆。该电缆的传输特性最高规格为 16MHz，用于语音传输和最高传输速率为 10Mbit/s 的数据传输。

4 类：该类电缆的传输特性最高规格为 20MHz，用于语音传输和最高传输速率 16Mbit/s 的数据传输。

5 类：该类电缆增加了绕线密度，外套是一种高质量的绝缘材料，传输特性的最高规格为 100MHz，用于语音传输和最高传输速率为 100Mbit/s 的数据传输。

在双绞线电缆内，不同线对具有不同的绞距长度。一般地，4 对双绞线绞距周期在 38.1mm 长度内，按逆时针方向扭绞，一对线对的扭绞长度在 12.7mm 以内。

（4）双绞线的表示方式　双绞线的规格型号通常采用 Cat. 类别-对数-UTP/STP 表示。如：

4 对超 5 类屏蔽双绞线，用 Cat.5e-4-STP 表示；

4 对 6 类非屏蔽双绞线，用 Cat.6-4-UTP 表示；

25 对 5 类非屏蔽双绞线，用 Cat.5-25-UTP 表示。

2. 同轴电缆

同轴电缆（Coaxial Cable）由一根空心的外圆柱导体及其所包围的单根内导体所组成。柱体同导体用绝缘材料隔开，其频率特性比双绞线好，能进行较高速率的传输。由于它的屏蔽性能好，抗干扰能力强，通常多用于基带传输。

（1）同轴电缆的结构　同轴电缆由内导体、外导体、绝缘介质和护套 4 部分组成，绝缘体使内、外导体绝缘且保持轴心重合，如图 2-5 所示。

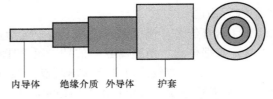

图 2-5　同轴电缆的结构示意图

1）内导体。也称芯线，可以由铜线、镀铜铝线、镀铜钢线制成。可分为单芯或多芯两种。

2）外导体。也称屏蔽层，一般由铜丝编织网或镀锡铜丝编织网内加一层铝箔制成，也可采用金属管（如铝管）制成，对电磁干扰有屏蔽作用。

3）绝缘介质。也称绝缘体，是内导体与外导体之间的绝缘层，对电缆起支撑作用。常用的绝缘介质有干燥空气、聚乙烯、聚丙烯和聚氯乙烯等。

4）护套。也称保护层，对电缆起保护作用。通常采用聚乙烯或乙烯基类材料。

（2）同轴电缆的特性

1）同轴电缆可分为基带同轴电缆和宽带同轴电缆两种基本类型，分别用于基带传输和宽带传输。目前，基带常用的电缆，其屏蔽线是用铜做成网状的，特征阻抗为 50Ω，如 RG-8、RG-58 等；宽带常用的电缆，其屏蔽层通常是用铝冲压成的，特征阻抗为 75Ω，如 RG-59 等。

2）常用同轴电缆的特性阻抗有 75Ω 和 50Ω 两种。在 CATV 系统中一般都采用 75Ω 同轴电缆。

3）同轴电缆不可绞接，各部分是通过低损耗的 75Ω 连接器来连接的。连接器在物理性能上与电缆相匹配。中间接头和耦合器用线管包住，以防不慎接地。同轴电缆的连接头称为 BNC 接头。

4）粗同轴电缆（粗缆）与细同轴电缆（细缆）是指同轴电缆的直径大小。粗缆适用于比较大型的局部网络，它的标准距离长、可靠性高。由于安装时不需要切断电缆，因此可以根据需要灵活调整计算机的入网位置，但粗缆网络必须安装收发器和收发器电缆，安装难度较大，所以总体造价高。相反，细缆则比较简单、造价低，但由于安装过程要切断电缆，两头装上基本网络连接头（BNC），然后接在 T 形连接器两端，所以当接头多时容易产生接触不良的隐患，这是目前运行中的以太网所发生的最常见故障之一。计算机网络一般选用 RG-8 以太网粗缆和 RG-58 以太网细缆，RG-59 电缆用于电视系统。

但随着以双绞线和光纤为主的标准化布线的推进，计算机网络系统中已不再使用同轴电缆，所以在实际布线工程中，同轴电缆只作为视频/射频的传输介质。

3. 光缆

光导纤维（光纤）是一种传输光束的细而柔韧的介质，它是一种特制的玻璃丝，材料为高纯度的石英，是传导光的介质。光导纤维电缆由一捆纤维组成，简称光缆。光缆是数据传输中最有效的一种传输介质。

（1）光缆的结构　光缆的结构是由轴心与外围两部分组成的同心圆柱体：轴心部分称为纤芯，纤芯允许光波通过；外围部分称为包层，包层防止光波溢出。

由于包层的折射率比纤芯小，使按一定角度入射的光波能在纤芯与包层之间的界面上不断发生全反射而沿轴心方向传播。

（2）光纤的分类

1）光纤按材料不同分为玻璃光纤（目前常用）和塑料光纤（未来发展）。

2）光纤按玻璃光纤中传输的总模式数，可分为多模光纤和单模光纤。

多模光纤的纤芯较粗（直径为 $50 \sim 125 \mu m$），光波在纤芯内的传播有多种不同的反向途径，即称多种不同的"传播方式"。多模光纤的宽带较窄，其应用受到限制，一般用于传输单路电视信号和室内网络布线系统。

单模光纤的纤芯较细（直径为 $8 \sim 10 \mu m$），光波在纤芯内的传播只有一种途径，即称单一或一种"传播方式"。单模光纤的工作宽带较宽，一般 CATV 网络系统，室外网络系统布线大于 2km 时都采用单模光纤。

单模光纤与多模光纤的特性比较见表 2-1。

表 2-1　单模光纤与多模光纤的特性比较

单　模	多　模
用于高速度、长距离布线	用于低速度、短距离布线
成本高	成本低
窄芯线,需要激光源	宽芯线,聚光好
耗散极小,效率高	耗散大,效率低

光纤的类型由模材料（玻璃或塑料纤维）及芯和外层尺寸决定，芯的尺寸大小决定光的传输质量。常用的光纤有：8.3μm 芯/125μm 外层，单模；62.5μm 芯/125μm 外层，多模；50μm 芯/125μm 外层，多模；100μm 芯/140μm 外层，多模。

光缆的安装是从用户设备开始的。因为光缆只能单向传输，为要实现双向通信，就必须成对出现，一个用于输入，一个用于输出。光缆两端接到光学接口器上。安装光缆须小心谨慎。每条光缆的连接都要磨光端头，通过电烧烤工艺与光学接口连在一起。要确保光通道不被阻塞。光纤不能拉得太紧，也不能形成直角。

（3）光缆的优点

1）较宽的频带。

2）电磁绝缘性能好。光纤电缆中传输的是光束，而光束是不受外界电磁干扰影响的，而且本身也不向外辐射信号，因此它适用于长距离的信息传输以及要求高度安全的场合。当然，抽头困难是它固有的难题，因为割开光缆需要再生和重发信号。

3）衰减较小，也可以说在较大范围内是一个常数。

4）中继器的间隔距离较大，因此整个通道中继器的数目可以减少，这样可降低成本。根据贝尔实验室的测试，当数据速率为 420Mbits/s 且距离为 119km 无中继器时，其误码率为 10^{-8}，可见其传输质量很好。而同轴电缆和双绞线在长距离使用中就需要接中继器。

4. 无线通信介质

目前最常用的无线通信介质有普通无线电波、微波、红外线及激光等。另外，"蓝牙"技术也可实现近距离无线传输。

二、综合布线系统缆线连接标准

1. 连接标准

目前，电缆施工布线采用的标准有两个，分别为 TIA/EIA-568-A 标准和 TIA/EIA-568-B 标准。

1）TIA/EIA-568-A 标准，简称 T568A（从左到右）。

1	2	3	4	5	6	7	8
绿白	绿	橙白	蓝	蓝白	橙	棕白	棕

2）TIA/EIA-568-B 标准，简称 T568B（从左到右）。

1	2	3	4	5	6	7	8
橙白	橙	绿白	蓝	蓝白	绿	棕白	棕

2. UTP 连接硬件

（1）平行缆线（直通跳线） 在双绞线两端采用同一标准连接，则称之为平行缆线或直通跳线适用于计算机与交换机之间的连接。

（2）交叉缆线（交叉跳线） 在一根双绞线的两端分别采用 T568A 标准和 T568B 标准，则称之为交叉线，一般可以用于两台计算机之间的直接连接，或通过交换机的普通接口将两台交换机连接。不能用于计算机与交换机的连接。

（3）注意要点 在一个工程中，所有的连接应该采用同一种连接标准；一般是采用 T568B 标准。使用制作的交叉线时，应该设置特别标注，以防误用。

三、工作区接续设备

1. 工作区

一个独立的需要设置终端设备的区域宜划分为一个工作区。工作区应由配线子系统的信息插座模块（TO）延伸到终端设备（TE）处的连接缆线及适配器组成。

2. 终端接续设备

1）RJ11、RJ45 面板与模块—适用于双绞线。

2）BNC 面板—适用于同轴电缆。

3）ST、SC 接头与面板—适用于光缆。

3. 网络适配器（NIC）

网络适配器又称网络接口卡，简称网卡。它是一种能将计算机内部信号格式和网络上传输的信号格式相互转化，并在工作站和网络之间传输数据的硬件设备，是构建网络必不可少的设备。

4. 工作区连接线

通过两端 RJ45 接头（俗称水晶头），将信息插座模块（TO）延伸到终端设备（TE）网卡上的连接线，称为工作区跳线。

通常选用 4 对超 5 类（或 6 类）非屏蔽双绞线制作。

四、网络线压接与跳线测试的常用工具

1. 剥线器

剥线器外形小巧、简单易用，只需要一个简单步骤就可除去缆线的护套：把线放在相应尺寸的孔内并旋转三至五圈，即可除去缆线的护套，以达到剥线的目的。其外形如图 2-6 所示。

图 2-6　双绞线和同轴电缆剥线器

2. RJ45 单用压线钳

在双绞线网线制作过程中，压线钳是最主要的制作工具，一把钳子包括了双绞线切割、剥离护套、水晶头压接等多种功能。其外形如图2-7所示。

常用的还有 RJ45＋RJ11 双用压线钳，用于 RJ45、RJ11 水晶头的压接。RJ45＋RJ11 双用压

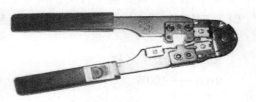

图 2-7　压线钳

线钳包括双绞线切割、剥离护套、两种不同的水晶头压接等多种功能。

3. 网络电缆测试仪

简称测通器，用于检查网络跳线的线序、压接正误和缆线导通测试，通常由测试仪主体和移动终端盒组成。可检测 BNC 同轴电缆和双绞线等缆线。其外形如图 2-8 所示。

五、网络跳线的测试方法

图 2-8　网络电缆测试仪

1）使用测试仪主体，被测缆线一头（如 RJ45）插入标示为发射口（TX），另一头插入标示为接收口（RX）或插入移动终端盒的 RJ45 口。

2）打开电源开关，拨到"TEST"段，分步进行测试，LED 灯会亮在被测线的第一个连接点，每按下一次测试键，LED 灯会亮在被测线的下一个连接点，依次往下，周而复始。

3）打开电源开关，拨到"AUTO"段，自动进行扫描，LED 灯会自动从第一个点依次亮到第八个点和接地点，周而复始。

4）从 LED 灯的显示，可以看出被测试的结果是否正确，如果 LED 灯显示不正确，被测线可能是短路、开路、反接、跳接等错误情形。

开路/短路：在施工时由于安装工具或接线技巧问题，以及墙内穿线技术问题，会产生通路断开或短路这类故障。

反接：同一对线在两端针位接反，如一端为 1&2，则另一端为 2&1。

跳接（错接）：将一对线接到另一端的另一对线上，如一端是 1&2，另一端接在 4&5 针上。最典型的这类错误就是打线时混用了 TIA/EIA-568-A 与 TIA/EIA-568-B 的色标。

串音：将原来的两对线分别拆开而重新组成新的线对。出现这种故障时，端对端连通性是好的，当信号在缆线中高速传输时，产生的近端串音如果超过一定的限度就会影响信息传输，所以需用专用的电缆测试仪检测。打线时根据电缆色标按规范标准端接就不会出现串音问题。

一、双绞线的标注

对于一条双绞线，在外观上需要注意的是：每隔 2ft（英尺）⊖有一段文字。

以 A M P 公司的缆线为例，该文字为："AMP SYSTEMS CABLE E138034 0100 24 AWG（UL）CMR/MPR OR C（UL）PCC FT4 VERIFIED ETL CAT5 044766 FT 9907"

其中：

AMP——公司名称。

0100——100W。

⊖　1ft = 0.3048m。

24——线芯是 24 号的（线芯有 22、24、26 三种规格）。

AWG——美国缆线规格标准。

UL——通过认证的标记。

FT4——4 对线。

CAT 5——5 类线。

044766——缆线当前处在的英尺数。

9907——生产年月。

二、超 5 类布线系统

超 5 类布线系统是一个非屏蔽双绞线（UTP）布线系统，通过对它的"链接"和"信道"性能进行测试表明，其性能超过 EIA/TIA-568 的 5 类。与普通的 5 类 UTP 比较，超 5 类布线系统衰减更小，同时具有更高的 ACR 和 SRL，更小的时延和衰减，性能得到了提升。超 5 类布线系统具有以下优点：

1）提供了坚实的网络基础，可以方便迁移到更新的网络技术。

2）能够满足大多数应用，并能满足偏差和低串音总和的要求。

3）为将来的网络应用提供了传输解决方案。

4）充足的性能裕量，给安装和测试带来方便。

比起普通的 5 类双绞线，超 5 类系统在 100MHz 的频率下运行时，可提供 8dB 近端串音的裕量，用户的设备受到的干扰只有普通 5 类线系统的 1/4，使系统具有更强的独立性和可靠性。近端串音、串音总和、衰减和 SRL 这 4 个参数是超 5 类非常重要的参数。

三、6 类布线系统

6 类布线系统依赖于不要求单独屏蔽线对的缆线，从而可以降低成本、减小体积、简化安装和消除接地问题。此外，6 类布线系统要求使用模块式 8 路连接器（IEC 603-7 或 RJ 45），从而能够适应当前的语音、数据和视频以及千兆位应用。

1. 6 类布线系统标准简介

6 类布线系统标准将是未来 UTP 布线的极限标准，为用户选择更高性能的产品提供依据，同时，它也应当满足网络应用标准组织的要求。6 类布线系统标准草案中的规定涉及介质、布线距离、接口类型、拓扑结构、安装实践、信道性能及缆线和连接硬件性能等方面的要求。

6 类布线系统标准规定了铜缆布线系统应当能提供的最高性能，规定允许使用的缆线及连接类型为 UTP 或 STP；整个系统包括应用和接口类型都要有向下兼容性，即新的 6 类布线系统上可以运行以前在 3 类或 5 类系统上运行的应用，用户接口应采用 8 位置模块化插座。

同 5 类布线系统标准一样，6 类布线系统标准也采用星形拓扑结构，要求的布线距离为：基本链路的长度不能超过 90m，信道长度不能超过 100m。

6 类布线系统产品及系统的频率范围应当在 1～250MHz 之间，对系统中的缆线、连接硬件、基本链路及信道在所有频点都需测试以下几种参数：衰减（Attenuation）、回波损耗（Return Loss）、延时偏离（Delay Skew）、近端串音（NEXT）、近端串音功率和（Power Sum NEXT）、等电平远端串音（ELFEXT）、等电平远端串音功率和（Power Sum ELFEXT）、平衡（Balance：LCL，LCTL）等。

目前 TIA 和 ISO/IEC 标准化委员会认为 6 类信道的性能指标在技术上已经稳定。6 类布线系统在 TIA TR41 的研发基础上形成。该标准的目的是为了实现复杂性更低（因此成本就更低）的千兆位方案。千兆位方案最早是基于 5 类布线系统而制订的，但其中有一些重要参数没有规定，还需要进行补充测试。超 5 类布线系统可以满足千兆位方案的要求，但需要在网络设备（如网卡）的接口处增加 DSP（数字信号处理）芯片，这样用超 5 类实现千兆位方案就需要较高的成本，而采用 6 类会比超 5 类降低一半的成本，6 类参数值余量可以更好地满足千兆位方案的需求。

2. 布线标准（几个关键问题）

布线标准正文现在已是一个相对成熟的文本，6 类的要点包括：

1）在 200MHz 时 6 类信道必须提供正的（+ve）PSACR 值（0.1dB）。

2）6 类信道包括 2、3 或者 4 个接头连接链路。

3）6 类信道所定义的公式频率值而非现场频率值是 250MHz。带宽提升至 250MHz 是应 IEEE 802 委员会定义新布线标准中满足零值 ACR 值而提升频率 25% 的要求来制定的。

4）电缆和元器件的性能参数需从信道系统中返回计算。

5）6 类元器件应具备相互兼容性，即允许不同厂商产品混合使用。

6）6 类元器件应具备向下兼容 5 类和增强型 5 类的特性。

上述最后两点将给接插件厂带来更多竞争。然而，6 类系统的回路损耗问题尚未完全解决，电缆和接插件的性能指标需要得到更多改进。回路损耗是一个非常重要的系统性能参数，TIA/EIA 子委员会在 T568A（5e）附录 5 中提议采用更为严格的接插件和电缆回路损耗级别，来确保达到系统所限定的级别要求，同样的在 6 类系统中要比增强型 5 类增加更多要求。

四、数据传输技术中的几个术语

1. 信道传输速率

信道传输速率的单位是 bit/s、Kbit/s、Mbit/s。

（1）调制速率　调制速率即波特率，在电子通信领域，指的是信号被调制以后在单位时间内的波特数，即单位时间内载波参数变化的次数。它是对信号传输速率的一种度量，通常以"波特每秒"（B/s）为单位。在模拟信道中传输数字信号时常常使用调制解调器，在调制器的输出端输出的是被数字信号调制的载波信号，因此自调制器的输出至解调器的输入的信号速率取决于载波信号的频率。

（2）数据速率　数据速率是指信号源输入/输出口处每秒钟传送的二进制脉冲的数目。

数据传输速率是描述数据传输系统的重要技术指标之一。数据传输速率在数值上等于每秒钟传输构成数据代码的二进制比特数，单位为比特/秒（bit/s）。对于二进制数据，数据传输速率

$$S = 1/T$$

式中，T 为发送每一比特所需要的时间。例如，如果在通信信道上发送 1bit 0、1 信号所需要的时间是 0.001ms，那么信道的数据传输速率为 1000000bit/s。

在实际应用中，常用的数据传输速率单位有 Kbit/s、Mbit/s 和 Gbit/s。

$$1\,Kbit/s = 10^3\,bit/s\,,\quad 1\,Mbit/s = 10^6\,bit/s\,,\quad 1\,Gbit/s = 10^9\,bit/s$$

2. 通信方式

当数据通信在点点间进行时，按照信息的传送方向，其通信方式有三种：

（1）单工通信式方式　单方向传输数据，不能反向传输。

（2）半双工通信方式　既可单方向传输数据，也可以反方向传输，但不能同时进行。

（3）全双工通信方式　可以在两个不同的方向同时发送和接收数据。

3. 传输方式

数据在信道上按时间传送的方式称为传输方式。当按时间顺序一个码元接着一个码元地在信道上传输时，称为串行传输方式，一般数据通信都采用这种方式。串行传输方式只需要一条通道，在远距离通信时其优点尤为突出。另一种传输方式是将一组数组一并同时送到对方，这时就需要多个通路，故称为并行传输方式。计算机网络中的数据是串行方式传输的。

4. 基带传输

所谓基带传输是指信道上传输的是没有经过调制的数字信号。基带传输有 4 种方式。

（1）单极性脉冲　指用脉冲的有无来表示信息的有无。电传打字机就是采用这种方式。

（2）双极性脉冲　指用两个状态相反、幅度相同的脉冲来表示信息的两种状态。在随机二进制数字信号中，0、1 出现的概率是相同的，因此在其脉冲序列中，可视直流分量为零。

（3）单极性归零脉冲　指在发送"1"时发送宽度小于码元持续时间的归零脉冲序列，而在传输"0"信息时，不发送脉冲。

（4）多电平脉冲　相对上面三种脉冲信号而言的。脉冲信号的电平只有两个取值，故只能表示二进制信号，而多电平脉冲可表示多进制信号。

5. 宽带传输

在某些信道中（如无线信道、光纤信道）由于不能直接传输基带信号，故要利用调制和解调技术，即利用基带信号对载波波形的某些参数进行调控，从而得到易于在信道中传输的被调波形。其载波通常采用正弦波，而正弦波有三个能携带信息的参数，即幅度、频率和相位，控制这三个参数之一就可使基带信号沿着信道顺利传输。当然，在到达接收端时均需作相应的反变换，以便还原成发送端的基带信号。这就是所谓的宽带传输。在局域内宽带传输一般采用同轴电缆作为传输介质。

在宽带传输中，可分为频分多路复用（FDM）技术和时分多路复用（TDM）技术。FDM 技术可将电缆的频谱分成若干信道或频段，而后在各个分隔的频段上分别传输数据、电视信号。

▶ **实训报告**

1. 写出 EIA/TIA-568-A 与 EIA/TIA-568-B 的标准线序。

2. 列出完成本项目任务所需的工具和材料清单及数量。

3. 完成拓展实训任务并填写表 2-2。

项目 2　实现工作区终端连接

表2-2 实训报告表

序号	项目任务	操作步骤	测试结果	完成用时	问题与分析
1					
2					
3					

任务2 完成工作区信息点的安装

 学习目标

1. 认识 RJ45 信息模块、信息面板、信息插座底盒。
2. 能区分 EIA568A 与 EIA568B 标准对应的模块端接色标线序。
3. 学会打线器（单）的使用方法和安全注意事项，会进行双绞线与 RJ45 信息模块的压接。
4. 初步学会嵌入式和表面信息插座的安装方法。

▶ 任务导入

学校改善办学条件，采用现代化的无纸化办公，建设校内局域网，将网络信息点设计布局到位，并把网络线已放至预留位置。

▶ 学习任务

1. 根据"知识链接"中应知基础理论，讨论、学习相关知识。
2. 在各办公室的信息点预留位置处，按照 TIA/EIA-568-B 标准对应的模块端接色标线序，压接 RJ45 信息模块和信息插座底盒及面板的安装。每人选用 6 根 Cat5e-4-UTP 一端制作水晶头，另一端进行模块端接，并在仿真墙上安装信息插座底盒及面板，完成后测试。

▶ 实施条件

1. 实训设备

综合布线系统实训装置（模拟实训仿真安装墙，简称"仿真墙"）。

2. 工具准备

剥线器、压线钳、打线工具。

3. 材料准备

双绞线（4 对超 5 类非屏蔽/4 对超 5 类屏蔽/4 对 6 类非屏蔽双绞线）各若干；

RJ45 水晶头（5 类/6 类）各若干；

压接式（八线位）数据信息模块（超 5 类非屏蔽/屏蔽/6 类非屏蔽）若干；

压接式（四线位）语音信息模块若干；

信息插座面板（单孔/双孔）若干。

一、信息插座的安装要求

1）信息插座有明装和暗装两种方式。
2）安装位置和规格型号应与设计文件相符。
3）安装在墙上的信息插座，其位置宜高出地面 300mm 左右。
4）底座、接线模块与面板的安装应牢固稳定，无松动现象。
5）安装在地面上或活动地板上的地面信息插座，其盒盖面应与地面平齐，要有盖板，接线盒盖可开启，并有严密防水、防尘处理。

二、4 对双绞电缆连接到信息插座的操作步骤

1）将信息插座上的螺钉拧开，然后将端接夹拉出。
2）从底盒中将双绞线拉出约 20cm。
3）用斜口钳从双绞线上剥除约 10cm 的护套。
4）将导线穿过信息插座底部的孔。
5）将导线压到合适的槽中。
6）使用斜口钳将导线的末端割断。
7）将端接夹放回并用拇指稳稳压下。
8）重新组装信息插座，将分开的盖和底座扣在一起，再将连接螺钉拧上。
9）用螺钉将组装好的信息插座拧到接线盒上。

三、双绞线与 RJ45 信息模块的压接

1）双绞线从布线底盒中拉出，剪至合适的长度。
2）用剥线钳剥除双绞线的绝缘层包皮 2~3cm。
3）将信息模块置入掌上防护装置中。
4）分开 4 个线对，但线对之间不要拆开，按照信息模块上所指示的线序，稍稍用力将导线一一置入相应的线槽内。
5）将打线工具的刀口对准信息模块上的线槽和导线，带刀刃的一侧向外，垂直向下用力，听到"咯"的一声，模块外多余的线被剪断。重复该操作，将 8 条导线一一打入相应颜色的线槽中。如果多余的线不能被剪断，可调节打线工具上的旋钮，调整冲击压力。
6）将塑料防尘片沿缺口穿入双绞线，并固定于信息模块上。双手压紧防尘片，模块端接完成。

7）将信息面板的外扣盖取下，将信息模块对准信息面板上的槽扣轻轻压入，再将信息面板用螺钉固定在信息插座的底盒上，最后将外扣盖扣上。

选用 4 对超 5 类屏蔽双绞线（STP/FTP）与相应的信息模块压接，并在仿真墙上安装信息插座底盒及面板，完成后测试。

一、信息插座与面板及接线方式

1. 信息插座

信息插座在工作区子系统内是配线子系统电缆的终结点，也是终端设备与配线子系统连接的接口。

综合布线系统提供不同类型的信息插座和信息插头。这些信息插座和带有插头的接插软线相互兼容。在工作区一端，用带有 8 针插头的软线接入插座在水平系统的一端，将 4 对双绞线接到插座上。信息插座为水平系统布线与工作区布线之间提供可管理的边界和接口，它在建筑物综合布线系统中作为端点，也就是终端设备连接或断开的端点。

8 针模块化信息插座是推荐的标准信息插座，分为基本型、增强型和综合型三种。8 针结构是单一信息插座配置，可以灵活地提供数据、语音、图像或三者的组合。

综合布线系统的信息插座应按下列原则选用：①单个连接的 8 针插座宜用于基本型系统；②两个连接的 8 针插座宜用于增强型或综合型系统；③信息插座应在内部做固定线连接；④一个给定的综合布线系统设计可采用多种类型的信息插座。

2. 信息插座的安装类型

信息插座的组成包括信息模块、面板和底座。信息插座所使用的面板的不同决定着信息插座所适用的环境，而信息模块所遵循的通信标准决定着信息插座的适用范围。

（1）信息插座按安装类型分类　通常信息插座按安装类型可分为嵌入式（暗装）和表面式（明装）。

（2）信息插座按其所使用的面板分类　信息插座按其所使用的面板分类，分为墙上型、桌上型和地上型。

（3）信息插座按所用的信息模块分类　按所用的信息模块分类，信息插座可分为 RJ45 信息模块，光纤插座模块和转换插座模块。

3. 配置信息插座的注意事项

1）根据楼层平面图来计算每层楼的布线面积。

2）估算信息插座的数量时，一般应设计两种平面图供用户选择。①基本型综合布线系统，一般每个房间或每 10m^2 一个信息插座；②增强型、综合型综合布线系统，一般每个房间或每 10m^2 两个信息插座。

3）确定信息插座的安装类型。

4. 底盒安装

明装底盒经常在改扩建工程墙面明装方式布线时使用，一般为白色塑料盒，外形美观，表面光滑，外形尺寸比面板稍小一些，常见尺寸为长 84mm，宽 84mm，深 36mm，底板上有

2 个直径 6mm 的安装孔，用于将底座固定在墙面，正面有 2 个 M4 螺孔，用于固定面板，侧面预留有上下进线孔。

暗装底盒一般在新建项目和装饰工程中使用，暗装底盒常见的有塑料和金属两种。塑料底盒一般为白色，一次注射成型，表面比较粗糙，外形尺寸比面板小一些，常见尺寸为长80mm，宽80mm，深50mm，5 个面都预留有进出线孔，方便进出线，底板上有 2 个安装孔，用于将底座固定在墙面，正面有 2 个 M4 螺孔，用于固定面板。金属底盒一般一次冲压成型，表面进行电镀处理，避免生锈，尺寸及线孔与塑料底盒基本相同。

底盒安装的一般步骤：

1）目视检查产品的外观是否合格：特别检查底盒上的螺孔是否正常，如果其中有一个螺孔损坏时坚决不能使用。

2）取掉底盒挡板：根据进出线方向和位置，取掉底盒预设孔中的挡板。

3）固定底盒：明装底盒按照设计要求用膨胀螺钉直接固定在墙面。暗装底盒首先使用专门的管接头把线管和底盒连接起来，这种专用接头的管口有圆弧，既方便穿线，又能保护缆线不会划伤或者损坏。然后用膨胀螺钉或者水泥砂浆固定底盒。

4）成品保护：暗装底盒一般在土建过程中进行，因此在底盒安装完毕后，必须进行成品保护，防止水泥砂浆灌入螺孔或者穿线管内。一般做法是在底盒螺孔和管口处塞纸团，也可以用胶带纸保护螺孔。

5. 信息插座的接线方式

电缆（4 对双绞线）通常按蓝、橙、绿、棕配对线序，即白-蓝/蓝为线对 1；白-橙/橙为线对 2；白-绿/绿为线对 3；白-棕/棕为线对 4。在信息插座上的连接有如下两种方式：

（1）TIA/EIA-568-B（T568B）标准接线方式 信息插座引针与线对的分配如图 2-9a 所示。

（2）TIA/EIA-568-A（T568A）标准接线方式 信息插座引针与线对的分配如图 2-9b 所示。

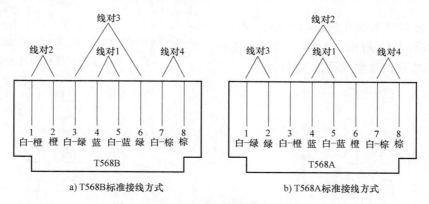

a) T568B标准接线方式   b) T568A标准接线方式

图 2-9 TIA/EIA568 物理线路接线方式

（3）常用信息插座引脚的分配与用途 如图 2-10 所示，按照 T568B 标准接线方式，信息插座引脚与双绞线的线对分配和各用途为：引脚 1、2、3、6 分配给数据信号传送，并与 4 对电缆中的线对 2 和线对 3 相连；对于模拟式语音终端，将触点信号和振铃信号置入信息插座引脚 4 和 5；引脚 7 和 8 直接连通，留作配件电源之用（配件的远地电源线使用）。

若按照 T568A 标准接线方式，则将线对 2（白-橙/橙）与线对 3（白-绿/绿）的连接线序对调。

线对1　引脚1:数据信号传送
　　　　引脚2:数据信号传送
线对2　引脚3:数据信号传送
　　　　引脚4:模拟语音端终—触点信号
线对3　引脚5:模拟语音端终—振铃信号
　　　　引脚6:数据信号传送
线对4　引脚7:留作配件电源之用
　　　　引脚8:留作配件电源之用

4对UTP

绝对按T568B标准连接方式　　　信息插座　　　引脚分配与用途

图 2-10　信息模块的引脚的分配与用途

二、信息模块的端接

1. 网络模块端接原理

网络模块端接原理为:利用压线钳的压力将 8 根线逐一压接到模块的 8 个接线口,同时裁剪掉多余的线头。在压接过程中刀片首先快速划破线芯绝缘护套,与铜线芯紧密接触实现刀片与线芯的电气连接,这 8 个刀片通过电路板与 RJ45 口的 8 个弹簧连接。信息模块压线前后对比示意图如图 2-11 所示。

2. 信息模块的压接技术

目前,信息模块的供应商有国外的 IBM、AT&T、AMP 等,国内的南京普天等公司,它们的产品的结构都类似,只是排列位置有所不同。有的面板注有双绞线颜色标号,与双绞线压接时,注意颜色标号配对就能够正确地压接。

AT&T 公司的 T568B 信息模块与双绞线连接的位置如图 2-12 所示。AMP 公司的信息模块与双绞线连接的位置如图 2-13 所示。

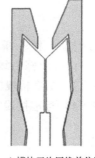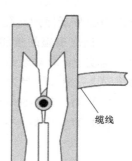

缆线

a) 模块刀片压线前位置图　b) 模块刀片压线后位置图

图 2-11　信息模块压线前后对比示意图

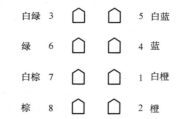

橙	2		7	白棕
白橙	1		8	棕
白绿	3		6	绿
白蓝	5		4	蓝

图 2-12　AT&T 信息模块与双绞线连接

白绿	3		5	白蓝
绿	6		4	蓝
白棕	7		1	白橙
棕	8		2	橙

图 2-13　AMP 信息模块与双绞线连接

(1) 信息模块压接方式　信息模块压接一般用两种方式:

1) 用打线工具压接。

2) 不用打线工具,直接压接。

根据在工程中的经验体会,一般采用打线工具进行压接模块较好。

(2) 信息模块压接注意事项

1) 双绞线是成对相互拧在一处的,按一定距离拧起的导线可提高抗干扰的能力,减小信号的衰减，压接时一对一对地拧开，放入与信息模块相对的端口上。

2）在双绞线压处不能拧、撕开，并防止有断线的伤痕。

3）使用压线工具压接时，要压实，不能有松动的地方。

4）双绞线开绞不能超过要求。在现场施工过程中，有时遇到5类线或3类线与信息模块压接时出现8针或6针模块的情形。例如，要求将5类线（或3类线）一端压在8针的信息模块（或配线面板）上，另一端在6针的语音模块上，如图2-14所示。面对这种情况，无论是8针信息模块，还是6针语音模块它们在交接处是8针，只是输出时有所不同。所以按5类线8针压接方法压接，6针语音模块将自动放弃不用的棕色一对线。

3. 屏蔽 RJ45 模块的端接工艺

（1）屏蔽与非屏蔽布线系统施工的不同点 屏蔽布线系统的施工与非屏蔽布线系统的施工基本相近，其不同点在于：

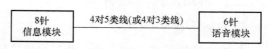

图2-14 8针信息模块连接6针语音模块

1）配线架上每个模块的接地必须良好，当使用配线架作为接地汇接排时，应使用仪器检测配线架与模块、机柜之间的接地阻抗是否符合规范。

2）含有丝网的屏蔽双绞线可以剪去铝箔屏蔽层，使用丝网进行接地端接；不含丝网的屏蔽双绞线必须保留铝箔屏蔽层和接地导线，它们共同参与接地。

3）屏蔽模块在处理线缆的屏蔽层时，不能轻易剪去，应保证线缆的屏蔽层与模块屏蔽层、屏蔽罩形成一个完整的360°屏蔽，且没有缝隙的屏蔽保护层后方可剪去剩余部分。

4）保留的铝箔屏蔽层上不应留有小缺口，以防被撕裂（没有小缺口的铝箔屏蔽层不容易被撕裂）。

5）丝网中的铜丝在施工时有可能会散乱，要防止散乱的铜丝接触到端接点上，造成信号短路。

6）屏蔽配线架的接地应直接接到机柜的接地铜排上，形成机柜内的星型接地，其接地线建议使用6mm²以上的网状接地线，利用其表面积大的特点提高线缆的高频特性。为了防止网状接地线短路，在接地线外应套塑料软管。

7）每个机柜均应使用接地线连接到机房的接地铜排上，并确保配线架对地的接地电阻小于1Ω。

8）屏蔽布线系统的接地应与强电接地完全分离，单独接至大楼底部的接地汇流排上。

（2）屏蔽双绞线的屏蔽种类

1）F/UTP：铝箔总屏蔽双绞线，常见于超5类屏蔽双绞线中，其目的是减弱双绞线芯线与外部电磁场之间的相互作用。

2）U/FTP：铝箔线对屏蔽双绞线，常见于6类屏蔽双绞线中，其目的是取得比 F/UTP 更好的屏蔽效果，同时获得比十字骨架更好的抗线对间电磁干扰的效果，以保证每个线对可以独立使用。

3）SF/UTP：铝箔＋丝网总屏蔽双绞线，也称双重屏蔽双绞线。常见于超5类和6类屏蔽双绞线中。其目的是用两种方式共同减弱芯线与外部电磁场之间的相互作用。

4）S/FTP：丝网总屏蔽＋铝箔线对屏蔽双绞线，常见于6A类和7类屏蔽双绞线中。其目的是在获得与外部电磁场的之间最佳的屏蔽效果外，同时获得线对之间的抗电磁干扰效果，以保证每个线对可以独立使用。

（3）屏蔽双绞线端接施工工艺核心

1）仅有铝箔的屏蔽双绞线，其中必有接地导线。端接时要求铝箔的导电面和接地导线均要与屏蔽模块的屏蔽层良好接触，并且在屏蔽模块与屏蔽双绞线的连接处附近不留任何电磁波可以侵入的缝隙。

2）对于具有丝网的屏蔽双绞线，其中必有铝箔屏蔽层，但没有接地导线。端接时要求铝箔屏蔽层可以不直接接地，但丝网屏蔽层要求良好接地，并且在屏蔽模块与屏蔽双绞线的连接处附近不留任何电磁波可以侵入的缝隙。

三、常用工具与器材

1. 打线工具

打线工具用于信息输出模块及配线架之间的连接打线，同时也用于各种电缆配线之间的线路连接打线，在该打线工具的打线端，有一个"V"形的压线器，可将电缆铜线压入各种连接器件的卡线槽中。

（1）单打线钳　单打线钳适用于缆线、110型模块及配线架的连接作业。使用时只需要简单地在手柄上推一下，就能将导线卡接在模块中，完成端接过程，如图2-15a所示。

a) 单打线钳　　　　　b) 5对打线钳

图2-15　打线工具

（2）5对打线钳　5对打线钳属于110型连接端子打线工具。一次最多可以接5对的连接块，操作简单，省时省力，如图2-15b所示。

使用打线工具时，必须注意以下事项：

1）用手在压线口按照线序把线芯整理好，然后开始压接。压接时必须保证打线钳方向正确，有刀口的一边必须在线端方向，正确压接后，刀口会将多余线芯剪断。否则，会将要用的网线铜芯剪断或者损伤。

2）打线钳必须保证垂直，突然用力向下压，听到"咔嚓"声。配线架中的刀片会划破线芯的外包绝缘外套，与铜线芯接触。如果打线钳不垂直，则容易损坏压线口的塑料芽，而且不容易将线压接好。如果打接时不突然用力，而是均匀用力时，不容易一次将线压接好，可能出现半接触状态。

2. 信息插座面板

常用面板分为单口面板和双口面板，面板外形尺寸符合国标86型、120型。常见电缆信息插座面板如图2-16所示。

86型面板的宽度和长度分别是86mm，通常采用高强度塑料材料制成，适合安装在墙面上，具有防尘功能。

120型面板的宽度和长度是120mm，通常采用铜等金属材料制成，适合安装在地面，具

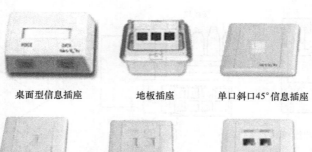

桌面型信息插座	地板插座	单口斜口45°信息插座
单口信息插座	双口信息插座	双口斜口45°信息插座

图 2-16　常见电缆信息插座面板

有防尘、防水功能。

3. 信息模块

信息模块一直用于电缆的端接或终结。信息模块分为 6 类、超 5 类、3 类，常见的信息模块如图 2-17 所示。

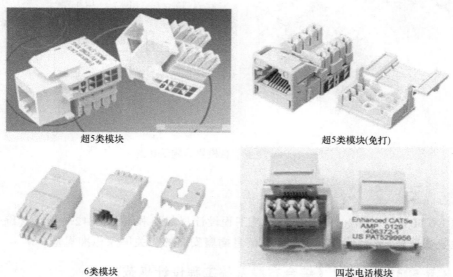

超5类模块	超5类模块(免打)
6类模块	四芯电话模块

图 2-17　常见的信息模块图

信息模块满足 T568A 超 5 类传输标准，符合 T568A 和 T568B 线序，适用于设备间与工作区的通信插座连接。芯针触点材料有 50μm 的镀金层，耐用性为 1500 次插拔。打线柱外壳材料为聚碳酸酯，IDC 打线柱夹子为磷青铜。适用于 22、24 及 26AWG（0.64，0.5 及 0.4mm）缆线，耐用性为 350 次插拔。

在语音和数据通信中使用三种不同规格的模块，即四线位模块、六线位模块和八线位模块，四、六线位模块用于语音通信，八线位模块用于数据通信。

信息模块有屏蔽和非屏蔽之分。

（1）非屏蔽信息模块。压接式非屏蔽信息模块如图 2-18 所示。双绞线在与信息插座和插头的模块连接时，必须按色标和线对顺序进行压接。双绞电缆与信息插座的压接端子连接

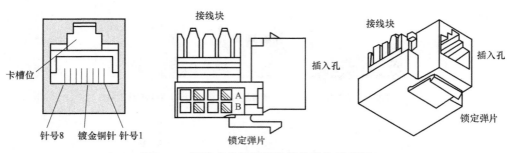

图 2-18　压接式非屏蔽信息模块结构示意图

时，应按色标要求的顺序进行。

双绞电缆与接线模块（IDC、RJ45）卡接时，应按设计和厂家规定进行操作。

（2）屏蔽信息模块。屏蔽信息模块结构如图 2-19 所示。

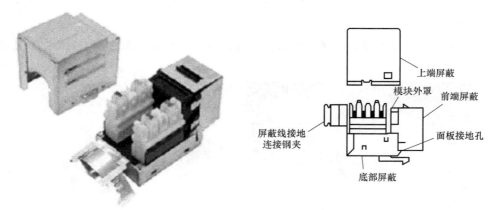

图 2-19　屏蔽信息模块结构示意图

▶ **知识拓展**

根据 GB 50311—2007《综合布线系统工程设计规范》和 GB 50312—2007《综合布线系统工程验收规范》，掌握信息模块压接与信息插座安装的相关国家标准规范。

一、GB 50311—2007《综合布线系统工程设计规范》

1）每一个工作区信息插座模块（电、光）数量不宜少于两个，并满足各种业务的需求。

2）底盒数量应以插座盒面板设置的开口数确定，每一个底盒支持安装的信息点数量不宜大于两个。

3）工作区的信息插座模块应支持不同的终端设备接入，每一个 8 位模块通用插座应连接 1 根 4 对对绞电缆；对每一个双工或两个单工光纤连接器件及适配器连接 1 根 2 芯光缆。

4）跳线两端的插头，IDC 指 4 对或多对的扁平模块，主要连接多端子配线模块；RJ45 指 8 位插头，可与 8 位模块通用插座相连。

5）工作区信息插座的安装应符合下列规定：①安装在地面上的接线盒应防水、抗压；

②安装在墙面或柱子上的信息插座底盒、多用户信息插座盒及集合点配线箱体的底部离地面的高度宜为 300mm。

6）工作区的电源应符合下列规定：①每 1 个工作区至少应配置 1 个 220V 交流电源插座；②工作区的电源插座应选用带保护接地的单相电源插座，保护接地与零线应严格分开。

7）1 根 4 对对绞电缆应全部固定终接在 1 个 8 位模块通用插座上。不允许将 1 根 4 对对绞电缆终接在两个或两个以上 8 位模块通用插座。

二、GB 50312—2007《综合布线系统工程验收规范》

信息插座模块安装应符合下列要求：

1）信息插座模块、多用户信息插座、集合点配线模块安装位置和高度应符合设计要求。

2）信息插座模块安装在活动地板内或地面上时，应固定在接线盒内，插座面板采用直立和水平等形式；接线盒盖可开启，并应具有防水、防尘、抗压功能。接线盒盖面应与地面齐平。

3）信息插座底盒同时安装信息插座模块和电源插座时，间距及采取的防护措施应符合设计要求。

4）信息插座模块明装底盒的固定方法根据施工现场条件而定。

5）固定螺钉需拧紧，不应产生松动现象。

6）各种插座面板应有标识，以颜色、图形、文字表示所接终端设备业务类型。

▶ 实训报告

1. 写出与 TIA/EIA-568-B 和 TIA/EIA-568-A 标准所对应的模块端接色标线序（线对排序）。

2. 列出完成本任务所需的工具和材料清单及数量。

3. 完成实训任务并填写表 2-3。

表 2-3　实训报告表

序号	项目任务	操作步骤	测试结果	完成用时	问题与分析
1	用 Cat5e-4-UTP 一端制作水晶头，另一端进行模块端接，并在仿真墙上安装信息插座底盒及面板，完成后测试				
2	选用 4 对超 5 类屏蔽双绞线（STP/FTP）与相应的信息模块压接，并在仿真墙上安装信息插座底盒及面板，完成后测试				

项目 2　实现工作区终端连接

41

项目3 实现综合布线系统配线端接

任务1 完成标准机柜和设备的安装

 学习目标

1. 认识常用的综合布线系统工程器材和设备。
2. 能通过模仿完成标准网络机柜和设备的安装。
3. 学会综合布线系统工程常用工具的使用和操作技巧。

 任务导入

建设校内局域网，在每一个楼层电信间，配备标准（19in）6U机柜，在设备间配备开放式标准（19in）机架，以便安装配线架及线缆端接与跳线。

 学习任务

1. 在"实训模拟仿真墙"上安装壁挂机柜，并配套安装24口标准网络配线架和理线架。
2. 对照"西元"网络配线实训装置（开放式机柜）设计网络机架内设备的安装施工图。
3. 完成开放式标准网络机架的安装。

 实施条件

1. 实训设备

"西元"网络配线实训装置（开放式机柜）；
实训模拟仿真墙（配套6U壁挂机柜）。

2. 工具准备

老虎钳、斜口钳、尖嘴钳、十字螺钉旋具、M6扳手；
剥线器（剥线钳）、压线钳、打线器（单）。

3. 材料准备

6U壁挂机柜、38U开放式标准网络机架；
网络压接线实验仪、网络跳线测试实验仪；
24口标准网络配线架、理线架、110型标准通信跳线架；
工具架、电源接线板、电源地插、网络地插。

实训任务 1　在仿真墙的一、三层上安装两个 6U 机柜，各配套安装一个 RJ45 网络配线架和理线器，分别在 1、2 和 23、24 端口上端接，并与各层安装的 1 个双孔数据信息点的插座模块端接，形成基本永久链路。

实训任务 2　两人一组配合安装开放式标准 19in 38U 机架。

（1）设计网络机柜施工安装图　参照图 3-1 所示，根据"西元"网络配线实训装置（开放式机柜）的结构，用 Visio 软件设计机柜设备安装位置图。

（2）完成开放式标准网络机架的安装

1）开放式标准机架安装。

2）1 台 19in 7U 网络压接线实验仪安装。

3）1 台 19in 7U 网络跳线测试实验仪安装。

4）2 个 19in 1U 24 口标准网络配线架安装。

5）2 个 19in 1U 110 型标准通信跳线架安装。

6）2 个 19in 1U 标准理线环安装。

7）工具架安装。

8）电源接线板安装。

9）电源地插和网络地插安装。

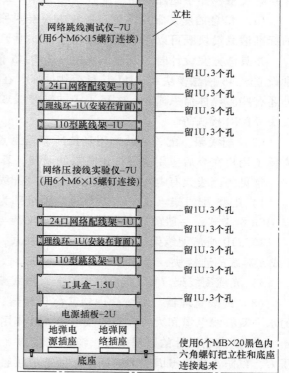

图 3-1　开放式机柜安装示意图

（3）开放式标准网络机架的安装要领提示

1）器材和工具准备。把设备开箱，按照装箱单检查数量和规格。

2）机柜安装。按照"西元"开放式机柜的安装图纸装配底座、立柱、顶上盖板、电源等，保证立柱安装垂直、牢固。

3）设备安装。按照第一步设计的施工图纸安装全部设备。保证每台设备位置正确，左右整齐和平直。

4）检查和通电。设备安装完毕后，按照施工图纸仔细检查，确认全部符合施工图纸后接通电源测试。

 知识链接

一、常用综合布线系统的产品

1. 接续设备

接续设备是综合布线系统中配线架（柜）和连接硬件等的统称。

连接硬件包括主件的连接器（又称适配器）、成对连接器及接插软线等。

接续设备是综合布线系统中的重要组成部分。由于综合布线系统中接续设备的功能、用途、装设位置以及设备结构有所不同，其分类方法也有区别。

一般按接续设备在综合布线系统的线路段落来划分，有：①终端接续设备，如总配线架（箱、柜）、终端安装的分线设备（如电缆分线盒、光纤分线盒等）及各种信息插座。②中间接续设备，如中间配线架、配线盘和综合布线系统中间的分线设备等。

（1）信息插座。常见的信息模块主要有两种形式，一种是 RJ45，另一种是 RJ11。RJ45 的标准信息模块既可以用于数据传输也可以用于语音传输，而 RJ11 仅可用于语音传输。

在具体方案设计时，既可以使用一个 RJ45 信息插座来同时完成数据与语音，也可以分别设立 RJ45 信息模块和 RJ11 信息模块插座。在后一种方式中，设计时选用双接口面板，另外还有些多媒体信息模块，主要用于同轴缆线或光缆的连接，其接口标准有：ST 接头、SC 接头、BNC 接头等。

（2）配线架。配线架的作用是使所有信息点的数据缆线均集中到配线架上，这样极大方便了用户在今后应用中进行信息点的调整，真正起到结构化综合布线的效果。

常见的配线架有 RJ45 配线架、110 通信配线架、光缆配线架（箱）等。

1）RJ45 配线架：在配线架上的模块全部为 RJ45 模块，常见的有 8、12、16、24、48 口 19in 机架式，一般前后都有标记，便于安装与管理。

2）110 通信配线架：其接线方式为卡接式，采用标准 25 对缆线模块单元，配套选用 3、4 或 5 对线的连接块，常见的有 100 对、300 对、900 对等。

3）光缆配线架（箱）：也称中间光缆配线架（箱），主要用于光缆配线中。

（3）缆线管理器 缆线管理器又称理线器、理线环或理线架，是专门用于托住机柜内的水平双绞线电缆和大对数双绞线电缆，其作用介绍如下。

1）从产品设计的原理来说，缆线连接器（如 RJ45 模块）上的缆线不应给连接器施加压力，以防止连接点因受力时间过长而造成接触不良，双绞线本身具有一定重量，几十根数米长的电缆所产生的拉力会相当大，因此布线系统都采用外部方法（如使用尼龙束带固定缆线等）减少缆线对 RJ45 模块的拉力，但这并不是根本的解决方法。缆线管理器将缆线托平，使缆线根本不对模块施力，这就从根本上解决了这个问题。

2）缆线管理器为缆线提供了平行进入 RJ45 模块的接口，使缆线在接入模块之前不需要多处直角弯，进而减少了自身的信号辐射损耗，同时也减少了对周围电缆的辐射干扰（串音）。

3）由于缆线管理器使水平双绞线有规律地、平行地进入模块，因此在今后线路扩充时，将不会因改变一电缆而引起大量电缆变动，使整体可靠性得到保证，提高了系统的可扩充性，方便了以后的调整。

2. 标准机柜（架）

机柜是存放设备和缆线交接的地方，主要安放网络设备，具有降低设备工作噪声，减少设备占地面积，设备安放整齐美观和便于管理维护的功能，现已广泛应用于安放布线配线设备、计算机网络设备、通信设备、系统控制设备等。

根据 TIA/EIA 标准，一般将内宽为 19in 的机柜称为标准机柜，又称"19in 机架"。标准机柜结构简洁，主要包括基本框架、内部支撑系统、布线系统和散热通风系统。

标准机柜内设备安装所占高度用一个特殊单位"U"表示，使用标准机柜的设备面板一般都是按 nU 的规格制造。多少个"U"的机柜表示能容纳多少个"U"的配线设备和网络设备。

标准规定的尺寸：宽度为 19in，高度为 1U 的倍数（1U = 1.75in = 4.445cm）。

设计能放置到宽度为 19in、高度以 1U 为基本单位的机柜内的产品一般被称为标准布线产品，如标准配线架、标准理线环等。如 24 口配线架高度为 1U 单位，普通型 24 口的交换机一般的高度为 1U 单位，思科 Cissco Catalyst2950C-24 交换机和锐捷 RG-S2126S 千兆智能交换机高度都为 1U 单位。对于一些非标准设备，大多数可采用通过安装附加适配挡板，再装入 19in 机柜内并固定。

19in 机柜外形有宽度、高度、深度 3 个参数。根据柜内设备的尺寸而定，机柜的物理宽度常见的产品为 600mm 和 800mm 两种，高度一般为 0.7～2.4m，常见高度为 1.0m、1.2m、1.6m、1.8m、2.0m 和 2.2m，深度一般为 400～800mm。常见的成品 19in 机柜深度为 500mm、600mm 和 800mm。厂商也可以根据用户需求定制特殊宽度、深度和高度的机柜。19in 机柜部分产品一览表见表 3-1，从中可以看出高度、容量的对照关系和机柜的配件配置情况。

表 3-1　19in 机柜部分产品一览表

容量	高度/m	宽度×深度	风扇数	配件配置
47U	2.2	600×600	2	
		600×800	4	
		800×800	4	
42U	2.0	600×600	2	电源排插 1 套 固定板 3 块 重载脚轮 4 只 支撑地脚 4 只 螺母螺钉 40 套
		600×800	4	
		800×600	2	
		800×800	4	
36U	1.8	600×600	2	
		600×800	4	
		800×600	2	
		800×800	4	
32U	1.6	600×600	2	
		600×800	4	
27U	1.4	600×600	2	电源排插 1 套 固定板 1 块 重载脚轮 4 只 支撑地脚 4 只 螺母螺钉 20 套
		600×800	4	
22U	1.2	600×600	2	
		600×800	4	
18U	1.0	600×600	2	

（1）机柜的分类

1）按照机柜的外形分类。机柜可分为立式、壁挂式、开放式三种，如图 3-2 所示。

a) 立式机柜   b) 壁挂式机柜   c) 开放式机架

图 3-2   机柜

　　立式机柜主要用于综合布线系统的设备间，壁挂式机柜主要用于没有独立房间的楼层配线间。与机柜相比，开放式机架具有价格便宜、管理操作方便、移动简单等优点，一般为敞开式结构。因为开放式机架不像机柜采用全封闭或半封闭结构，所以不具备电磁屏蔽、削弱设备工作噪声等性能，在空气洁净程度较差的环境中设备表面更容易积留灰尘。

　　开放式机架主要适合于一些要求不高和要经常对设备进行操作管理的场所，用它来叠放设备，减少占地面积。目前学校建设的实验室大多采用开放式机架来叠放设备，既方便教学实验操作又能减少空间占用。

　　2）按照机柜应用对象分类。机柜可分为布线型机柜（网络型机柜）、服务器型机柜（见图 3-3）、控制台型机柜（见图 3-4）、通信机柜、EMC 机柜、自调整组合机柜及用户自行定制机柜等。

图 3-3   服务器型机柜   图 3-4   控制台型机柜

　　布线型机柜就是 19in 的标准机柜，它的宽度为 600mm，深度为 600mm。

　　服务器型机柜由于要摆放服务器主机、显示器、存储设备等，相比布线型机柜要求空间更大，通风散热性能更好。前、后门一般都有透气孔，排热风扇也较多，根据设备大小和数量多少，宽度和深度一般要选择 600mm×800mm、800mm×800mm 机柜或更大尺寸的产品。

3）按照机柜组装方式分类。机柜可分为一体化焊接型机柜和组装型机柜两种。

一体化焊接型机柜价格相对便宜，产品材料和焊接工艺是这类机柜的关键，要注意选择产品的质量，劣质产品遇到较重的负荷容易产生变形，不但起不到保护设备的目的，还会危及设备的安全。

组装型机柜是目前的主流结构，购买来的机柜都是散件包装，使用时，组装安装简便。

机柜性能与机柜的材料密切相关，机柜的制造材料主要有铝型材料和冷轧钢板两种。由铝型材料制造的机柜比较轻便，价格相对便宜，适合安放重量较轻的设备。由冷轧钢板制造的机柜具有机械强度高、承载重量大的特点。优质机柜产品制作要求符合安全规范，机柜前后门和两边侧板密封性好，柜内设备受力均匀，而且配件丰富，能适合各种应用需要。

（2）机柜配件。机柜常见的配件有固定托盘、滑动托盘、理线架、DW 型背板、L 支架、盲板、扩展横梁、安装螺母、键盘托架、调速风机单元、机架式风机单元、重载脚轮与可调支脚、标准电源板等。

固定托盘：用于安装各种设备，尺寸繁多，用途广泛，有标准固定托盘（19in）和非标准固定托盘之分。常规配置的 19in 标准固定托盘深度有 440mm、480mm、580mm、620mm等规格。标准固定托盘的承载重量一般不小于 50kg。图 3-5 所示为机柜固定托盘。

图 3-5　机柜固定托盘

滑动托盘：用于安装键盘及其他各种设备，可以方便地拉出或推回。

理线架：用于布线型机柜使用的理线装置，安装和拆卸非常方便，使用的数量和位置可以任意调整。

DW 型背板：可用于安装 110 型配线架或光纤盒，有 2U 和 4U 两种规格，如图 3-6所示。

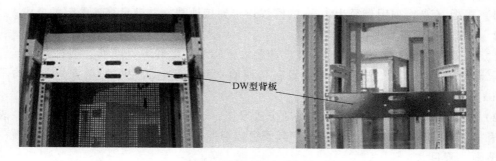

DW型背板

图 3-6　机柜 DW 型背板

L 支架：可以配合 19in 标准机柜使用，用于安装机柜中的 19in 标准设备，特别是重量较大的 19in 标准设备，如机架式服务器等。

盲板：用于遮挡 19in 标准机柜内的空余位置，有 1U、2U 等多种规格。

扩展横梁：用于扩展 19in 标准机柜内的安装空间，也可以配合理线架、配电单元的安装，形式灵活多样。

调速风机单元：安装于机柜的顶部，可根据环境温度和设备温度调节风扇的转速，能有效地降低机房的噪声，调节方式有手动或无级调整。

机架式风机单元：高度 1U，可安装在 19in 标准机柜内的任意高度位置上，主要是根据机柜内设备发热情况进行配置。

二、设备安装的要求

1）机架和设备的安装位置和朝向都应按设计要求布置，并与实际测定后的机房平面布置图相符。

2）综合布线系统工程中采用的机架和设备，其型号、品种、规格和数量均应按设计文件规定进行配置。

3）安装施工前，必须熟悉并掌握国内外生产厂家提供的产品使用说明和安装施工资料，了解其设备特点和施工要点，以保证设备安装工程质量。

4）在安装施工前，如发现外包装不完整、破损或设备外观存在严重缺陷，或者主要零配件不符合要求时，应做详细记录。只有在确认整机完好、主要配件齐全的前提下，才能开始安装设备和机架。

三、机柜（架）的安装

1. 机柜和机架的安装规范

对于综合布线中的机柜和机架，应按设计要求精心规范安装。

1）机柜与机架的安装垂直偏差度应不大于 3mm，组成的各种零件应齐全，如有损伤、脱漆部位，应予以修补。

2）根据其尺寸的大小可以用螺栓固定在地面或墙面上。

3）机柜（架）直接安装在地面，固定用螺栓应紧固，但不能直接固定在活动地板的板块上。机柜（架）的底部应为地面加固。对于 8 度以及 8 度以上的抗震设防，加固所用的膨胀螺栓等加固件应加固在垫层下的混凝土楼板上。

4）机柜（架）采用直径为 4mm 的铜线连接到接地端，并满足接地电阻的要求。

2. 对机架和设备安装的具体要求

1）机架和设备安装的位置应符合设计要求，其水平度和垂直度都必须符合生产厂家的规定。若厂家无规定时，要求机架和设备与地面垂直，其前后左右的垂直偏差度均不应大于 3mm。

2）机架和设备上的各种零件不应缺少或损坏，设备内部不应留有线头等杂物，表面漆面如有损坏或脱落，应及时予以补漆，其颜色应与原来漆色协调一致。各种标志应统一、完整、清晰、醒目。

3）安装机架和设备必须牢固可靠。在有抗震要求时，应根据设计规定或施工图中的防震措施要求进行抗震加固。各种螺钉必须拧紧，无松动、缺少、损坏或锈蚀等缺陷，机架更不应有摇晃现象。

4）为便于施工和维护人员操作，机架和设备前至少预留 1500mm 的空间，机架和设备的背面与墙面之间的距离应大于 800mm，以便人员施工、维护和通行。相邻机架设备应靠近，同列机架和设备的机面应排列平齐。

5）如果建筑群配线架（CD）或建筑物线架（BD）采用双面配线架的落地安装方式时，应符合以下规定。

① 如果缆线从配线架下面引入时，配线架的底座位置应与电缆的上线孔相对应，以利缆线平直引入架上。

② 各个直列上下两端垂直倾斜误差不应大于 3mm，底座水平误差不应大于 2mm/m²。

③ 跳线环等装置应牢固，其位置横竖、上下、前后均应整齐、平直、一致。

④ 接线端子应按电缆用途划分连接区域，以方便连接，而且应设置各种标志，以示区别，有利于维护管理。

6）如果建筑群配线架（CD）或建筑物配线架（BD）采用单面配线架的墙上安装方式时，要求墙壁必须坚固牢靠，能承受机架重量，其机架（柜）底距地面宜为 300~800mm，或视具体情况而定。其接线端子应按电缆用途划分连接区域，以方便连接，而且应设置标志，以示区别。

7）在新建的智能建筑中，综合布线系统应采用暗配线敷设方式，所使用的配线设备（包括所有配线接续设备）也应采取这种方式，埋装在墙壁内。

为此，在建筑设计中应根据综合布线系统的要求，在规定装设设备的位置处，预留墙洞，并预先将设备箱体埋在墙内，内部连接硬件和面板在综合布线系统工程施工中安装，以免损坏连接硬件和面板。箱体的底部距离地面宜为 500~1000mm。

在已建的建筑物中，因无暗铺管道，配线设备等接续设备宜采取明铺方式，以减少凿打墙洞的工作量，并避免影响建筑物的结构强度。

8）机架、设备、金属钢管和槽道的接地装置应符合设计、施工及验收规范规定的要求，并保持良好的电气连接。所有与地线连接处应使用接地垫圈，垫圈尖角处应对铁件，刺破其涂层。只允许一次装好，不得将已装过的垫圈取下重复使用，以保证接地回路的畅通。

四、配线设备的安装

安装配线设备应满足下列要求：

1）交接箱或暗线箱宜暗设在墙体内。

2）配线设备必须安装牢固。

3）接线端子应按电缆用途划分连接区域。

4）配线设备接地应符合设计要求，并保持良好的电气连接。

▶ **实训报告**

1. 绘制网络机柜设备安装施工图。列出安装实训设备与材料清单。

2. 写出机柜设备安装流程和要点。

3. 写出标准 6U 机柜和 1U 设备的规格及安装孔尺寸。

任务 2　完成 RJ45 配线架的端接

▶ **学习目标**

1. 了解 RJ45 网络配线架和理线架的作用。
2. 能识别 RJ45 网络配线架标准线序。
3. 学习网络配线压接常用工具的使用方法。
4. 学会 RJ45 网络配线架端接压线操作技巧。

▶ **任务导入**

学校改善办学条件，采用现代化的无纸化办公，建设校内局域网，在每一个楼层配备电信间，并采用跳线方式，通过 RJ45 网络配线架的配线端接与工作区的信息插座相连接，形成链路。

▶ **学习任务**

1. 根据"知识链接"中应知基础理论，讨论、学习相关知识。

2. 在"西元"网络配线实训装置上，完成 RJ45 网络配线架的配线端接、理线以及缆线终接测试性实训。

1）RJ45 网络模块上的原理端接实训。

2）RJ45 网络配线架端接与理线实训。

3）压接线实验仪上缆线终接测试性实训。

▶ **实施条件**

1. 实训设备

"西元"网络配线实训装置、压接线实验仪。

2. 工具准备

剥线器、压线钳、打线工具。

3. 材料准备

双绞线（4 对超 5 类非屏蔽）若干；
RJ45 网络配线架。

▶ **实训指导**

在"西元"网络配线实训装置（见图 3-7）上，完成以下实训任务。

一、RJ45 网络模块上的原理端接实训

1）通过不同产品的介绍，认识各种 RJ45 配线

图 3-7　"西元"网络配线实训装置

架，观察色标，按照标准进行排线。

2）认识单对模块打线器的结构，使用单对模块打线器，进行 RJ45 配线（架）模块的端接操作：①完成 4 根网线的两端剥线，不允许损伤缆线铜芯；②完成 4 根网线的两端端接，端接正确率应为 100%。

二、RJ45 网络配线架端接与理线实训

1）在配线架上安装理线器，用于支撑和理顺过多的电缆。

2）利用压线钳将缆线剪至合适的长度。

3）利用剥线钳剥除双绞线的绝缘层护套。

4）依据所执行的标准和配线架的类型，将双绞线的 4 对线，按照正确的颜色顺序一一分开。注意，千万不要将线对拆开。

5）根据配线架上所指示的颜色，将导线一一置入线槽。最后，将 4 个线对全部置入线槽。

6）利用单对模块打线器进行打线，端接配线架与双绞线。

7）重复第 2）步至第 6）步的操作，端接其他双绞线。

8）将缆线理顺，并利用尼龙扎带将双绞线与理线器固定在一起。

9）利用尖嘴钳整理扎带。配线架端接完成。

三、压接线实验仪上缆线终接测试性实训

1）完成 6 根网线的两端剥线，不允许损伤缆线铜芯，长度合适；将 6 根网线的两端端接，共端接 96 芯线，端接正确率应为 100%。"西元"压接线实验仪如图 3-8 所示。

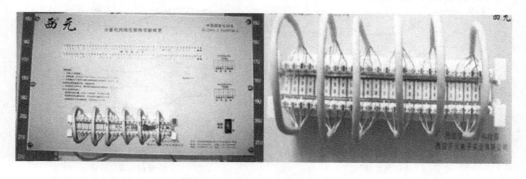

图 3-8 "西元"压接线实验仪

2）实训操作步骤为：①取出网线，剥开绝缘护套；②拆开 4 对双绞线，拆分单绞线；③按照线序放入端接口并且端接；④另一端端接；⑤重复以上操作，完成全部 6 根网线的端接。

一、RJ45 网络配线架 +"西元"压接线实验仪的链路实训

1. 实训任务内容

1）完成 6 根网线的端接，一端 RJ45 水晶头端接，另一端在"西元"压接线实验仪上

通信配线架模块的端接。

2）完成 6 根网线的端接，一端 RJ45 网络配线架模块端接，另一端在"西元"压接线实验仪上通信跳线架模块端接。

2. 实训任务指导

1）从实训材料包中取出两根网线，打开压接线实验仪电源。

2）完成第一根网线端接，网线一端进行 RJ45 水晶头端接，另一端与"西元"压接线实验仪上通信跳线架模块端接。

3）完成第二根网线端接，形成链路，把网线一端与配线架模块端接，另一端在"西元"压接线实验仪上通信跳线架模块端接，这样就形成了一个网络链路，对应指示灯直观显示线序，如图 3-9 所示。

4）重复以上步骤完成其余 5 根网线的端接。

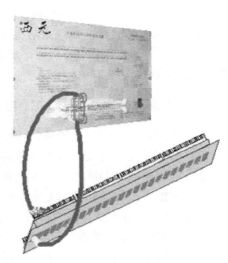

图 3-9　配线架与压接线
实验仪的端接示意图

二、故障模拟和排除，验证性实训

1. 实训任务内容

针对跨接（交叉）、反接、串接等常见故障，设置故障的模拟和排除。

在以上压接线实验仪上完成端接后，对照缆线终接常见的错误示意图（图 3-10），任意

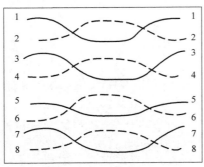

a) 正确连接

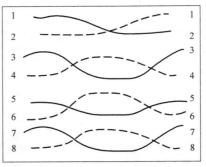

b) 反向线对

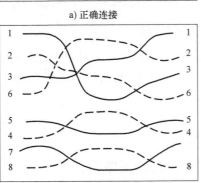

c) 交叉线对

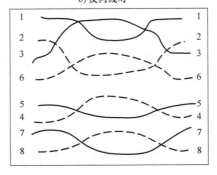

d) 串对

图 3-10　缆线终接常见的错误示意图

作跨接（交叉）、反接等常见故障的设置，作验证性实训。

2. 实训任务指导

压接完线芯，对应指示灯不亮，而有错位的指示灯亮时，表明上下两排中有 1 芯线序压错位，必须拆除错位的线芯，重新在正确位置压接，直到对应的指示灯亮。

1）设置故障模拟，端接过程中，仔细观察指示灯，记录操作步骤和对应的现象。

2）及时排除端接中出现常见故障，记录操作步骤和对应的现象。

根据 GB 50311—2007《综合布线系统工程设计规范》和 GB 50312—2007《综合布线系统工程验收规范》等相关国家标准规范，掌握有关专业术语及其含义。

一、配线子系统

1. 配线子系统的概念

配线子系统应由工作区的信息插座模块、信息插座模块至电信间配线设备（FD）的配线电缆和光缆、电信间的配线设备及设备缆线和跳线等组成。

2. 配线模块选择原则

配线子系统缆线应采用非屏蔽或屏蔽 4 对对绞电缆，在需要时也可采用室内多模或单模光缆。

1）多线对端子配线模块可以选用 4 对或 5 对卡接模块，每个卡接模块应卡接 1 根 4 对对绞电缆。一般 100 对卡接端子容量的模块可卡接 24 根（采用 4 对卡接模块）或卡接 20 根（采用 5 对卡接模块）4 对对绞电缆。

2）25 对端子配线模块，可卡接 1 根 25 对大对数电缆或 6 根 4 对对绞电缆。

3）回线式配线模块（8 回线或 10 回线）可卡接两根 4 对对绞电缆或 8/10 回线。回线式配线模块的每一回线可以卡接 1 对入线和 1 对出线。回线式配线模块的卡接端子有连通型、断开型和可插入型三类，其应用功能不同。一般在 CP（集合点）处可选用连通型，在需要加装过电压、过电流保护器时采用断开型，可插入型主要用于断开电路做检修的情况下，布线工程中无此种应用。

4）RJ45 配线模块（由 24 或 48 个 8 位模块通用插座组成）每 1 个 RJ45 插座应可卡接 1 根 4 对对绞电缆。

5）光纤连接器件每个单工端口应支持 1 芯光纤的连接，双工端口则支持 2 芯光纤的连接。

3. 各配线设备跳线的选择原则与配置

1）电话跳线宜按每根 1 对或 2 对对绞电缆容量配置，跳线两端连接插头采用 IDC 或 RJ45 型。

2）数据跳线宜按每根 4 对对绞电缆配置，跳线两端连接插头采用 IDC 或 RJ45 型。

3）光纤跳线宜按每根 1 芯或 2 芯光纤配置，光跳线连接器件采用 ST、SC 或 SFF 型。

4. 电信间

电信间（FD）是放置电信设备、电缆和光缆终端配线设备并进行缆线交接的专用空间。楼层配线设备是终接水平电缆、水平光缆和其他布线子系统缆线的配线设备。电信间应符合下列规定：

1）电信间的数量应按所服务的楼层范围及工作区面积来确定。如果该层信息点数量不大于 400 个，水平缆线长度在 90m 范围以内，宜设置一个电信间；当超出这一范围时，宜设两个或多个电信间；若每层的信息点数量数较少，且水平缆线长度不大于 90m 时，宜几个楼层合设一个电信间。

2）电信间应与强电间分开设置，电信间内或其紧邻处应设置缆线竖井。

3）电信间的使用面积一般不应小于 5m²，但也可根据工程中配线设备和网络设备的实际容量进行调整。

4）连接至电信间的每一根水平电缆/光缆应终接于相应的配线模块，配线模块与缆线容量相适应。

5）电信间主干侧各类配线模块应按电话交换机、计算机网络的构成、主干电缆/光缆的所需容量要求及模块类型和规格的选用进行配置。

6）电信间采用的设备缆线和各类跳线宜按计算机网络设备的使用端口容量和电话交换机的实装容量、业务的实际需求或信息点总数的比例进行配置，比例范围为25%～50%。

二、设备间

设备间（BD）是每幢建筑物中进行网络管理和信息交换的场地。对于综合布线系统工程设计，设备间主要安装建筑物配线设备。电话交换机、计算机主机设备及入口设施也可与配线设备安装在一起。设备间应符合下列规定：

1）设备间位置应根据设备的数量、规模、网络构成等因素，综合考虑后确定。

2）每幢建筑物内应至少设置 1 个设备间，如果电话交换机与计算机网络设备需要安装在不同的场地或为了安全起见，也可设置两个或两个以上设备间，以满足不同业务的设备安装需要。

3）建筑物综合布线系统与外部配线网连接时，应遵循相应的接口标准要求。

4）设备间的设备安装和电源要求，应符合规范的规定：①设备间应提供不少于两个 220V 带保护接地的单相电源插座，但不作为设备供电电源；②设备间如果安装电信设备或其他信息网络设备时，设备供电应符合相应的设计要求。

三、配线设备的管理

所谓管理，即对设备间、电信间、进线间和工作区的配线设备、缆线、信息点等设施按一定的模式进行标识和记录，并宜符合下列规定：

1）综合布线系统工程宜采用计算机进行文档记录与保存，简单且规模较小的综合布线系统工程可按图纸资料等纸质文档进行管理，并做到记录准确、及时更新、便于查阅，文档资料应实现汉化。

2）综合布线的每一电缆、光缆、配线设备、端接点、接地装置、敷设管线等组成部分均应给定唯一的标识符，并设置标签。标识符应采用相同数量的字母和数字。

3）电缆和光缆的两端均应标明相同的标识符。

4）设备间、电信间、进线间的配线设备宜采用统一的色标区别各类业务与不同用途的配线区。

5）FD、BD、CD 配线设备应采用 8 位模块通用插座或卡接式配线模块（多对、25 对及回线型卡接模块）和光纤连接器件及光纤适配器（单工或双工的 ST、SC 或 SFF 光纤连接器件及适配器）。

6）电信间和设备间安装的配线设备的选用应与所连接的缆线相适应，具体可参见表 3-2 内容。

表 3-2　配线模块产品选用表

类别	配线设备类型	配线模块安装场地和连接缆线类型			
		容量与规格	FD（电信间）	BD（设备间）	CD（建筑群子系统/进线间）
电缆配线设备	大对数卡接模块	采用 4 对卡接模块	4 对水平电缆/4 对主干电缆	4 对主干电缆	4 对主干电缆
		采用 5 对卡接模块	大对数主干电缆	大对数主干电缆	大对数主干电缆
	25 对卡接模块	25 对	4 对水平电缆/4 对主干电缆/大对数主干电缆	4 对主干电缆/大对数主干电缆	4 对主干电缆/大对数主干电缆
	回线型卡接模块	8 回线	4 对水平电缆/4 对主干电缆	大对数主干电缆	大对数主干电缆
		10 回线	大对数主干电缆	大对数主干电缆	大对数主干电缆
	RJ45 配线模块	一般为 24 口或 48 口	4 对水平电缆/4 对主干电缆	4 对主干电缆	4 对主干电缆
光缆配线设备	ST 光纤连接盘	单工/双工，一般为 24 口	水平/主干光缆	主干光缆	主干光缆
	SC 光纤连接盘	单工/双工，一般为 24 口	水平/主干光缆	主干光缆	主干光缆
	SFF 小型光纤连接盘	单工/双工，一般为 24 口和 48 口	水平/主干光缆	主干光缆	主干光缆

四、缆线终接

1. 缆线终接要求

1）缆线在终接前，必须核对缆线标识内容是否正确。

2）缆线中间不应有接头。

3）缆线终接处必须牢固、接触良好。

4）对绞电缆与连接器件连接应认准线号、线位色标，不得颠倒和错接。

2. 对绞电缆终接要求

1）终接时，每对对绞线应保持扭绞状态。扭绞松开长度，对于 3 类电缆不应大于 75mm；对于 5 类电缆不应大于 13mm；对于 6 类电缆应尽量保持扭绞状态，减小扭绞松开长度。

2）对绞线与 8 位模块式通用插座相连时，必须按色标和线对顺序进行卡接。插座类型、色标和编号应符合"T568A/T568B 标准线对排序"的规定。两种连接方式均可采用，

项目 3　实现综合布线系统配线端接

55

但在同一布线工程中两种连接方式不应混合使用。

3）屏蔽对绞电缆的屏蔽层与连接器件终接处，屏蔽罩应通过紧固器件可靠接触，缆线屏蔽层应与连接器件屏蔽罩360°圆周接触，接触长度不宜小于10mm。注意：屏蔽层不应用于受力的场合。

4）对不同的屏蔽对绞线或屏蔽电缆，屏蔽层应采用不同的端接方法。注意：应对编织层或金属箔与汇流导线进行有效的端接。

5）每个2口86面板底盒，宜终接2条对绞电缆或1根2芯/4芯光缆，不宜兼做过路盒使用。

 实训报告

1. 列出完成任务1所需的工具和材料清单。

2. 完成拓展实训一并填写表3-3。

表 3-3　实训报告表 1

拓展实训一	操 作 步 骤	测试结果	完成用时	问题与分析

3. 完成拓展实训二并填写表3-4。

表 3-4　实训报告表 2

序号	实训任务	设置故障及排除的操作	现象	问题与分析
1	跨接（交叉）			
	排除			
2	反接			
	排除			

任务 3　完成 110 型通信配线架（跳线架）的端接

 学习目标

1. 理解 110 型通信配线架（跳线架）的端接原理和标准线序。

2. 学习配线压接常用工具（单/多打线器）的使用方法。

3. 熟练掌握 110 型通信配线架（跳线架）端接压线操作技巧。

 任务导入

建设校内局域网，在每一个楼层配备电信间，并采用跳线方式，通过 110 型通信配线架（跳线架）的配线端接与工作区的信息插座相连接，形成链路。

 学习任务

1. 根据应知基础理论，讨论、学习相关知识，制定完成任务 3 的方案（主要列出完成本任务所需要的工具及材料，缆线端接的路由，实训操作的步骤等）。

2. 在"网络配线实训装置"上，完成 110 型通信配线架（跳线架）的配线端接和理线以及缆线终接测试性实训。

（1）110 型通信配线架（跳线架）压接模块上的原理端接与测试实训。在 110 型通信配线架（跳线架）上、下两排的底层，经过理线架作内环端接；在两个连接块的上层分别端接并在另一端端接 RJ45 水晶头；利用"网络配线实训装置"上的"跳线测试实验仪"进行测试。

（2）110 型通信配线架（跳线架）端接与缆线终接测试性实训。在 110 型通信配线架（跳线架）上、下两排的底层，经过理线架，分别与"压接线实验仪"两个连接块的上层端接；在 110 型通信配线架（跳线架）两个连接块的上层作外环端接；利用"网络配线实训装置"上的"压接线实验仪"进行测试。

▶ 实施条件

1. 实训设备

"西元"网络配线实训装置，"西元"压接线实验仪，"西元"跳线测试仪（见图 3-11）。

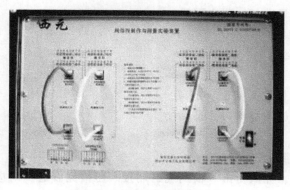

图 3-11 "西元"跳线测试仪

2. 工具准备

剥线器、压线钳、打线工具。

3. 材料准备

双绞线（4 对超 5 类非屏蔽）若干，110 型通信跳线架。

▶ 实训指导

一、110 型通信配线架（跳线架）压接模块上的原理端接与测试实训

在 110 型通信配线架（跳线架）上、下两排的底层，经过理线架作内环端接；在两个连接块的上层分别端接并另一端端接 RJ45 水晶头；利用"网络配线实训装置"上的"跳线测试仪"进行测试。

1. 5 对连接块下层端接方法和步骤

1）剥开绝缘护套。

2）剥开 4 对双绞线。

3）剥开单绞线。

4）按照线序放入端接口。

5）将 5 对连接块压紧并且裁线。

2. 5 对连接块上层端接方法和步骤

1）剥开绝缘护套。

2）剥开 4 对双绞线。

3）剥开单绞线。

4）按照线序放入端接口。

5）压接和剪线。

二、110 型通信配线架（跳线架）端接与缆线终接测试性实训

在 110 型通信配线架（跳线架）上、下两排的底层，经过理线架，分别与"压接线实验仪"两个连接块的上层端接；在 110 型通信跳线架两个连接块的上层作外环端接；利用"网络配线实训装置"上的"压接线实验仪"进行测试。实训步骤如下：

1）实训材料和工具准备，取出网线。

2）剥开绝缘护套。

3）拆开 4 对双绞线。

4）拆开单绞线。

5）打开网络"压接线实验仪"电源。

6）按照线对线序放入端接口并且端接。

7）另一端端接。

8）故障模拟和排除。

9）重复以上操作，完成全部 6 根网线的端接。压接完线芯，对应指示灯不亮，而有错位的指示灯亮时，表明上下两排中有一芯线序压错位，必须拆除错位的线芯，重复在正确位置压接，直到对应的指示灯亮。

 知识链接

一、电缆成端

1. 连接结构

在综合布线中，常用的连接结构有两种连接方式：一种是互相连接方式（简称互连），另一种是交叉连接（简称交接）方式。

（1）互连结构　互连（interconnect）是指不用接插软线或跳线，使用连接器件把一端的电缆、光缆与另一端的电缆、光缆直接相连的一种连接方式。互连结构示意图如图 3-12 所示。

（2）交叉连接结构　交叉连接（cross-connect）是指配线设备和信息通信设备之间采用接插软线或跳线上的连接器件相连的一种连接方式。交叉连接结构示意图如图 3-13 所示。

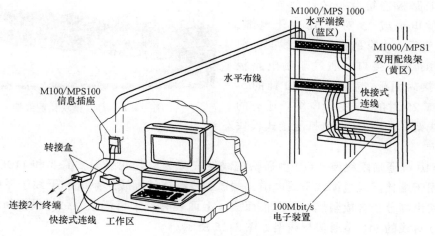

图 3-12　互连结构示意图

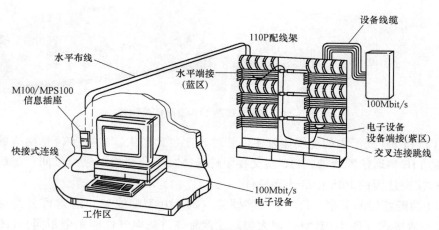

图 3-13　交叉连接结构示意图

2. 电缆配线架

配线架是电缆进行端接和连接的装置，在配线架上可进行互连或交接操作。

配线架通常可分为主干配线架（MDF，即一端来自外部线路，另一端接建筑物内部网络，也可以是数据通信设备和语音通信设备的中心）和分支配线架（IDF，通常用于建筑物内部，如配线子系统或干线子系统），其作用是配合管理人员进行网络管理维护；也可以理解为各 FD 的缆线将于 BD 处集中，而最后将汇集到 CD 处。但根据网络的规模，不一定需要 CD 或 BD。

配线架通常放置于配线间或设备间内，网络管理员只需要在这几处进行跳线操作就可以对整个网络进行管理。在综合布线的网络中，整个管理的核心是配线架。

电缆配线架系统分 RJ45 模块式配线架系统和 110 型通信配线架系统。

（1）RJ45 模块化配线架　RJ45 模块化配线架又称数据配线架，用于端接电缆和通过跳线连接交换机等网络设备。

有的模块化配线架，前面板上是 RJ45 的接口，有可选的 24 口、48 口和 96 口的配置，通过印制电路板连接背板的线路连接盒，终接 4 对的电缆或 25 对的 5e 主干电缆，如图 3-14 所示。也有的模块化配线架，前面板上是 RJ45 的接口，通过印制电路板（PCB）连接后面板，后面板是 50 针的 5-25 连接器或 25 对的 5e 主干电缆。还有的模块化配线架，是由 RJ45 免打压接式模块拼装而成。

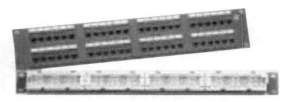

图 3-14　RJ45 模块化配线架

（2）110 型通信配线架　110 型通信配线架又称为语音配线架，需要和 110C 连接块配合使用。用于端接配线电缆或干线电缆，并通过跳线连接配线子系统和干线子系统。110 型通信配线架由高分子合成阻燃材料压模而成，上面装有若干齿形条，每行最多可端接 25 对线。如 100 对线的 110 型通信配线架如图 3-15 所示。

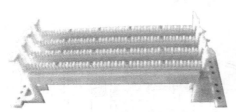

图 3-15　100 对线的 110 型通信配线架

通常 CD 和 BD 处汇集的缆线比较多，管理难度也比较大。在数字信息网络的管理中可采用新式的 110 型通信配线架。110 型交接硬件是 AT&T 公司为二级交接间、配线间和设备间的连线端接而选定的 PDS 标准连接硬件。

1）110 型配线架的类型。110 型交接硬件（即 110 型配线架）通常可分为夹接式（即 110A 型）和插接式（即 110P 型）两大类。这两种硬件的电气性能完全相同，110A 与 110P 管理的线路数据相同，但其规模和所占用的墙空间（或面积大小）有所不同。一般 A 型配线架有 100 对、300 对两种，并可在现场随意组装。P 型配线架一般有 300 对、900 对两种，其宽度相同，只是后者的高度是前者的 3 倍。

2）110 型配线架的选择。如果对线路不经常进行改动、移位或重新组合，可采用 110A 型配线架；如果经常需要重组线路时，一般采用 110P 型配线架。

110A 交接可以应用于所有场合，特别适用于信息插座比较多的建筑物；110P 硬件的外观简洁，便于使用插接线而不用跳线，因而对管理人员技术水平要求不高，但 110P 硬件不能垂直叠放在一起，也不能用于 2000 条线路以上的配线间或设备间。

3）110 连接硬件（器件）的组成。

① 110A 型连接硬件的组成：

a. 110A 及 110D 直连接线盒：110A 直连接线盒如图 3-16a 所示，110D 直连接线盒如图 3-16b 所示。布线器件经常用于在布线空间较为有限的应用场合，在正常情况 110A 及 110D 通过短跳线用于直连的布线系统中。110A 与 110D 的主要区别：110A 有安装小支架，而 110D 没有。

b. 3、4 或 5 对线的 110C 连接块，所有的接线块每行最多可接 25 对线。

c. 底板、定位器及标签带（条）。

d. 交接跨接线。

② 110P 型连接硬件的组成：

a. 安装于终端块面板上的 100 对线的 110D 型接线块。

b. 3、4 或 5 对线的连接块。

c. 188C2 和 188D2 垂直底板。

d. 188E2 水平跨接线过线槽。

e. 道管组件、接插线及标签带（条）。

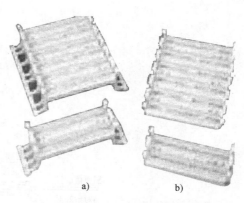

图 3-16   110A 及 110D 直连接线盒

二、配线架的端接

1. 110 配线架的端接

110 配线架的端接示意图如图 3-17 所示。

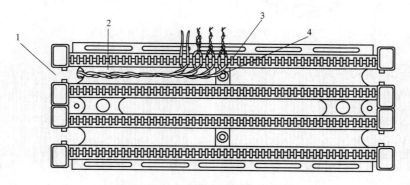

图 3-17   110 配线架的端接示意图

1—紧的弯曲   2—将线对压下贴紧布线块，但不要紧贴标签   3—线对安放在索引上   4—沿着拐弯处将线拉紧

2. 110 配线架与转接点的连接

110 配线架与转接点的连接示意图如图 3-18 所示。

3. 5 对连接块的端接原理

在连接块下层端接时，将每根线在通信配线架底座上对应的接线口放好，用力快速将 5 对连接块向下压紧；在压紧过程中刀片首先快速划破线芯绝缘护套，然后与铜线芯紧密接触，实现刀片与线芯的电气连接，如图 3-19 所示。

三、大对数双绞线

1. 大对数线的种类

大对数线分为屏蔽大对数线和非屏蔽大对数线，如图 3-20 所示。

2. 大对数双绞线的组成

大对数双绞线是由 25 对具有绝缘保护层的铜导线组成的。它有 3 类 25 对大对数双绞线，5 类 25 对大对数双绞线，为用户提供更多的可用线对，并被设计为扩展的传输距离上

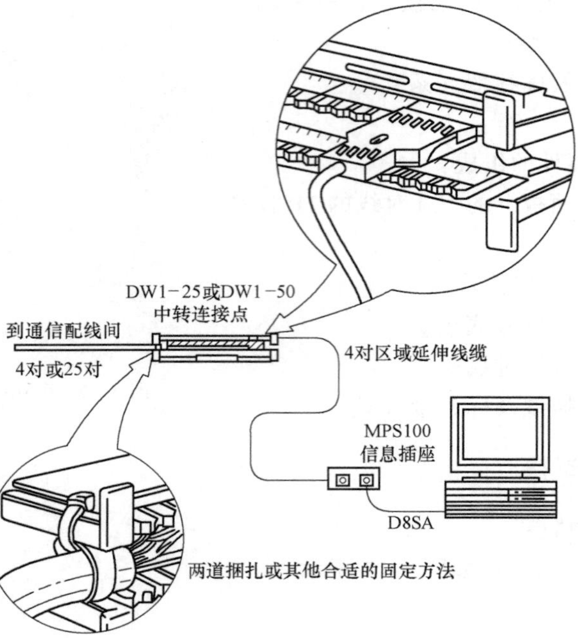

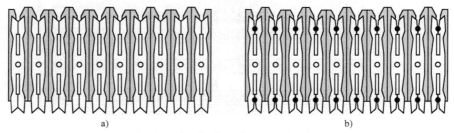

图 3-18　110 配线架与转接点的连接示意图

图 3-19　5 对连接块端接原理示意图

a) 5 对连接块在压接线前的结构　b) 5 对连接块在压接线后的结构

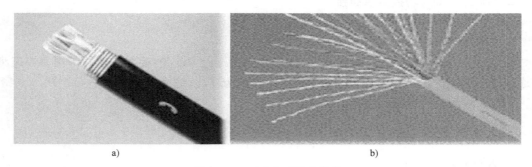

图 3-20　25 对大对数双绞线

a) 屏蔽大对数线　b) 非屏蔽大对数线

实现高速数据通信应用，传输速度为 100MHz。导线色彩由蓝、橙、绿、棕、灰和白、红、黑、黄、紫编码组成。

即：线对色序：白、红、黑、黄、紫；

配对色序：蓝、橙、绿、棕、灰。

3. 大对数 25 对缆线的线序排列

大对数 25 对缆线的线序排列表见表 3-5。

表 3-5　大对数 25 对缆线的线序排列表

1	2	3	4	5	6	7	8	9	10	11	12
白蓝	白橙	白绿	白棕	白灰	红蓝	红橙	红绿	红棕	红灰	黑蓝	黑橙
13	14	15	16	17	18	19	20	21	22	23	24	25
黑绿	黑棕	黑灰	黄蓝	黄橙	黄绿	黄棕	黄灰	紫蓝	紫橙	紫绿	紫棕	紫灰

4. 大对数电缆色谱识别方法

全色谱对绞单位线缆芯色谱是由（白、红、黑、黄、紫）作为领示色（即为线对色序）和（蓝、橙、绿、棕、灰）作为循环色（即为配对色序）十种颜色组成（25）对全色谱线对。

25 对线为第一小组，用白蓝相间的色带缠绕，

26—50 对线为第二小组，用白橙相间的色带缠绕；

51—75 对线为第三小组，用白绿相间的色带缠绕；

76—100 对线为第四小组，用白棕相间的色带缠绕。

因此，100 对线为 1 大组用白蓝相间的色带把 4 小组缠绕在一起。200 对、300 对、400 对至 2400 对，以此类推。

BIX 交叉连接系统

BIX 交叉连接系统是 IBDN 智能建筑解决方案中常用的管理器件，可以用于计算机网络、电话语音、安保等弱电布线系统。

一、BIX 交叉连接系统主要的组成配件

1）50 对、250 对 BIX 安装架，如图 3-21 所示。

a) 50对BIX安装架　　　　　b) 250对BIX安装架

图 3-21　BIX 安装架

2）25 对 BIX 连接器，如图 3-22 所示。

3）布线管理环，如图 3-23 所示。

图 3-22　25 对 BIX 连接器

图 3-23　布线管理环

4）标签条。

5）电缆绑扎带。

6）BIX 跳插线，如图 3-24 所示。

a) BIX跳插线BIX−BIX端口

b) BIX跳插线BIX−RJ45端口

图 3-24　BIX 跳插线

二、BIX 交叉连接系统的安装

BIX 安装架可以水平或垂直叠加，可以很容易地根据布线现场要求进行扩展，适合于各种规模的综合布线系统。

（1）BIX 的安装　BIX 交叉连接系统既可以安装在墙面上，也可以使用专用套件固定在 19in 的机柜上。

（2）BIX 的端接原理　在 BIX 连接器上，将每根线在对应的接线口放好，用力向下压紧，在压紧过程中刀片首先快速划破线芯绝缘护套，然后与铜线芯紧密接触，实现刀片与线芯的电气连接。

图 3-25 所示为一个安装完整的 BIX 交叉连接系统。

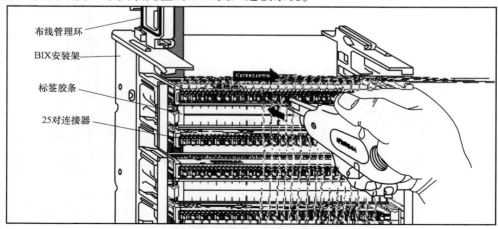

图 3-25　安装完整的 BIX 交叉连接系统

1. 写出网络线 8 芯色谱（线对排序）和 T568A 端接线顺序。

2. 完成实训任务并填写表 3-6。

表 3-6　实训报告表

实训任务	端接的路由	操作步骤	现象	问题与分析
110 压接模块上的原理端接与测试实训				
110 跳线架端接与缆线终接测试性实训				

任务 4　完成永久链路的搭接

学习目标

1. 理解永久链路和通道的概念及其相互关系。
2. 能通过模仿模型完成网络基本永久链路与复杂永久链路的搭建。
3. 学会 110 通信跳线架和 RJ45 网络配线架端接方法。

任务导入

在学校计算机局域网建设中，综合布线系统需要对每一个楼层的永久链路和通道进行测试。采用跳线方式，通过 RJ45 网络配线架和 110 通信配线架（跳线架）的配线端接，完成永久链路模型搭建。

学习任务

1. 根据应知基础理论，分组学习相关知识；根据以下实训操作内容和要求，讨论列出完成本项目任务所需要的工具及材料；线缆端接的路由以及操作步骤。

2. 在"网络配线实训装置"上，完成基本永久链路的搭建与端接，并进行永久链路验证性测试的实训。

（1）RJ45 网络配线架与"跳线测试实验仪"搭建的基本永久链路实训

要求：制作网络跳线，一端插在"跳线测试实验仪" RJ45 口中，另一端插在配线架 RJ45 口中。

另取网络线进行链路端接，一端与 RJ45 水晶头端接并且插在测试仪中，另一端与网络配线架模块端接。

参照图 3-26，先完成 2 个基本永久链路的搭建与端接。

完成后，利用"网络配线实训装置"上的"跳线测试实验仪"进行测试。

（2）110 型通信跳线架与"压接线实验仪"搭建的基本永久链路实训

要求：在 110 型通信配线架（跳线架）上、下两排的底层，经过理线架作内环端接；在 110 跳线架两个连接块的上层分别与"压接线实验仪"两个连接块的上层端接。

选用 4 对连接块，先完成 3 个基本永久链路搭建与端接。

完成后，利用"网络配线实训装置"上的"压接线实验仪"进行测试。

图 3-26　跳线测试实验仪上基本链路

实施条件

1. 实训设备

"西元"网络配线实训装置。

2. 工具准备

剥线器（剥线钳）、打线器（单/多）、老虎钳、压线钳。

3. 材料准备

RJ45 网络配线架（2 个）、110 配线架（2 个）、理线架（2 个）；

4 对连接块（4×2 个）、5 对连接块（4×2 个）；

超 5 类非屏蔽双绞线（13×2 根）；

RJ45 水晶头（6×2 个）。

实训指导

在"网络配线实训装置"上，完成基本永久链路的搭建与端接，并在"跳线测试实验仪"和"压接线实验仪"上，进行永久链路验证性测试的实训。

一、RJ45 网络配线架与"跳线测试实验仪"搭建的基本永久链路实训

1. 搭建基本永久链路与端接的路由

网络跳线一端水晶头——插入"跳线测试实验仪"RJ45 上口——网络跳线另一端水晶头——网络配线架的 RJ45 口——网络配线架模块端接——另一端制作水晶头——插入"跳线测试实验仪"RJ45 下口。

2. 实训操作步骤

1）取出 3 个 RJ45 水晶头、2 根网线。

2）按照 RJ45 水晶头的制作方法，制作第一根网络跳线，两端 RJ45 水晶头端接，测试合格后将一端插在跳线测试仪 RJ45 上口中，另一端插在配线架 RJ45 口中。

3）把第二根网线一端首先按照 T568B 线序做好 RJ45 水晶头，然后插在跳线测试仪 RJ45 下口中。

4）把第二根网线另一端剥开，将 8 芯线拆开，在网络配线架模块上端接，这样就形成了一个 4 次端接的永久链路。

5）打开"网络配线实训装置"上的"网络跳线测试仪"电源进行测试，压接好模块

后，这时对应的 8 组 16 个指示灯依次闪烁，显示线序和电气连接情况。

6）重复以上步骤，完成两个基本永久链路和测试。

二、110 跳线架与"压接线实验仪"搭建的基本永久链路实训

1. 搭建基本永久链路与端接的路由

110 通信配线架的上排的底层端接——理线架——110 通信配线架（跳线架）的下排的底层端接——形成内环端接。

110 通信配线架的上排压接连接块——连接块的上层端接缆线——压接线实验仪上排连接块端接缆线。

110 通信配线架的下排压接连接块——连接块的上层端接缆线——压接线实验仪下排连接块端接缆线——形成基本永久链路。

2. 实训操作步骤

1）取出 3 根网线、4 对连接块 2 个、5 对连接块 4 个。

2）把第一根网线，在 110 通信配线架的上、下两排的底层，经过理线架作内环端接。

3）各压接 4 对连接块。

4）把第二根网线一端剥开，将 8 芯线拆开，在 110 通信配线架的上排连接块上端接，另一端剥开在"压接线实验仪"上排连接块端接，这样就形成了一个 4 次端接的永久链路。

5）把第三根网线一端剥开，将 8 芯线拆开，在 110 通信配线架的下排连接块上端接，另一端剥开在"压接线实验仪"下排连接块端接。

6）形成一个 6 次端接的永久链路，检查各端接线序正确，打开"网络配线实训装置"上的"压接线实验仪"电源，进行测试，对应的 8 组 16 个指示灯亮，显示线序和电气连接情况。

7）重复以上步骤，完成 3 个基本永久链路和测试的实训任务（后两个基本永久链路，选用 5 对连接块）。

▶ 拓展实训

在"网络配线实训装置"上，通过 RJ45 网络配线架模块和 110 通信配线架（跳线架）连接块的缆线端接，完成复杂永久链路搭建，并在"跳线测试实验仪"和"压接线实验仪"上，进行永久链路验证性测试的实训。

一、"跳线测试实验仪"上复杂永久链路搭建与端接的测试

要求提示：参照图 3-27a 所示，两个同学一组，先分别在 1 号和 24 号端口上，经过 6 次端接，完成一个复杂永久链路的搭建与端接。

（1）制作定长 500mm 的网络跳线，一端插在"跳线测试实验仪"RJ45 口中，另一端插在 RJ45 配线架的 1/24 端口中。

（2）另取两根网络线进行链路端接

1）其中一根网络线的一端与 RJ45 网络配线架模块端接，另一端与 110 通信配线架的底层端接。

2）另 1 根网络线的一端与 110 通信配线架的连接块上层端接，另一端制作 RJ45 水晶

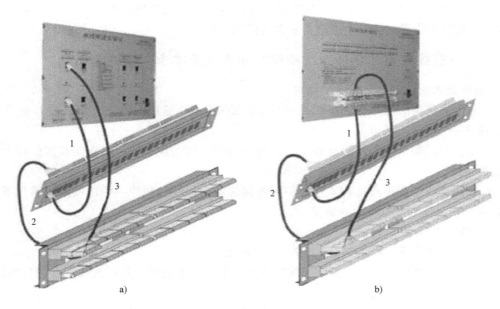

图 3-27　复杂永久链路路由示意图

头，然后插在"跳线测试仪"RJ45 口中。

（3）完成后，利用"网络配线实训装置"上的"跳线测试实验仪"进行测试。

再实训：点评后，再完成 2 号和 23 号端口复杂永久链路的搭建与端接实训。

二、"压接线实验仪"上复杂永久链路搭建与端接的测试

要求提示：参照图 3-27b，两个同学一组，先分别在 1 号和 24 号端口上，选用 4 对连接块和 3 根网络线，经过 6 次端接，完成一个复杂永久链路的搭建与端接。（再实训选用 5 对连接块）

1）第 1 根网络线，一端在"压接线实验仪"的下排连接块上层端接，另一端制作 RJ45 水晶头，然后插在 RJ45 配线架 1/24 端口中。

2）第 2 根网络线的一端与 RJ45 网络配线架模块端接，另一端与 110 通信配线架的底层端接。

3）第 3 根网络线的一端与 110 通信配线架的连接块上层端接，另一端与"压接线实验仪"的上排连接块上层端接。

4）完成后，利用"网络配线实训装置"上的"压接线实验仪"进行测试。

再实训：点评后，再完成 2、3 号和 22、23 号端口复杂永久链路的搭建与端接实训。

 知识链接

一、永久链路（基本链路）

永久链路又称固定链路，在 3 类、5 类布线系统盛行的时代，称之为基本链路。在国际标准化组织 ISO/IEC 所制定的超 5 类、6 类标准及 TIA/EIA-568-B 中新的测试定义中，定义

了永久链路测试方式，它将代替基本链路方式。永久链路方式供工程安装人员和用户用以测量所安装的固定链路的性能。

1. 相关定义

（1）链路（link）即一个CP链路或是一个永久链路。

（2）永久链路（permanent link）即信息点与楼层配线设备之间的传输线路。它不包括工作区缆线和连接楼层配线设备的设备缆线、跳线，但可以包括一个CP链路。

（3）集合点（CP）（consolidation point）即楼层配线设备与工作区信息点之间水平缆线路由中的连接点。

（4）CP链路（CP link）即楼层配线设备与集合点（CP）之间，包括各端的连接器件在内的永久性的链路。集合点（CP）安装的连接器件应选用卡接式配线模块或8位模块通用插座或各类光纤连接器件和适配器。

（5）CP缆线（CP cable）即连接集合点（CP）至工作区信息点的缆线。

2. 永久链路的组成结构

永久链路连接方式由90m水平电缆和链路中相关接头（必要时增加一个可选的转接/汇接头）组成。与基本链路方式不同的是，永久链路不包括现场测试仪插接线和插头，以及两端2m测试电缆，电缆总长度为90m，而基本链路包括两端的2m测试电缆，电缆总计长度为94m。其组成结构如图3-28、图3-29所示。

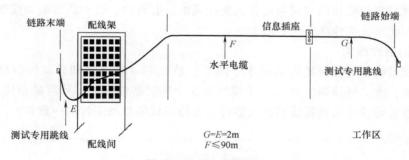

图3-28　基本链路模型

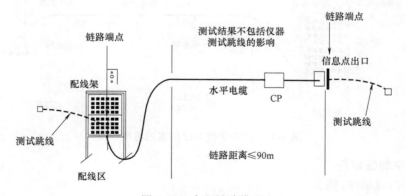

图3-29　永久链路模型

2002年EIA和TIA又公布的TIA/EIA-568B，以永久链路（PL）模型代替了基本链路（BL）模型。永久链路（PL）模型是一种比较科学的测试方法，它是实际埋在墙里的不可更换的那部分组件，不包括测试仪器两端的适配器及跳线（Patch Cord），这种模型克服了因适配器和跳线造成的误差。

ISO 也将永久链路（PL）定义为从配线架到工作区信息插座的所有部件，而墙内的设备也应考虑在内，链路包括两个连接块之间的跳线，但不包括设备缆线。

二、信道

1. 信道的定义

信道（Channel）是连接两个应用设备的端到端的传输通道，也称为通道。信道包括设备电缆、设备光缆、工作区电缆和工作区光缆。信道模型如图 3-30 所示。

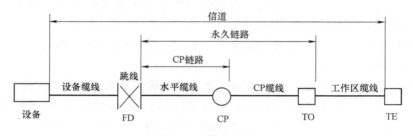

图 3-30　信道模型

信道测试模型包括从用户网络设备到配线间的所有组件，这种测试模型反映了用户实际使用的综合布线系统的性能。

2. 信道的组成结构

综合布线系统信道应由最长 90m 水平缆线、最长 10m 的跳线和设备缆线以及最多 4 个连接器件组成，永久链路则由 90m 水平缆线及 3 个连接器件组成。其组成结构如图 3-31 所示。同一布线信道及链路的缆线和连接器件应保持系统等级与阻抗的一致性。

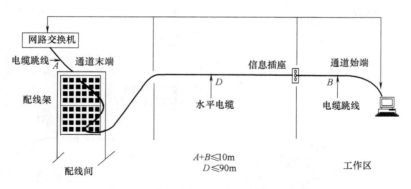

图 3-31　综合布线系统信道的组成结构

3. 信道中的各组件

1）一个信息插座/插头。

2）一个转换节点。

3）90m 均衡非屏蔽双绞线（UTP）电缆。

4）两个连接块或接线面板组成的配线架。

5）两端总长度不超过 10m 的跳线（Patch Cord）。

4. 缆线长度划分

1）综合布线系统水平缆线与建筑物主干缆线及建筑群主干缆线之和所构成信道的总长度不应大于 2000m。

2）建筑物或建筑群配线设备之间（FD 与 BD、FD 与 CD、BD 与 BD、BD 与 CD 之间）组成的信道出现 4 个连接器件时，主干缆线的长度不应小于 15m。

3）配线子系统各缆线长度的划分要求：①配线子系统信道的最大长度不应大于 100m；②工作区设备缆线、电信间配线设备的跳线和设备缆线之和不应大于 10m，当大于 10m 时，水平缆线长度（90m）应适当减少；③楼层配线设备（FD）跳线、设备缆线及工作区设备缆线各自的长度应不大于 5m。

配线子系统各缆线划分如图 3-32 所示。

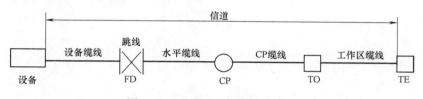

图 3-32   配线子系统各缆线划分

三、永久链路与信道的应用

在综合布线系统中，用来测试水平链路性能的测试模型——永久链路和信道，也就是通常工程验收中采用最多的两种测试方式。这两种模型有其各自的特点，直接影响着工程验收的绩效。

信道与永久链路的明显区别是信道包括设备跳线、设备光跳线和工作区的用户跳线、工作区的用户光跳线，而永久链路则不包括这些。这个区别导致了采用两种模型的测试参数的不同（见参考资料），永久链路的要求明显比信道要严格，参数要求更苛刻。但并不能单一的理解为在工程验收中只采用永久链路模型测试，信道模型测试就可以省略了，理由如下。

在超 5 类综合布线系统中，行业内基本的认定是：链路通过了永久链路模型测试，再进行信道测试必定通过，而通过信道模型测试的链路，再进行永久链路模型测试则不一定通过。这个说法已成为超 5 类综合布线系统工程验收中的"潜规则"，在工程验收中以永久链路模型为测试的依据，这说明链路测试就应该采用永久链路模型测试，信道测试可以忽略。

但是，在 6 类综合布线系统中，主要由于 6 类布线在设备跳线和用户跳线这部分容易出现瓶颈。而设备跳线和用户跳线这部分就是永久链路和信道的根本区别，这就导致了采用永久链路模型测试通过，再用信道模型测试就不一定能通过的情况发生。

因此，工程验收中宜采用的模型测试是信道模型测试，因为采用信道模型测试是最贴近用户的一种模型。用户最终使用的布线系统是搭配上设备跳线和用户跳线构成整个完整的网络来使用的，如果在工程验收中，只给测试了永久链路模型，不顾及信道模型也就是忽略设备跳线和用户跳线，这往往会给整个系统留下隐患，甚至直接造成网络故障。

所以在现今的综合布线系统工程中，尤其是 6 类综合布线系统工程，建议采用信道模型进行验收检测。

实训报告

1. 什么是永久链路？综合布线系统信道有哪些组成？画出其组成结构图。
2. 完成拓展实训任务，并填写表3-7。

表 3-7 实训报告表

实 训 任 务	链路端接的路由	操 作 步 骤	现象	问题与分析
"跳线测试实验仪"上复杂永久链路搭建与端接的测试				
"压接线实验仪"上复杂永久链路搭建与端接的测试				

项目4 实现配线子系统的布线与端接

任务1 完成 PVC 线管的布线施工

▶ 学习目标

1. 能概括综合布线系统配线子系统的基本原理和要求，知道拉线力量和弯曲半径的要求。
2. 初步学会综合布线常用材料（线管）的计算方法。
3. 学会锯弓、弯管器、弯头、直接头等工具与辅件的使用方法和技巧。
4. 具有正确、熟练地选用 φ20PVC 线管制作 90°直角弯和布管的能力。

▶ 任务导入

在校内实施网络综合布线系统改造工程，其中配线子系统选用 4 对超 5 类非屏蔽双绞线，并配 PVC 线管明敷布线的施工方案，即从楼层管理间（电信间）的配线架（FD），通过 PVC 线管明敷布网线（UTP），直至该楼层各个办公室（工作区）的信息点（TO），同时完成对各永久链路的测试。

▶ 学习任务

1. 基本操作训练
1）锯弓、管剪、弯管器等常用工具的使用。
2）φ20PVC 线管 90°直角弯的制作。
3）配套 PVC 管卡、弯头、直接头（短接）、三通等辅件的合理使用。

2. 在仿真墙上，通过 PVC 线管明敷布线，并在配线架（FD）RJ45 配线架上端接和信息点（TO）信息模块端接，完成永久链路搭建，并进行永久链路验证性测试的实训。

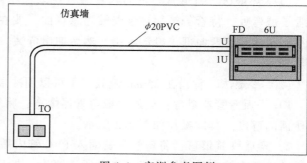

要求：参照图 4-1，选用 φ20PVC 线管（或 φ25 线管）在仿真墙上明敷，一端连接安装 86 底盒，另一端连接机柜。

图 4-1　实训参考图例

在管内穿 2 根 Cat5e-4-UTP 缆线，

一端端接 RJ45 信息模块并配套安装双孔面板信息点（TO），另一端在机柜内经理线架，与网络配线架模块端接配线架（FD）；完成 2 个永久链路搭建与端接。完成后，通过跳线对该永久链路进行测试。

▶ **实施条件**

1. 实训设备

实训模拟仿真墙。

2. 工具准备

铅笔、水平尺、钢锯、线管（槽）剪、弯管器、十字螺钉旋具（或充电式电钻）。

3. 材料准备

$\phi20$ 或 $\phi25$PVC 塑料管及配套辅件（管接头、直角弯、开口管卡）、M6 × 16 十字槽螺钉；

明装 86 底盒和面板及配套螺钉；

RJ45 模块、RJ45 配线架、理线架；

4 对超 5 类非屏蔽双绞线。

▶ **实训指导**

一、水平子系统明装线管布线的施工工艺要求

1. 材料进场检查与验收

1）PVC 管外壁应有间距不大于 1m 的连续阻燃标记，管子内外壁应光滑，无凸棱、凹陷、气泡和针孔，管壁厚度均匀，符合国家标准。

2）PVC 管应具有阻燃和耐冲击的性能，并具有检验报告和产品出厂合格证。

2. 定位

熟悉图纸，并按图弹线定位，掌握 PVC 线管的走线路径。

明管敷设时，水平敷设的 PVC 管，高度不应低于 200mm，垂直敷设高度不应低于 1500mm（1500mm 以下应加保护管保护）。

3. 加工弯管

（1）热煨法　将弯管弹簧插入管内待弯处，用电炉或吹风机等加热装置均匀加热，烘烤管子煨弯处，待管子被加热到能够随意弯曲，放在案子上固定一端，逐步煨出所需角度，并用湿布抹擦使弯曲部位冷却定型，然后抽出弯簧，不得因煨弯，使管出现烤伤、变色、破裂等现象。

（2）冷煨法　管径在 25mm 及其以下可以用冷煨法。

1）手扳弯管器煨弯：使用手扳弯管器煨弯，将管子插入配套的弯管器内，手扳一次煨出所需的弯度。具体操作如图 4-2 所示。

2）弯管弹簧煨弯：将弯管弹簧插入 PVC 管内需煨弯处，两手抓住弹簧在管内位置的两端，膝盖顶在被弯处，用力逐步煨出所需弯度，然后抽出弯管弹簧（当弯曲较长管时，可将弯管弹簧的一端用铁丝或尼龙线拴牢，待煨完弯后抽出）。

4. 安装工艺

1）按图纸测出配线架（FD）至信息点（TO）插座底盒准确位置并计算管线长度。

2）从安装信息点插座底盒开始，工序如下：

安装底盒→安装管卡→布管→线上标记→穿线→压接模块→配线架端接→对应标记

3）管与盒连接时，管口应平整光滑；管与管、管与盒（箱）等器件应采用插入法连接，即管应穿入盒的预留孔内，并采用专用锁母固定。

4）安装线管时，首先在墙面测量并且标出线管的位置，断管时，小口径管可使用剪管器，大口径管使用钢锯锯断，断口后将管口锉平齐；在需要的位置安装管卡，一般每隔500～600mm安装一个管卡，拐弯处两端应加装管卡。

5）按路径布管，两根PVC管连接处，可使用配套的PVC管接头。

（在建工程以1m线为基准，保证水平安装的线管与地面或楼板平行，垂直安装的线管与地面或楼板垂直，没有可见的偏差。）

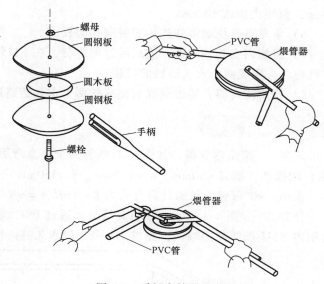

图4-2　手扳弯管器示意图

5. 清理扫管

用带线绑上几块布，来回地从管中拉出以清除管中的水和杂物。

6. 线管布线

1）线管布线时，将缆线穿到线管中，在拐弯处保持缆线有比较大的拐弯半径。拐弯处可使用90°弯头或者三通。

2）管内穿线不宜太多，要留有50%以上的空间。

7. 布管和穿线

布管和穿线时，必须在两端做好管线标记。

二、选用PVC线管明敷布线搭建永久链路的实训

在仿真墙上，选用φ20PVC线管明敷布线搭建永久链路的实训。在信息模块上端接和机柜内RJ45配线架上端接，完成TO—FD的永久链路搭建，并进行永久链路测试。

实训操作步骤：

1）参照图4-1，在仿真墙上设计布管路径。

2）确定信息点的位置，安装86底盒。

3）根据布管路径，安装固定管卡。

4）经计算选取管材用量长度，参照图4-1弯管成型，并固定在管卡上。

5）计算缆线用量长度，管内穿2根Cat5e-4-UTP缆线。注意：信息点底盒内预留

10cm，机柜内预留100cm。

6）信息点模块端接并连接安装双孔面板。

7）机柜内安装理线器，缆线经过理线器，在RJ45配线架的1、2口模块端接，并安装在机柜内，完成两个永久链路的搭建。

8）选用测通器，通过跳线对完成的两个永久链路进行测试。

 拓展实训

任务1　使用弯管器，制作PVC线管两个垂直弯面的操作；弯曲90°，且固定弯管半径（R）的操作，取$R=80$mm，$R=100$mm，$R=150$mm三个尺寸。

提示：90°弯管弧长的计算公式为$L=2\pi R/4=\pi R/2$。

任务2　如图4-3所示，在仿真墙上，通过PVC线管明敷布线，并在信息模块上端接和机柜内RJ45配线架上端接，完成TO—FD的永久链路搭建，并进行永久链路测试的实训。

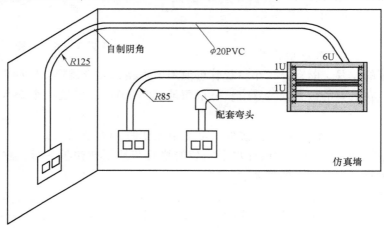

图4-3　实训参考图例

要求提示：图中标注$R125$、$R85$，说明弯管曲率半径有要求，应先进行弧长计算再弯管；可使用配套管直角弯和短接；布线后在RJ45配线架上依次端接，注意与各信息点的对应编号一致，便于永久链路测试。

 知识链接

一、配线（水平）子系统的作用与组成

1. 配线（水平）子系统的作用

配线（水平）子系统是综合布线结构的一部分，它将垂直子系统线路延伸到用户工作区，实现信息插座和管理间的连接，包括工作区与楼层配线间之间的所有电缆，连接硬件、跳线线缆及附件。它与垂直子系统的区别是：水平子系统总是在一个（或几个）楼层上，仅与工作区的信息插座、管理间连接。

2. 配线（水平）子系统的组成

配线（水平）子系统由工作区的信息插座模块、信息插座模块至电信间（又称管理间）

配线设备（FD）的配线电缆和光缆、电信间配线设备及设备缆线和跳线等组成。

1）根据工程提出的近期和远期终端设备的设置要求，用户性质、网络构成及实际需要确定建筑物各层需要安装信息插座模块的数量及其位置，配线应留有扩展余地。

2）配线子系统缆线应采用非屏蔽或屏蔽 4 对对绞电缆，在需要时也可采用室内多模或单模光缆。

3）电信间 FD 与计算机网络设备之间的连接方式通常有经跳线和经设备缆线两种，如图 4-4、图 4-5 所示。

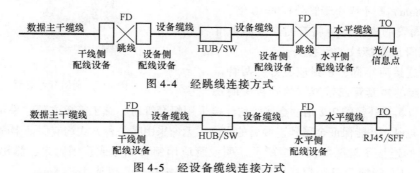

图 4-4　经跳线连接方式

图 4-5　经设备缆线连接方式

4）每一个工作区信息插座模块数量不宜少于两个，并满足各种业务的需求。

5）底盒数量应以插座盒面板设置的开口数确定，每一个底盒支持安装的信息点数量不宜大于 2。

6）连接至电信间（管理间）的每一根水平电缆应终接于相应的配线模块，配线模块与缆线容量相适应。

二、金属管与塑料管及其安装施工

1. 金属管

金属管是用于分支结构或暗埋的线路，它的规格有多种，以外径 mm 为单位。工程施工中常用的金属管有 D16、D20、D25、D32、D40、D50、D63、D75、D110 等规格。

金属管（钢管）具有屏蔽电磁干扰能力强、机械强度高、密封性能好、抗弯、抗压和抗拉性能好等优点，但抗腐蚀能力差、施工难度大。

为了提高耐腐蚀能力，金属管内外表面全部采用镀锌处理，要求表面光滑无毛刺，以防止在施工过程中划伤缆线。在金属管内穿线比线槽布线难度更大一些，在选择金属管时要注意管径选择大一点，一般管内填充物占到它的 30% 左右，以便于穿线。

（1）金属管的分类　金属管按壁厚不同分为普通金属管（水压实验压力为 2.5MPa）、加厚金属管（水压实验压力为 3MPa）和薄壁金属管（水压实验压力为 2MPa）三种。

普通金属管和加厚金属管统称为水管，具有较大的承压能力，在综合布线系统中主要用在垂直干线上升管路、房屋底层中。

薄壁金属管又简称薄管或电管，常用做建筑物天花板内外部受力较小的暗敷管路。

金属管还有一种是软管（俗称蛇皮管），供弯曲的地方使用。

（2）金属管的加工要求

1）金属管加工的基本要求。管口应无毛刺和尖锐棱角；金属管口宜做成喇叭形；金属管在弯曲后不应有裂缝或明显的凹瘪现象，且弯曲半径不应小于所穿入电缆的最小允许弯曲半径。

2）金属管的切割、套螺纹。根据实际需要长度对管子进行切割。

3）金属管的弯曲。金属管的弯曲一般都要使用弯管器，金属管弯管器如图 4-6 所示。弯曲半径应符合下列要求：

明配时，不应小于管外径的 6 倍，只有一个弯时可不小于管外径的 4 倍。

暗配时，不应小于管外径的 6 倍，如果管外径大于 50mm，则不应小于管外径的 10 倍。

4）金属管的连接。金属管的连接通常可以采用短套管或带螺纹的管接头。

金属管连接应牢固，密封应良好，两管口应对准。套接的短套管或带螺纹的管接头的长

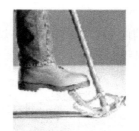

图 4-6　金属管弯管器

度不应小于金属管外径的 2.2 倍。金属管的连接采用短套管时，施工简单方便；采用管接头螺纹连接则较为美观，并能保证金属管连接后的强度。无论采用哪一种方式均应保证牢固、密封。

金属管的连接示意图如图 4-7 所示。明设管应用锁紧螺母或管帽固定，露出锁紧螺母的螺纹数为 2～4；暗埋管可用焊接固定，管口进入盒的露出长度应小于 5mm。

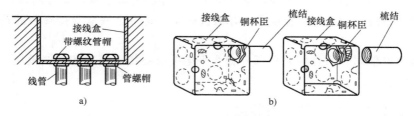

图 4-7　金属管的连接示意图

a）金属管和接线盒连接　　b）铜杯臣、梳结与接线盒连接

引至配线间的金属管管口位置，应便于与缆线连接。并列敷设的金属管管口应排列有序，便于识别。

（3）金属管的敷设安装施工要求

1）金属管暗敷安装施工。暗敷金属管应满足下列要求：①预埋在墙体内的金属管内径不宜超过 50mm，楼板中的管径宜为 15～25mm；②直线布管每 30m 处应设置拉线盒；③金属管连接时，管孔应对准，接缝应严密，不得有水和泥浆渗入；④金属管道应有不小于 0.1% 的排水坡度；⑤建筑群之间的金属管埋设深度（管顶面离地面的距离）不应小于 0.8m，在人行道下面敷设时，不应小于 0.6m；⑥金属管内应安置牵引线或拉线；⑦金属管的两端应有标记，表示建筑物、楼层、房间和长度；⑧园区内距离较大的管道，应按通信管道要求建设，合理分配手井；⑨管口应光滑，并加有绝缘套管，管口伸出部位应为 25～50mm。

2）金属管明敷安装施工。明敷金属管时应符合下列要求：①金属管应用卡子固定；②光缆与电缆同管敷设时，应在管道内预设塑料子管；③在敷设金属管时应尽量减少弯头。

2. 塑料管

塑料管是由树脂、稳定剂、润滑剂及添加剂配制挤塑成型的线路。

（1）塑料管的分类　塑料管产品分为 PE 阻燃导管和 PVC 阻燃导管两大类。

1）PE 阻燃导管是一种塑制半硬导管，有 D16、D20、D25、D32 四种规格，外观为白色。

2）PVC 阻燃导管是以聚氯乙烯树脂为主要原料。小管径 PVC 阻燃导管可在常温下进行弯曲。便于用户使用，有 D16、D20、D25、D32、D40、D45、D63、D80、D110 等规格。与 PVC 管安装配套的附件有：接头、螺圈、弯头、弯管弹簧；一通接线盒、二通接线盒、三通接线盒、四通接线盒、开口管卡、专用截管器、PVC 黏合剂等。

（2）塑料管的施工工艺

1）工艺流程：预制件、支管及吊弯架→测量盒（箱）及管固定点的位置→管路固定→管路敷设→管路连接（管路入盒箱）→变形缝做法。

2）按照设计图加工好支架、吊架、抱箍、铁件及管弯。

3）测定盒（箱）及管路的固定点位置：按照设计图测出盒、箱、出线口等准确位置；测量时，应使用自制尺杆，弹线定位。

根据测定的盒、箱位置，把管路的垂直点水平线弹出，按照要求标出支架或吊架固定点具体尺寸位置。

4）固定方法有以下几种：

胀管法：先在墙上打孔，将胀管插入孔内，再用螺钉（栓）固定。

木砖法：用木螺钉直接固定在预埋木砖上。

预埋铁件焊接法：随土建施工，按测定位置预埋铁件。拆模后，将支架、吊架焊在预埋铁件上。

稳注法：随土建砌砖墙，将支架固定好。

剔注法：按测量位置，剔出墙洞（洞内端应剔大些），用水把洞内浇湿，再将混合好的高标号砂浆填入洞内，填满后，将支架、吊架或螺栓插入洞内，校正埋入深度和平直程度，无误后，将洞口抹平。

抱箍法：按测定位置，遇到梁柱时，用抱箍将支架、吊架固定好。

无论采用何种固定方法，均应先固定两端的支架、吊架，然后再拉线固定中间的支架、吊架，以保证支架、吊架安装在同一直线上。

5）管路敷设

断管与敷管：小管径管路可使用剪管器，大管径管路应使用钢锯锯断，断口后将管口锉平齐。敷管时，先将管卡一端的螺钉（栓）拧紧一半，然后将管敷设于管卡内，逐个拧紧。

支架、吊架位置正确、间距均匀、管卡应平正牢固；埋入支架应有燕尾，埋入深度不应小于 120mm；用螺栓穿墙固定时，背后加垫圈和弹簧垫，用螺母紧固。

管路水平敷设时，高度应不低于 2000mm；垂直敷设时，高度应不低于 1500mm（1500mm 以下应加保护管保护）。

管路敷设较长时，超过下列情况时，应加接线盒：

管路无弯时，30m；

管路有一个弯时，20m；

管路有两个弯时，15m；

管路有三个弯时，8m；

如无法加装接线盒时，应将管路直径加大一号。

支架、吊架及敷设在墙上的管卡固定点及盒、箱边缘的距离为150～300mm，管路中间固定点间距见表4-1。

表4-1　管路中间固定点间距　　　　　　　　　（单位：mm）

安装方式	管　径	20	25～40	50	允许偏差
垂直	间距	1000	1500	2000	30
水平		800	1200	1500	30

配管及支架、吊架应安装平直、牢固、排列整齐，管子弯曲处无明显褶皱、凹扁现象。弯曲半径和弯扁度应符合规范规定。

6）管路连接

管口应平整光滑，管与管、管与盒（箱）等器件应采用插入法连接，连接处的结合面应涂专用胶合剂，接口应牢固密封。

直管每隔30m应加装补偿装置，补偿装置接头的大头与直管套接并粘牢，另一端PVC管套上节小头并粘牢，然后将此小头一端插入卡环中，小头可在卡环内滑动。补偿装置安装示意图如图4-8所示。

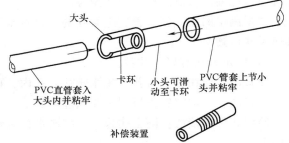

图4-8　补偿装置安装示意图

管与管之间采用套管连接时，套管长度宜为管外径的1.5～3倍；管与管的对口应位于套管中间处对平齐；管与器件连接时，插入深度宜为管外径的1.1～1.8倍。

PVC管引出地面的一段，可以使用一节钢管引出，但需制作合适的过渡专用接箍，并把钢管接箍埋在混凝土中，钢管外壳做接地或接零保护。PVC管与钢管的连接如图4-9所示。

管路入盒、箱一律采用端接头与内锁母连接，要求平正、牢固。向上立管管口采用带端帽的护口，防止异物堵塞管路。

7）变形缝做法：变形缝穿墙过管，即保护管。保护管应能承受管外冲击，保护管口径宜大于管外径的二级。

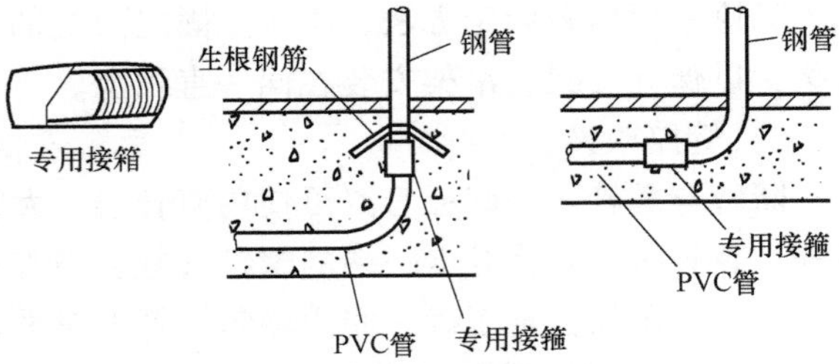

图4-9　PVC管与钢管连接示意图

（3）塑料管的施工质量标准　阻燃型塑料管及其附件材质氧指数应达到27%以上的性能指标，阻燃型塑料管不得在室外高温和易受机械损伤的场所明敷。

1）管路连接时，使用胶粘剂连接紧密、牢固；配管及其支架、吊架应平直、牢固、排列整齐；管子弯曲处无明显褶皱、凹扁现象。暗配时，保护层大于15mm。

2）盒、箱设置正确，固定牢固；管子入盒、箱时，应用胶粘剂，粘接严密、牢固；采用端接头与内锁母时，应拧紧盒壁不松动。

3）管路保护应符合以下规定：①穿过变形缝处有补偿装置，补偿装置能活动自如；②穿过建筑物和设备基础处，应加保护管；③补偿装置平直、管口光滑，内锁母与管子连接可靠；④加套的保护管在隐蔽记录中标识正确。

4）室外导管的管口应设置在盒、箱内。在落地式配电箱内的管口，箱底无封板的，管口应高出基础面 50 ~ 80mm。所有管口在穿入电线、电缆后应做密封处理。由箱式变电所或落地式配电箱引向建筑物的导管，建筑物一侧的导管管口应设在建筑物内。

5）电缆导管的弯曲半径不应小于电缆最小允许弯曲半径，电缆最小允许弯曲半径，应符合表 4-2 的规定。

6）硬质 PVC 塑料管弯曲半径安装的允许偏差和检验方法应符合表 4-2 的规定。

表 4-2　塑料管安装的弯曲半径或允许偏差标准

序号	项　　　目			弯曲半径或允许偏差	检验方法
1	管子最小弯曲半径	暗　配　管		≥6D	尺量检查及检查安装记录
		明配管	管子只有一个弯	≥4D	
			管子有二个弯及以上	≥6D	
2	管子弯曲处的弯曲度			≤0.1D	尺量检查
3	明配管固定点间距	管子直径/mm	15 ~ 20	30mm	尺量检查
			25 ~ 30	40mm	
			40 ~ 50	50mm	
			65 ~ 100	60mm	
4	明配管水平、垂直敷设任意 2m 段内	平直度		3mm	拉线、尺量检查
		垂直度		3mm	吊线、尺量检查

三、线管的选择

1. 缆线布放

缆线布放所在管的管径与截面利用率，应根据不同类型的缆线做不同的选择。管内穿放对数电缆或 4 芯以上光缆时，直线管路的管径利用率应为 50% ~ 60%，弯管路的管径利用率应为 40% ~ 50%，管内穿放 4 对对绞电缆或 4 芯光缆时，截面利用率应为 25% ~ 30%。

对于综合布线系统管线可以采用管径利用率和截面利用率的公式加以计算，得出管道内缆线的布放根数。

1）管径利用率 = d/D。（d 为缆线外径，D 为管道内径。）

2）截面利用率 = A_1/A。（A_1 为穿在管内的缆线总截面积，A 为管子的内截面积。）

2. 缆线截面积计算

网络双绞线按照线芯数量分，有 4 对、25 对、50 对等多种规格，按照用途分有屏蔽和非屏蔽等多种规格。但是综合布线系统工程中最常见和应用最多的是 4 对双绞线，由于不同厂家生产的缆线外径不同，下面按照缆线直径 6mm 计算双绞线的截面积。

$$S = \pi r^2 = r^2 \times 3.14 = 3^2 \times 3.14 \text{mm}^2 = 28.26 \text{mm}^2$$

项　目　4　实现配线子系统的布线与端接

式中　S——双绞线截面积；

　　　r——双绞线半径。

3. 线管截面积计算

线管规格一般用线管的外径表示，线管内布线容积截面积应该按照线管的内直径计算，以管径25mmPVC管为例，管壁厚1mm，管内部直径为23mm，其截面积计算如下。

$$S = \pi R^2 = R^2 \times 3.14 = (23/2)^2 \times 3.14\text{mm}^2 = 415.265\text{mm}^2$$

式中　S——线管截面积；

　　　R——线管的内半径。

线管规格型号与容纳见表4-3。

表4-3　线管规格型号与容纳

线管类型	线管(直径)规格 /mm	容纳双绞线 最多条数	截面利用率(%)
PVC、金属	16	2	30
PVC	20	3	30
PVC、金属	25	5	30
PVC、金属	32	7	30
PVC	40	11	30
PVC、金属	50	15	30
PVC、金属	63	23	30
PVC	80	30	30
PVC	100	40	30

四、缆线的敷设

1. 缆线敷设要求

缆线敷设应满足下列要求：

1）缆线的型号、规格应与设计规定相符。

2）缆线在各种环境中的敷设方式、布放间距均应符合设计要求。

3）缆线的布放应自然平直，不得产生扭绞、打圈、接头等现象，不应受外力的挤压和损伤。

4）缆线两端应贴有标签、标明编号，标签书写应清晰、端正和正确。标签应选用不易损坏的材料。

5）缆线应有余量以适应终接、检测和变更。对绞电缆预留长度：在工作区宜为3~6cm，电信间宜为0.5~2m，设备间宜为3~5m；光缆布放路由宜盘缆（纤）预留，预留长度宜为3~5m，有特殊要求的应按设计要求预留长度。

2. 缆线的弯曲半径注意事项

1）非屏蔽4对对绞电缆的弯曲半径应至少为电缆外径的4倍。

2）屏蔽4对对绞电缆的弯曲半径应至少为电缆外径的8倍。

3）主干对绞电缆的弯曲半径应至少为电缆外径的10倍。

4）2芯或4芯水平光缆的弯曲半径应大于25mm；其他芯数的水平光缆、主干光缆和室外光缆的弯曲半径应至少为光缆外径的10倍。

5）当缆线采用电缆桥架布放时，桥架内侧的弯曲半径不应小于300mm。

3. 使用充电式电钻/起子的注意事项

1）首次使用电钻时，必须阅读说明书，并且在老师指导下进行。

2）电钻属于高速旋转工具，600 转/min，必须谨慎使用，保护人身安全。

3）禁止使用电钻在工作台、实验设备上打孔。

4）禁止使用电钻玩耍。

5）装卸劈头或者钻头时，必须注意旋转方向开关。逆时针方向旋转卸下钻头，顺时针方向旋转拧紧钻头或者劈头。将钻头装进卡盘时，请适当地旋紧套筒。如不将套筒旋紧的话，钻头将会滑动或脱落。

6）请勿连续使用充电器。每充完一次电后，需等 15min 左右让电池降低温度后再进行第二次充电。每个电钻配有两块电池，一块使用，一块充电，交替使用。

7）电池充电不可超过 1h。大约 1h，电池即可完全充电。此时，应立即将充电器电源插头从交流电插座中拔出。充电时，红灯亮。

8）切勿使电池短路。电池短路时，会造成很大的电流和过热，从而烧坏电池。

9）在墙壁、地板或天花板上钻孔时，先检查这些地方，确认没有暗埋的电线和钢管等。

一、水平子系统线管及缆线的安装和施工

1. 水平子系统暗埋缆线的安装和施工

暗埋时多使用 PVC 管或金属管，水平子系统暗埋缆线施工程序一般如下：

土建埋管→穿钢丝→安装底盒→穿线→标记→压接模块→标记

墙内暗埋管一般使用 φ16mm 或 φ20mm 的穿线管，φ16mm 管内最多穿 2 条网络双绞线，φ20mm 管内最多穿 3 条网络双绞线。

金属管一般使用专门的弯管器成型，拐弯半径比较大，能够满足双绞线对曲率半径的要求。在钢管现场截断和安装施工中，必须清理干净截断时出现的毛刺，保持截断端面的光滑，两根钢管对接时必须保持接口整齐，没有错位，焊接时不要焊透管壁，避免在管内形成焊渣。金属管内的毛刺、错口、焊渣、垃圾等都会影响穿线，甚至损伤缆线的护套或内部结构。

墙内暗埋 φ16、φ20PVC 塑料布线管时，要特别注意拐弯处的曲率半径。宜用弯管器现场制作大拐弯的弯头连接，这样既保证了缆线的曲率半径，又方便轻松拉线，降低布线成本，保护缆线结构。

如图 4-10 所示，以在直径 20mm 的 PVC 管内穿线为例进行计算和说明曲率半径的重要性。按照 GB 50311—2007 国家标准的规定，非屏蔽双绞线的拐弯曲率半径不小于电缆外径的 4 倍。电缆外径按照 6mm 计算，拐弯半径必须大于 24mm。

拐弯连接处不宜使用市场上购买的弯头。目前，市场上没有适合网络综合布线使用的大拐弯 PVC 弯头，只有适合电气和水管使用的 90°弯头，因为塑料件注塑脱模原因，无法生产大拐弯的 PVC 塑料弯头。图 4-10b 所示为市场上购买的 φ20mm 电气穿线管弯头在拐弯处的曲率半径，拐弯半径只有 5mm，只有 5/6＝0.83，远远低于标准规定的 4 倍。

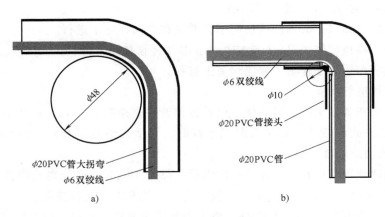

图 4-10 PVC 管内穿线曲率半径示意图

2. 预埋暗管支撑保护方式

1）暗管宜采用金属管，预埋在墙体中间的暗管内径不宜超过 50mm；楼板中的暗管内径宜为 15～25mm。在直线布管 30m 处应设置暗线箱等装置。

2）暗管的转弯角度应大于 90°，在路径上每根暗管的转弯点不得多于两个，并不应有 S 弯出现。在弯曲布管时，每间隔 15m 处应设置暗线箱等装置。

3）暗管转弯的曲率半径不应小于该管外径的 6 倍，如暗管外径大于 50mm 时，不应小于 10 倍。

4）暗管管口应光滑，并加有绝缘套管，管口伸出部位应为 25～50mm。

二、缆线牵引技术

用一条拉线（通常是一条绳）或一条软钢丝绳将缆线牵引穿过墙壁管路、天花板和地板管路。所用的方法取决于要完成作业的类型、缆线的质量、布线路由的难度（例如：在具有硬转弯的管道布线要比在直管道中布线难），还与管道中要穿过的缆线的数目有关（例如：在已有缆线的拥挤的管道中穿线要比空管道难）。

不管在哪种场合，都应遵循一条规则：拉线与缆线的连接点应尽量平滑，所以要采用电工胶带紧紧地缠绕在连接点外面，以保证平滑和牢固。

1. 牵引 "4 对" 缆线

（1）标准的 "4 对" 缆线很轻，通常不要求做更多的准备，只要将它们用电工带与拉绳捆扎在一起即可。

（2）如果牵引多条 "4 对" 缆线穿过一条路由，可用下列方法：

1）将多条缆线聚集成一束，并使它们的末端对齐。

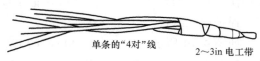

单条的"4对"线 　　 2～3in 电工带

图 4-11 牵引线——将多条 "4 对" 缆线的末端缠绕在电工带上

2）用电工带或胶布紧绕在缆线束外面，在末端外绕 50～100mm 即可，如图 4-11 所示。

3）将拉绳穿过电工带缠好的缆线，并打好结，如图 4-12 所示。

（3）如果在拉缆线过程中，连接点散开了，则要收回缆线和拉绳，重新制作更牢固的

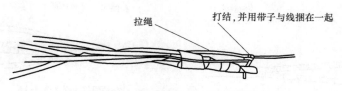

拉绳　　打结，并用带子与线捆在一起

图 4-12　牵引缆线——固定拉绳

连接，为此，可以采取下列一些措施：

1）除去一些绝缘层已暴露出 50 ~ 100mm 的裸线，如图 4-13 所示。

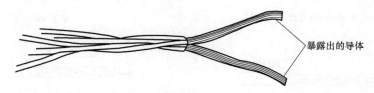

暴露出的导体

图 4-13　牵引缆线——留出裸线

2）将裸线分成两条。

3）将两条导线互相缠绕起来形成环，如图 4-14 所示。

4）将拉绳穿过此环并打结，然后将电工带缠到连接点的周围，要缠得结实、不打滑。

2. 牵引单条 "25 对" 缆线

对于单条的 "25 对" 缆线，可用下列方法：

1）将缆线向后弯曲以便建立一个直径为 150 ~ 300mm 的环，并使缆线末端与缆线本身绞紧，如图4-15 所示。

2）把电工带紧紧地缠在绞好的缆线上，以加固此环。

3）把拉绳拉接到缆线环上。

4）用电工带紧紧地将连接点包扎起来。

编织的多胶绞合金属线

图 4-14　牵引线——编织拉环

3. 牵引多条 "25 对" 或 "更多对" 缆线

这里可用一种称为芯（a core kiteh）的连接，这种连接是非常牢固的，它能用于 "几百对" 的缆线上，通常按下列过程操作：

1）剥除长约 30cm 的缆线护套，包括导线上的绝缘层。

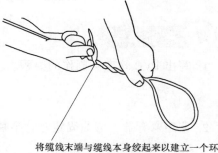

将缆线末端与缆线本身绞起来以建立一个环

图 4-15　牵引单条的缆线

2）使用斜口钳将线切去，留下约 12 根。

3）将导线分成两个绞线组，如图 4-16 所示。

4）将两组绞线交叉地穿过拉绳的环，在缆线的另一边建立一个闭环，如图 4-17 所示。

5）将缆线一端的线缠绕在一起以使环封闭，如图 4-18 所示。

6）用电工带紧紧地缠绕在缆线周围，覆盖长度约是环直径的 3 ~ 4 倍，然后继续再绕上一段，如图 4-19 所示。

在某些电缆上装有一个牵引眼，在缆线上制作一个环，以使拉绳固定在它上面。对于没有牵引眼的主缆线，可以使用一个芯/钩或一个分离的缆线夹，如图 4-20 所示。将夹子分开

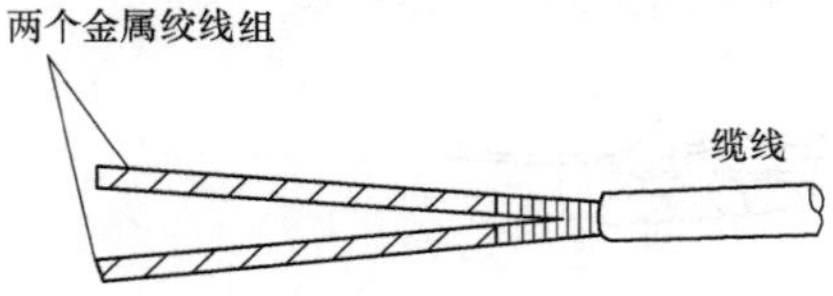

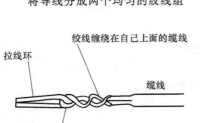

图 4-16 用一个芯套/钩牵引缆线——
将导线分成两个均匀的绞线组

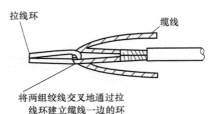

图 4-17 用一个芯套/钩牵引缆线——
通过拉线环馈送绞线组

图 4-18 用一个芯套/钩牵引缆线——
将绞线缠绕在自己上面关闭缆环

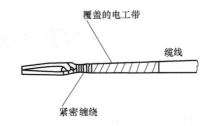

图 4-19 用一个芯套/钩牵引缆线——
用电工带紧密缠绕建立的芯套/钩

将它缠到缆上，在分离部分的每一半上有一个牵引眼。当吊缆已经缠在缆线上时，可同时牵引两个眼，使夹子紧紧地保持在缆线上。

图 4-20 牵引缆——用将牵引缆的分离吊缆夹

▶ **实训报告**

1. 写出 PVC 管弯头制作的要领。

2. 使用弯管器，弯曲固定弯管半径（$R = 150\text{mm}$）的操作步骤。

3. 列出完成本次实训项目所需要的工具、材料清单，填入表 4-4。

表 4-4 工具、材料清单

序号	工具、材料名称	工具、材料规格/型号	数量	单位	用途简述

（续）

序号	工具、材料名称	工具、材料规格/型号	数量	单位	用途简述

4. 完成拓展实训任务 2（参考图 4-3），写出操作步骤。

任务 2　完成 PVC 线槽的布线施工

 **学习目标**

1. 初步学会综合布线常用材料（PVC 线槽）的计算方法。
2. 学会锯弓、20mm/40mm 的拐角、阴角等工具与辅件的使用方法和技巧。
3. 具有正确、熟练地选用 40mm PVC 线槽制作 45°对角和阴角拼接的能力。

任务导入

在校内实施网络综合布线系统改造工程，其中水平子系统选用 4 对超五类非屏蔽双绞线，配 PVC 线槽明槽敷设布线的施工方案，即从楼层管理间（电信间）的配线架（FD），通过 20mm/40mm PVC 线槽明敷布网线（UTP），直至该楼层各个办公室（工作区）的信息点（TO），同时完成对各永久链路的测试。

学习任务

1. 基本操作训练

1）20mm PVC 线槽拼接的基本操作（王字形）。

2）配套 20mm PVC 线槽的拐角、直通接头、阴角、阳角等辅件的合理使用。

3）40mm PVC 线槽 45°对角拼接的制作（L 形、口字形）。

2. 链路搭建训练

在仿真墙上，通过 PVC 线槽明敷布线，并在（FD）RJ45 配线架上端接和（TO）信息模块端接，完成永久链路的搭建，并进行永久链路验证性测试的实训。

要求：参照图 4-21，选用 20mm PVC 线槽和 40mm PVC 线槽，在仿真墙上明敷，一端连接安装 86 底盒，另一端连接机柜。

在线槽内各布两根 Cat 5e-4-UTP 缆线，一端端接 RJ45 信

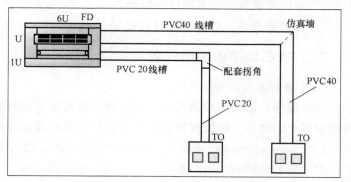

图 4-21　实训参考图例

项
目
4

实
现
配
线
子
系
统
的
布
线
与
端
接

息模块并配套安装双孔面板（TO），另一端在机柜（FD）内经理线架，与网络配线架模块端接；完成 4 个永久链路搭建与端接。完成后，通过跳线对该永久链路进行测试。

 **实施条件**

1. 实训设备

实训模拟仿真墙。

2. 工具准备

钢锯、铅笔、线管（槽）剪、十字螺钉旋具（或充电式电钻/起子）、锉刀（中细砂纸）、直角金属尺（卷尺）。

3. 材料准备

20mm/40mm PVC 线槽及配套辅件（拐角、直通接头、阴角、阳角）、M6×16 十字槽螺钉；

明装 86 底盒及面板、配套螺钉；

4 对超 5 类非屏蔽双绞线；

RJ45 模块、配线架、理线架。

 **实训指导**

一、基本操作训练

1. 基本功训练

1）20mm 线槽拼接"王"字形；

2）40mm 线槽 45°对角拼接"L"形和"口"字形；

2. 实训操作要点

1）首先量好线槽的长度，再使用电动起子在线槽上开 8mm 孔，孔位置必须与实训装置安装孔对应，每段线槽至少开两个安装孔。

2）用 M6×16 螺钉把线槽固定在实训装置上。

3）拐弯处可使用专用接头，例如阴角、阳角、拐角等。也可选用线槽制作，确定适当的尺寸、直角的 45°拼接，两根线槽之间的接缝必须小于 1mm，盖板接缝宜与线槽接缝错开。

4）布线和盖板前，必须做好线标。

5）在线槽布线，边布线边装盖板。

二、PVC 线槽的明敷安装

1. 线槽固定点的安装

PVC 线槽一般采用沿墙明装方式，线槽槽底固定点间距一般为 1m 左右。所谓固定点是指把槽固定的地方，根据线槽的大小可选择不同的安装方式。

1）25mm×30mm 规格的槽，一个固定点应有 2～3 个固定螺钉，并水平排列。

2）25mm×30mm 以上规格的槽，一个固定点应有 3～4 个固定螺钉，呈梯形状排列，使槽受力点分散分布。

3）待布线结束后，把所布的双绞线捆扎起来。

4）在水平干线与工作区交接处，不易施工时，可采用金属软管（蛇皮管）或塑料软管连接。

2. 沿墙明装布线槽步骤

1）确定布线路由。

2）沿着路由方向放线（讲究直线美观）。

3）线槽每隔1m要安装固定螺钉。

4）布线（布线时线槽容量为70%）。

5）盖塑料槽盖，应错位盖。

三、选用 PVC 线槽明敷布线搭建永久链路的实训

实训操作步骤如下：

1）参照图4-14在仿真墙上设计线槽明敷路径。

2）确定信息点的位置，安装86底盒。

3）根据线槽明敷路径，计算选取（20mm/40mm PVC）线槽的用量长度，并将线槽的底板安装固定在仿真墙上。

4）计算缆线用量长度，线槽内各布两根 Cat5e-4-UTP 缆线，边布线边盖线槽的盖板。

5）机柜内安装理线器，缆线经过理线器，在 RJ45 配线架的1、2、3、4口模块端接，并安装在机柜上。

6）信息点模块端接并连接安装双孔面板，完成4个永久链路的搭建。

7）选用测通器，通过跳线对完成的4个永久链路进行测试。

▶ 拓展实训

任务1　在仿真墙的直角面上，选用 PVC 40mm 线槽，完成3组阴角45°拼接。要求对拼接缝必须小于1mm。

任务2　如图 4-22 所示，在仿真墙上，通过 PVC 线槽明敷布线，并在信息点模块端接和机柜内 RJ45 配线架上依次端接，完成 TO—FD 的永久链路搭建，并进行永久链路测试的实训。

要求提示：按图中标注制作；布线后在 RJ45 配线架上依次端接，注意与各信息点的对应编号一致，以便于永久链路的测试。

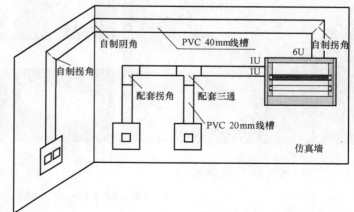

图 4-22　实训参考图例

一、PVC 塑料线槽

PVC 塑料线槽是综合布线工程明敷管槽时广泛使用的一种材料，它是一种带盖板封闭式的管槽材料，盖板和槽体通过卡槽合紧，其外形如图 4-23 所示。

1. PVC 塑料线槽的分类

从型号上分，PVC 塑料线槽有 PVC20 系列、PVC25 系列、PVC30 系列、PVC40 系列、PVC60 系列等。

从规格上分，PVC 塑料线槽有 20×12、25×12.5、30×16、40×20（39×19）、60×30 等。

2. PVC 塑料线槽的配套辅件

与 PVC 塑料线槽配套的辅件连接器通常有：阴角、阳角、直转角（拐角）、同系列三通（平三通）、大小转换头、终端头（堵头）等，如图 4-24 所示。

二、水平子系统明装线槽布线的施工相关规范

1. 线槽利用率

为了保证水平电缆的传输性能及成束缆线在电缆线槽中或弯角处布放不会产生溢出的现象，故提出了线槽利用率在 30%～50% 的范围。即布放缆线在线槽内的截面利用率应为 30%～50%。

（1）线槽横截面积计算　线槽规格一般用线槽的外部长度和宽度表示，线槽内布线容积横截面积计算按照线槽的内部长和宽计算，以 40×20 线槽为例，线槽壁厚 1mm，线槽内部长 38mm，宽 18mm，其横截面积计算公式为：

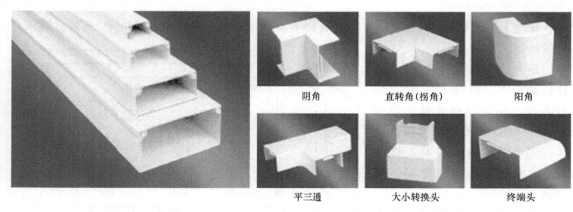

图 4-23　PVC 线槽　　　　　　　　　　图 4-24　PVC 线槽配件

阴角　　　　直转角(拐角)　　　　阳角

平三通　　　　大小转换头　　　　终端头

$$S = LW = 38 \times 18 \mathrm{mm}^2 = 684 \mathrm{mm}^2$$

式中　S——线槽横截面积；

　　　L——线槽内部长度；

　　　W——线槽内部宽度。

（2）容纳双绞线最多数量计算　布线标准规定，一般线槽（管）内允许穿线的最大面积为70%，同时考虑缆线之间的间隙和拐弯等因素，考虑浪费空间40%～50%。因此容纳双绞线根数计算公式如下：

$$N = 线槽横截面积 \times 70\% \times (40\% \sim 50\%) / 缆线横截面积$$

式中　N——容纳双绞线最多数量；70%表示布线标准规定允许的空间；40%～50%表示缆线之间浪费的空间。

例如：30×16线槽容纳双绞线最多数量计算如下：

$$N = 线槽横截面积 \times 70\% \times 50\% / 缆线横截面积 = \frac{(28 \times 14) \times 70\% \times 50\%}{3^2 \times 3.14}$$

$$= \frac{392 \times 70\% \times 50\%}{28.26}$$

$$\approx 5$$

说明：上述计算的是使用30×16PVC线槽敷设网线时，槽内容纳缆线的数量。具体计算分解如下：

① 30×16线槽的横截面积是：长×宽 = 28×14mm² = 392mm²

70%是布线允许的使用空间；

50%是缆线之间的空隙浪费的空间的最大值。

② 缆线的直径 D 为6mm，它的横截面积是：$S = \pi R^2 = R^2 \times 3.14 = 3^2 \times 3.14 \text{mm}^2 = 28.26 \text{mm}^2$

（3）线槽规格型号与容纳线数　各系列线槽规格型号与容纳双绞线最多数对照见表4-5。

表4-5　线槽规格型号与容纳线数

线槽（桥架）类型	线槽（桥架）规格/mm	容纳双绞线最多数量	截面利用率(%)
PVC	20×12	2	30～50
PVC	25×12.5	4	30～50
PVC	30×16	7	30～50
PVC	39×19	12	30～50
金属、PVC	50×25	18	30～50
金属、PVC	60×30	23	30～50
金属、PVC	75×50	40	30～50
金属、PVC	80×50	50	30～50
金属、PVC	100×50	60	30～50
金属、PVC	100×80	80	30～50
金属、PVC	150×75	100	30～50
金属、PVC	200×100	150	30～50

2. 明装线槽布线的施工

（1）安装流程　水平子系统明装线槽布线施工一般从安装信息点插座底盒开始，程序如下：

安装底盒→钉线槽→布线→装线槽盖板→压接模块→标记

（2）曲率半径 墙面明装布线时宜使用PVC线槽，拐弯处曲率半径容易保证，如图4-25所示。图中以宽度20mm的PVC线槽为例说明单根直径6mm的双绞线在线槽中最大弯曲情况，布线最大曲率半径值为45mm（直径90mm），布线弯曲半径与双绞线外径的最大倍数为45/6＝7.5。

（3）操作要求 安装线槽时，首先在墙面测量并标出线槽的位置，在建工程以1m线为基准，保证水平安装的线槽与地面或楼板平行，垂直安装的线槽与地面或楼板垂直，没有可见的偏差。

拐弯处宜使用90°弯头或者三通，线槽端头安装专门的堵头。

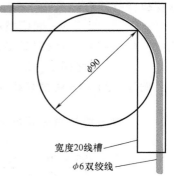

图4-25 PVC线槽布线曲率
半径示意图

线槽布线时，先将缆线布放到线槽中，边布线边装盖板，在拐弯处保持缆线有比较大的拐弯半径。完成盖板安装后，不要再拉线，如果拉线力量过大会改变线槽拐弯处的缆线曲率半径。

安装线槽时，用水泥钉或者自攻螺钉把线槽固定在墙面上，固定距离为300mm左右，必须保证长期牢固。两根线槽之间的接缝必须小于1mm，盖板接缝宜与线槽接缝错开。

三、开放型办公室布线系统

1. 缆线长度计算

对于办公楼、综合楼等商用建筑物或公共区域大开间的场地，由于其使用对象数量的不确定性和流动性等因素，宜按开放办公室综合布线系统要求进行设计，应符合下列规定：

采用多用户信息插座时，每一个多用户插座包括适当的备用量在内，宜能支持12个工作区所需的8位模块通用插座；各段缆线长度可按表4-6选用，也可按下式计算。

$$\begin{cases} C = (102 - H)/1.2 \\ W = C - 5 \end{cases}$$

式中　C——工作区电缆、电信间跳线和设备电缆的长度之和，即 $C = W + D$；

　　　D——电信间跳线和设备电缆的总长度；

　　　W——工作区电缆的最大长度，且 $W \leqslant 22\text{m}$；

　　　H——水平电缆的长度。

表4-6 各段缆线长度限值表

电缆总长度 C/m	水平电缆 H/m	工作区电缆 W/m	电信间跳线和设备电缆 D/m
100	90	5	5
99	85	9	5
98	80	13	5
97	75	17	5
97	70	22	5

2. 集合点的应用

采用集合点时，集合点配线设备与FD之间水平缆线的长度应大于15m。集合点配线设备容量宜以满足 12 个工作区信息点需求设置。同一个水平电缆路由不允许超过一个集合点（CP）；从集合点引出的 CP 缆线应终接于工作区的信息插座或多用户信息插座上。

CP 集合点的端接模块或者配线设备应安装在墙体或柱子等建筑物的固定位置，不允许随意放置在线槽或者线管内，更不允许暴露在外面。

CP 集合点只允许在实际布线施工中应用，规范了缆线端接做法，适合解决布线施工中个别缆线穿线困难时中间接续，实际施工中尽量避免出现 CP 集合点。在前期项目设计中不允许出现 CP 集合点。

3. 缆线长度划分

1）综合布线系统水平缆线与建筑物主干缆线及建筑群主干缆线之和所构成信道的总长度不应大于 2000m。

2）建筑物或建筑群配线设备之间（FD 与 BD、FD 与 CD、BD 与 BD、BD 与 CD 之间）组成的信道出现 4 个连接器件时，主干缆线的长度不应小于 15m。

3）配线子系统各缆线长度应符合下列要求：①配线子系统信道的最大长度不应大于 100m；②工作区设备缆线、电信间配线设备的跳线和设备缆线之和不应大于 10m，当大于 10m 时，水平缆线长度应适当减少；③楼层配线设备（FD）跳线、设备缆线及工作区设备缆线各自的长度不应大于 5m。

一、综合布线系统工程布线施工技术要点

1. 布线工程开工前的准备工作

网络工程经过调研，确定方案后，下一步就是工程的实施。工程实施的第一步是开工前的准备工作，要求做到以下几点：

（1）设计综合布线实际施工图　确定布线的走向位置，供施工人员、督导人员和主管人员使用。

（2）备料　网络工程施工过程需要许多施工材料，这些材料有的必须在开工前就备好料，有的可以在开工过程中备料。主要有以下几种：

1）光缆、双绞线、插座、信息模块、服务器、稳压电源、集线器等落实购货厂商，并确定提货日期。

2）不同规格的塑料槽板、PVC 防火管、蛇皮管、自攻螺钉等布线用料就位。

3）如果集线器是集中供电，则准备好导线、铁管并制定好电器设备安全措施（供电线路必须按民用建筑标准规范进行）。

4）制定施工进度表（要留有适当的余地，施工过程中意想不到的事情随时可能发生，且要求立即协调）。

（3）向工程单位提交开工报告。

2. 施工过程中注意事项

1）施工现场督导人员要认真负责，及时处理施工进程中出现的各种情况，协调处理各方意见。

2）如果现场施工碰到不可预见的问题，应及时向工程单位汇报，并提出解决办法供工程单位当场研究解决，以免影响工程进度。

3）对工程单位计划不周的问题，要及时妥善解决。

4）对工程单位新增加的点要及时地在施工图中反映出来。

5）对部分场地或工段要及时地进行阶段检查验收，确保工程质量。

6）制定工程进度表。

在制定工程进度表时，要留有余地，还要考虑其他工程施工时可能对本工程带来的影响，避免出现不能按时完工、交工的问题。

3. 测试时注意事项

1）工作间到设备间连通状况。

2）主干线连通状况。

3）信息传输速率、衰减率、距离接线图、近端串音等因素。

4. 工程施工结束时注意事项

1）清理现场，保持现场清洁、美观。

2）对墙洞、竖井等交接处要进行修补。

3）各种剩余材料汇总，并把剩余材料集中放置一处，并登记其还可使用的数量。

4）做总结材料。包括：①开工报告；②布线工程图；③施工过程报告；④测试报告；⑤使用报告；⑥工程验收所需的验收报告。

二、布线路由选择技术

两点间最短的距离是直线，但对于布缆线来说，它不一定就是最好、最佳的路由。在选择最容易布线的路由时，要考虑便于施工与操作，即使这样可能花费更多的缆线。对一个有经验的安装者来说，"宁可使用额外的 1000m 缆线，也不使用额外的 100 工时"，通常缆线的成本要比人工的成本低。

如果要把"25 对"缆线从一个配线间牵引到另一个配线间，采用直线路由，要经天花板布线，路由中要多次分割、钻孔才能使缆线穿过并吊起来；而另一条路由是将缆线通过一个配线间的地板，然后再通过一层悬挂的天花板，再通过另一个配线间的地板向上，如图4-26 所示。采用何种方式需要。根据建筑结构及用户的要求来决定。布线施工的设计要考虑以下几点：

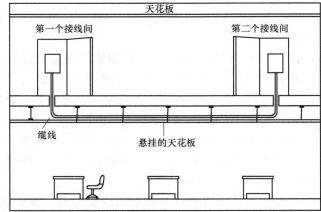

图 4-26　布线路由的选择

1. 了解建筑物的结构

对于布线施工人员来说，需要彻底了解建筑物的结构，由于绝大多数的缆线是走地板下或天花板内，故对地板和吊顶内的情况要了解得很清楚。就是说，要准确地知道，什么地方能布线，什么地方不宜布线，并向用户说明。

现在绝大多数的建筑物设计是规范的，并为强电和弱电布线分别设计了通道，利用这种环境时，也必须了解走线的路由，并用粉笔在走线的地方做出标记。

2. 检查拉（牵引）线

在一个现存的建筑物中安装任何类型的缆线之前，必须检查有无拉线。拉线是某种细绳，它沿着要布缆线的路由（管道）安放好，必须是路由的全长。绝大多数的管道安装者要给后继的安装者留下一条拉线，使布缆线容易进行，如果没有，则考虑穿接线问题。

3. 确定现有缆线的位置

如果布线的环境是一座旧楼，则必须了解旧缆线是如何布放的，用的是什么管道（如果有的话），这些管道是如何走的。了解这些，有助于为新的缆线建立路由。在某些情况下能使用原来的路由。

4. 提供缆线支撑

根据安装情况和缆线的长度，要考虑使用托架或吊杆槽，并根据实际情况决定托架吊杆，使其加在结构上的质量不至于超重。

5. 拉线速度的考虑

拉缆线的速度，从理论上讲，线的直径越小，则拉线的速度越快。但是，有经验的安装者通常采取慢速而又平稳的方法拉线，而不是快速拉线，因为快速拉线会造成线的缠绕或被绊住。

6. 最大拉力

拉力过大，缆线变形，将引起缆线传输性能下降。缆线最大允许的拉力如下：

一根 4 对线电缆，拉力为 100N；

两根 4 对线电缆，拉力为 150N；

三根 4 对线电缆，拉力为 200N；

N 根线电缆，拉力为 $(N \times 50 + 50)$N；

不管多少根线对电缆，最大拉力不能超过 400N。

三、金属桥架（线槽）的安装

金属桥架多由厚度为 0.4～1.5mm 的钢板制成。与传统桥架相比，具有结构轻、强度高、外形美观、无须焊接、不易变形、连接款式新颖、安装方便等优点，它是敷设缆线的理想配套装置。

金属桥架分为槽式和梯式两类。槽式桥架是指由整块钢板弯制成的槽形部件；梯式桥架是指由侧边与若干个横档组成的梯形部件。桥架附件是用于直线段之间，直线段与弯通之间连接所必需的连接固定或补充直线段、弯通功能部件。支、吊架是指直接支承桥架的部件，包括托臂、立柱、立柱底座、吊架以及其他固定用支架。

为了防止金属桥架腐蚀，其表面可采用电镀锌、烤漆、喷涂粉末、热浸镀锌、镀镍锌合金钝化处理或采用不锈钢板。可以根据工程环境、重要性和耐久性，选择适宜的防腐处理方式。一般腐蚀较轻的环境可采用镀锌冷轧钢板桥架；腐蚀较强的环境可采用镀镍锌合金钝化处理桥架，也可采用不锈钢桥架。综合布线中所用缆线的性能，对环境有一定的要求。为此，在工程中常选用有盖无孔型槽式桥架（以下简称线槽）。

1. 线槽安装基本要求

线槽安装应在土建工程基本结束以后，与其他管道（如风管、给排水管）同步进行，也可比其他管道稍迟一段时间安装。但尽量避免在装饰工程结束以后进行安装，造成敷设缆线的困难。线槽安装应符合下列要求：

1）线槽的规格尺寸应与设计相符，组装方式和安装位置均应按施工图的要求进行。

2）线槽安装位置的左右偏差视环境而定，最大不超过50mm。线槽水平度每米偏差不应超过2mm。垂直线槽应与地面保持垂直，并无倾斜现象，垂直度偏差不应超过3mm。

3）线槽与线槽的连接应采用接头连接板拼接，螺钉应拧紧。两线槽拼接处水平偏差不应超过2mm。盖板应紧固，并且要错位盖槽板。

4）线槽采用吊架方式安装时，吊架与线槽要垂直，整齐牢固、无歪斜现象。

5）线槽宽度不宜小于0.10m，线槽内横截面的填充率不应超过50%；当直线段线槽跨越建筑物或超过30m时，应有伸缩缝，其连接宜采用伸缩连接板；线槽转弯半径不应小于其槽内的缆线最小允许弯曲半径的最大者。

6）线槽与线槽的连接处必须用横截面不小于2.5mm^{2}的铜线进行连接。为了防止电磁干扰，宜用辫式铜带把线槽连接到其经过的设备间或楼层配线间的接地装置上，并保持良好的电气连接。

2. 线槽敷设要求

（1）暗敷要求　在建筑物中暗敷水平子系统金属线槽时，应满足以下要求：

1）线槽截面高度不宜超过25mm，总宽度不宜超过300mm。

2）暗敷长度超过15m或在线槽路由交叉、转弯处，应设置拉线盒。

3）线槽的截面利用率不应超过40%。

（2）明装支撑要求　水平子系统金属线槽明装于建筑物表面时，支撑间距一般为1.5～3m；吊装金属线槽时，支撑间距一般为1.5～2m。干线子系统线槽敷设要求如下：

1）在弱电间（井）中设立线槽，固定间距不应大于2m。

2）干线通道间应沟通；在设备间和干线交接间中，垂直安装的线槽和槽道穿越楼板的孔洞、墙壁的孔洞，要求其相互适应、规格尺寸合适。

3）电缆井尺寸不宜小于300mm×100mm，电缆孔径不宜小于100mm。

▶ **实训报告**

1. 计算50×25线槽能容纳双绞线的最多数量。其中线槽内允许穿线的最大面积为70%，同时考虑缆线之间的间隙和拐弯等因素，考虑浪费空间为50%；线槽壁厚1mm，单根4对双绞线的缆线直径6mm。

2. 管径32mmPVC线管，管壁厚1mm，截面利用率为30%，单根4对双绞线的缆线直径6mm。试计算ϕ32 PVC线管能容纳双绞线的最多数量。

3. 写出用40mm线槽45°对角拼接"口"字形的操作步骤和"口"字形的长宽尺寸。（以仿真墙的定位螺钉孔为依据）。

4. 如图 4-22 所示，根据拓展实训任务 2 完成情况，列出材料清单，填入表 4-7，并写出操作步骤。

表 4-7　材料清单

序　号	材 料 名 称	材料规格/型号	单　位	数　量

5. 在图 4-22 上标注信息插座的编号，并对应各信息点与 RJ45 配线架的端口，填写端口对应表 4-8。

表 4-8　端口对应表

信息插座编号	信息点编号	RJ45 配线架端口号	备　注

任务 3　完成光缆的端接与接续

▶ 学习目标

1. 能了解光纤结构和光纤的分类，光缆的安装敷设方式。
2. 懂得光纤的传输原理、传输特点以及光纤接续的安全操作规程。
3. 能区分光纤连接器件的种类与连接方式。
4. 学会使用光纤熔接机，能独立完成光纤端接与交接。

▶ 任务导入

在校内实施网络综合布线系统改造工程，其中干线子系统选用室内多模光缆传输数据信号，连接到各楼层管理间（电信间）的光纤配线设备，完成光缆链路的搭建。

▶ 学习任务

1. 基本操作训练

1）光纤连接器（ST 头与 SC 头及其配套的耦合器）的认知与操作。

2）光纤接续与熔接技术——光纤熔接机的使用。

2. 光缆链路搭建训练

参照图 4-27，在仿真墙的一层和三层分别安装 6U 机柜，通过明敷 PVC 线槽，将两个 6U 机柜连接，在线槽内敷设 1 根 4 芯多模光缆和 1 根 4 芯单模光缆；分别在光纤配线架的 ST 型耦合器和 SC 型耦合器上进行端接（光纤熔接），将光纤配线架安装在 6U 机柜上，完成光缆链路的搭建，并用红光笔作导通测试。

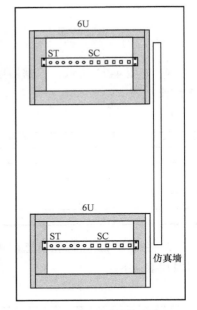

 实施条件

1. 实训设备

实训模拟仿真墙，光纤熔接机，6U 机柜（2 个/组），光纤配线架（2 个/组）。

2. 工具准备

钢锯、铅笔、十字螺钉旋具（或充电式电钻/起子）、锉刀（中细砂纸）、直角金属尺（卷尺）、光纤熔接机及配套工具。

3. 材料准备

4 芯多模光缆 2m，4 芯单模光缆 2m；

ST 头和 SC 头多模尾纤各 2 根，ST 头和 SC 头单模尾纤 2 根；

ST 型耦合器 4 个，SC 型耦合器 4 个；

40mm PVC 线槽一根（1m），M6×16 十字槽螺钉若干。

图 4-27　实训参考图例

 实训指导

一、光缆成端

光缆成端就是光缆以终端盒来的跳纤，就叫成端，即将光缆中的光纤分色按顺序终接成活接头（即 ST 头、FC 头或 SC 头等），并安装于相应的配线架的光耦合器内，以便使用光纤时端接所用，一般直接接在交换机机架上的。

光缆线路到达端局、中继站需与光端机或中继器相连接，通常采用光缆终端局进行成端，根据光缆终端盒的不同，其成端的方法也不相同，接续过程大致与光缆接续相同，其不同之处是光缆与尾纤相连接，而不是光缆与光缆的连接。在接续前应将尾纤逐一编号，与光缆线路和光端站一一对应，以免造成芯线混乱。将成端后的尾纤连接头应按要求插入光分配（ODF）架的连接插座内，暂且不插入的连接头应按要求盖上保护帽，以免损伤和灰尘堵塞连接头，造成连接损耗增大或不通。

1. 光纤连接器安装方法

常见的光纤连接器有 ST 型和 SC 型，ST 型是圆头的，SC 型是方头的，其他还有 LC 型、FJ 型、MT—RJ 型以及 VF45 型微型。

下面介绍 ST、SC 型光纤连接器现场安装方法，这种方法设计独特，它包括一段预抛光的光纤末端和一种连接结构。

（1）标准 ST 型护套光纤安装方法　图 4-28 所示为标准 ST 型光纤连接器部件结构图。

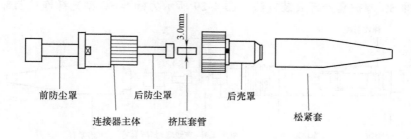

图 4-28 标准 ST 型光纤连接器部件结构图

☆ 实训操作——标准 ST 型护套光纤现场安装步骤如下：

1）打开材料袋，取出连接器主体和后壳罩。

2）转动安装平台，使安装平台打开，用所提供的安装平台底座把安装工具固定在工作台上。

3）把连接器主体插入安装平台插孔内，释放拉簧朝上。操作时，把连接器主体的后壳罩向安装平台插孔内推。当前防尘罩全部被推入安装平台插孔后，顺时针旋转连接器主体1/4 圈，并锁紧在此位置上，防尘罩留在上面。

4）在连接器主体的后壳罩上拧紧松紧套，将后壳罩带松紧套的细端先套在光纤上，挤压套管也沿着芯线方向向前滑。

5）用剥线器从光纤末端剥去 40~50mm 的护套，护套必须剥干净，端面成直角。

6）让纱线头离开缓冲层集中向后面，在护套末端的缓冲层上做标记。

7）在裸露的缓冲层处拿住光纤，把离光纤末端 6mm 或 11mm 标记处的 900 缓冲层剥去。操作时，握紧护套以防止光纤移动；为了不损坏光纤，从光纤上一小段一小段地剥去缓冲层。

8）用一块沾有酒精的纸或布小心地擦洗裸露的光纤。

9）将纱线抹向一边，把缓冲层压在光纤切割器上。用镊子取出废弃的光纤，并妥善地置于废物瓶中。

10）把切割后的光纤插入显微镜的边孔里，检查切割是否合格。操作时，把显微镜置于白色面板上，可以获得更清晰明亮的图像；还可用显微镜的底孔来检查连接器主体的末端套圈。

11）从连接器主体上取下后防尘罩。

12）检查缓冲层上的参考标记位置是否正确。把裸露的光纤小心地插入连接器主体内，直到感觉光纤碰到了连接器主体的底部为止，用固定夹子固定光纤。

13）按压安装平台的活塞，然后慢慢地松开活塞。

14）把连接器主体向前推动，并逆时针旋连接器主体1/4 圈，以便从安装平台上取下连接器主体。把连接器主体放入打褶工具，并使之平直。用打褶工具的第一个刻槽在缓冲层上"缓冲褶皱区域"打上褶皱。

15）重新把连接器主体插入安装平台插孔内并锁紧。把连接器主体逆时针旋转 1/8 圈，小心地剪去多余的纱线。

16）在纱线上滑动挤压套管，保证挤压套管紧靠在连接器主体后端的扣环上，用打褶工具中间的槽给挤压套管打褶。

17）松开芯线，将光纤弄直，推后罩壳使之与前套结合。正确插入时能听到一声轻微的响声，此时可从安装平台上卸下连接器主体。

（2）标准 SC 型护套光纤安装方法　图 4-29 所示为标准 SC 型光纤连接器部件结构图。

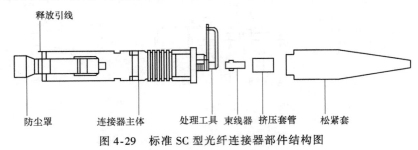

图 4-29　标准 SC 型光纤连接器部件结构图

☆ 实训操作——标准 SC 型光纤现场安装步骤如下：

1）打开材料袋，取出连接器主体和后壳罩。

2）转动安装平台，使安装平台打开，用所提供的安装平台底座把工具固定在工作台上。

3）把连接器主体插入安装平台插孔内，释放拉簧朝上。操作时，把连接器主体的后壳罩向安装平台插孔内推，当防尘罩全部推入安装平台插孔后，顺时针旋转连接器主体 1/4 圈，并锁紧在此位置上，防尘罩留在上面。

4）将松紧套套在光纤上，挤压套管也沿着芯线方向向前滑动。

5）用剥线器从光纤末端剥去 40～50mm 的护套。护套必须剥干净，端面成直角。

6）将纱线头集中拢向 900 缓冲光纤后面，在缓冲层上做第一个标记，如果光纤直径小于 2.4mm，在护套末端做标记，否则在束线器上做标记；然后在缓冲层上做第二个标记，如果光纤直径小于 2.4mm，就在 6mm 和 17mm 处做标记，否则就在 4mm 和 15mm 处做标记。

7）在裸露的缓冲层处拿住光纤，把光纤末端到第一个标记处的 900 缓冲层剥去。操作时，握紧护套以防止光纤移动；为了不损坏光纤，从光纤上一小段一小段地剥去缓冲层。

8）用一块沾有酒精的纸或布小心地擦洗裸露的光纤。

9）将纱线抹向一边，把缓冲层压在光纤切割器上。从缓冲层末端切割出 7mm 光纤，用镊子取出废弃的光纤，并妥善地置于废物瓶中。

10）把切割后的光纤插入显微镜的边孔里，检查切割是否合格。操作时，把显微镜置于白色面板上，可以获得更清晰明亮的图像。还可用显微镜的底孔来检查连接器主体的末端套圈。

11）从连接器主体上取下后防尘罩。

12）检查缓冲层上的参考标记位置是否正确。把裸露的光纤小心地插入连接器主体内，直到感觉光纤碰到了连接器主体底部为止。

13）按压安装平台的活塞，保证活塞钩住将要接出的拉簧，然后慢慢地松开活塞。

14）小心地从安装平台上取出连接器主体，以松开光纤，把打褶工具松开放置于多用工具突起处并使之平直，使打褶工具保持水平，并适当地拧紧（听到三声轻响）。

把连接器主体装入打褶工具的第一个槽，多用工具突起指向打褶工具的柄，在缓冲层的缓冲褶皱区用力打上褶皱。

15）抓住处理工具轻轻拉动，使缓冲层部分露出约 8mm。听到一声轻微的响声时即表明已拉到位，取出处理工具并扔掉。

16）轻轻朝连接器主体方向拉动纱线，并使纱线排列整齐，在纱线上滑动挤压套管，将纱线均匀地绕在连接器主体上，从安装平台上小心地取下连接器主体，保证挤压套管紧靠在连接器主体的后端，将挤压套管用力地打上褶皱，用打褶工具的中间的那个槽打褶，并剪去多余的纱线。

17）抓住主体的环，使主体滑入连接器主体的后部，直到到达连接器主体的挡位。

2. 光纤端接——互连与交接

光纤端接的主要材料包括：连接器件；套筒，黑色用于直径为 3.0mm 的光纤，银色用于直径为 2.4mm 的单光纤；缓冲层光缆支持器（引导）；带螺帽的扩展器；保护帽。

光纤端接与拼接不同，它用于需要进行多次拔插的光纤连接部位的接续，属非永久性的光纤互连，又称光纤活结。常用于光配线架的跨接线与应用设备、插座的连接等场合。

光纤交接是用光跳线，将两条分别已成端在光配线架上的光缆的光纤连接起来，俗称跳纤。采用此法易于管理或维护线路。

光纤互连是指将两条光缆的已成端的光纤通过耦合器彼此连接到一起。做法是将两条半固定光纤上的连接器从嵌板的两边插入到耦合器中。

☆ 实训操作——ST 光纤连接器的互连步骤：

1）清洁 ST 连接器。

2）用杆状清洁器清洁耦合器，如图 4-30 所示。

3）使用罐装气吹去耦合器内部的灰尘，如图 4-31 所示。

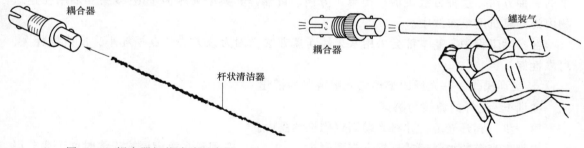

图 4-30　耦合器杆状清洁示意图　　　　图 4-31　耦合器吹气除尘示意图

4）将 ST 光纤连接器插到一个耦合器中，如图 4-32 所示。

5）重复以上步骤，直到所有的 ST 光纤连接器都插入耦合器为止。

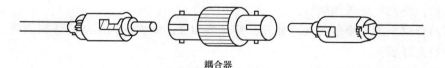

图 4-32　耦合器与光纤连接器的连接示意图

二、光缆接续

光缆接续是光纤传输系统中工程量最大、技术要求最复杂的重要工序，其质量好坏直接影响光纤线路的传输质量和可靠性。

光缆接续与光缆成端的区别：

光缆接续：一般是指的两根光缆之间的连接，一般做在野外的接头盒或者交接箱里，就是两根光纤用熔接机熔接在一起。

光缆成端：一般是指的光缆到局端后熔接上尾纤以便与光端机等设备相连接。

光纤接续的方法一般有永久性连接（熔接）、机械连接（应急连接）、活动连接三种。

1. 永久性连接

永久性连接也称熔接，又称为"热熔"。这种连接是用放电的方法将两根光纤的连接点熔化并连接在一起。一般用在长途接续、永久或半永久的固定连接。

其主要特点是此类连接的衰减在所有的连接方法中最低，典型值为 0.01 ~ 0.03dB/点；但连接时，需要专用设备（熔接机）和专业人员进行操作，而且连接点也需要专用容器保护起来，故成本较高。

2. 机械连接

机械连接也称应急连接，又称为"冷熔"。主要是用机械和化学的方法，将两根光纤固定并粘接在一起。

这种方法的主要特点是连接迅速可靠，其连接典型衰减为 0.1 ~ 0.3dB/点；但连接点长期使用会不稳定，衰减也会大幅度增加，所以只能短时间内应急用。

3. 活动连接

活动连接是利用各种光纤连接器件（插头和插座），将站点与站点、站点与光缆连接起来的一种方法。这种方法灵活、简单、方便、可靠，其典型衰减为 1dB/接头，多用在建筑物内的计算机网络布线中。

在实际工程中，基本都会采用永久性连接方法，因为该方法节点损耗小，反射损耗大，可靠性好。

☆ 实训操作——光纤的熔接与光缆链路的搭建

实训1　光纤的熔接与测试

第一步，剥开光缆，并将光缆固定到接续盒内。

先剥去光缆的加强钢芯，根据需要剥去 1 ~ 2.5m。在固定多束管层式光缆时由于要分层盘纤，各束管应依序放置，以免缠绞。将光缆穿入接续盒，固定钢丝时一定要压紧，不能有松动。否则，有可能造成光缆打滚。用专用的工具将表皮塑料去掉，注意不要伤到管束，剥开长度取 1m 左右，小心剥去中心塑管，用卫生纸小心擦去包在光纤上的油脂。

第二步，将光纤穿过热缩管。

将不同管束、不同颜色的光纤分开，穿过热缩管。剥去涂抹层的光缆很脆弱，使用热缩管可以保护光纤接头。

第三步，打开熔接机电源，选择合适的熔接方式。

熔接机的供电电源有直流和交流两种，要根据供电电流的种类来合理开关。每次使用熔接机前，应使熔接机在熔接环境中放置至少 15min。根据光纤类型设置熔接参数、预放电时间、主放电时间等。如没有特殊情况，一般选择用自动熔接程序。

在使用中和使用后要及时去除熔接机中的粉尘和光纤碎末。

第四步，制作光纤端面。

光纤端面制作的好坏将直接影响接续质量，所以在熔接前一定要做好合格的端面。

第五步，裸纤的清洁。

将棉花撕成平整的小块，粘少许酒精，夹住已经剥覆的光纤，顺光纤轴向擦拭。擦拭时，用力要适度，每次要使用棉花的不同部位和层面，以提高棉花利用率。

第六步，裸纤的切割。

首先清洁切刀和调整切刀位置，切刀的摆放要平稳，切割时，动作要自然、平稳，勿过重或过轻。避免断纤、斜角、毛刺及裂痕等不良端面产生。

第七步，放置光纤。

将光纤和专用的跳线放在熔接机的 V 形槽中，小心压上光纤压板和光纤夹具，光纤在压板中的位置应根据光纤切割长度设置；关上防风罩；按下熔接键就可以自动完成熔接。熔接机会自动调整光芯的状态，自动对接，放电，激光熔接，整个过程大概 10s，在熔接机显示屏上会显示估算的损耗值。如果失败，要重新切断光芯，再来一次。

第八步，移出光纤，用熔接机加热炉加热。

将熔接好的光芯放到光纤熔接机里的加热处，套上热缩管进行加热，热缩管会牢牢地套在熔接处。

第九步，盘纤并固定。

熔接好的光芯要按照顺序一圈一圈地排在端子盒里，和耦合器相连接。

科学的盘纤方法可以使光纤布局合理、附加损耗小，经得住时间和恶劣环境的考验，可以避免因积压造成的断纤现象。在盘纤时，盘纤的半径越大、弧度越大，整个线路的损耗就越小。所以，一定要保持一定半径，使激光在纤芯中传输时，减少不必要的损耗。

第十步，密封接续盒。

野外接续盒一定要密封好。如果接续盒进水，由于光纤以及光纤熔接点长期浸泡在水中，可能会导致光纤衰减增大。

光纤熔接完毕后要有准确的光缆线路测试报告。因为，准确的光缆线路资料是故障测量、定位的基本依据，因此必须重视线路资料的收集、整理、核对工作，建立起真实、可靠、完整的光纤线路资料，包括记录测试端至每个接头点位置的光纤累计长度以及每段光缆和光纤的长度，光纤损耗大小并进行保存。

实训 2　光缆链路的搭建与测试

参照图 4-27，完成光缆链路的搭建，并用红光笔作导通测试。

1）在仿真墙的一层和三层上分别安装 6U 机柜；通过 PVC 线槽明敷，将两个 6U 机柜连接，在线槽内敷设 1 根 4 芯多模光缆和 1 根 4 芯单模光缆。

2）分别在一层和三层的光纤配线架上，进行光缆端接（光纤熔接）。单模光缆依次熔接在 ST 耦合器的 1、2 端口和 SC 耦合器的 1、2 端口上（另一组在 7、8 端口熔接）；多模光缆依次在 ST 耦合器的 3、4 端口和 SC 耦合器的 3、4 端口上熔接（另一组在 5、6 端口熔接）。

3）将光纤配线架安装在 6U 机柜上，完成光缆链路的搭建。

4）用红光笔作导通测试。

▶ **知识链接**

一、光纤概述

1. 光纤与光缆

光纤是一种将信息从一端传送到另一端的媒介，是以玻璃或塑料纤维作为信息通过路径的传输媒介。光纤和同轴电缆相似，只是没有网状屏蔽层，中心是光传播的玻璃芯。多模光纤纤芯的直径是 $15 \sim 50 \mu m$，与人的头发的粗细相当。而单模光纤纤芯的直径可达到 $8 \sim 10 \mu m$。纤芯外面包围着一层折射率比纤芯低的玻璃封套，以使光纤保持在芯内。玻璃封套的外面是一层薄的塑料外套，用来保护封套。光纤通常是由石英玻璃支撑的横截面积很小的双层同心圆柱体，质地脆，易断裂，通常被扎成束，外面有外壳保护。

通常光纤与光缆两个名词会被混淆，光纤在实际使用前外部由几层保护结构包覆，包覆后的缆线即为光缆。外层的保护结构可防止恶劣环境对光纤的伤害，如水、火、电击等。光缆包括光纤、缓冲层及披覆。

2. 光纤的传输特点

由于光纤是一种传输媒介，它可以像一般铜缆线一样，传送电话通话或计算机数据等资料。所不同的是，光纤传送的是光信号而非电信号。目前光纤传输已成为远距离信息传输的首选媒介。光纤具有很多独特的优点。

（1）传输损耗低　损耗是传输介质的重要特性，它决定了传输信号所需中继的距离。光纤作为光信号的传输介质具有低损耗的特点。

如使用 $62.5/125 \mu m$ 的多模光纤，850nm 波长的衰减约为 3.0dB/km；1300nm 波长的衰减则更低，约为 1.0dB/km。如果使用 $9/25 \mu m$ 的单模光纤，1300nm 波长的衰减仅为 0.4dB/km；1550nm 波长的衰减为 0.3dB/km，所以一般的 LD 光源可传输 $15 \sim 20km$。目前已经出现可传输 100km 的产品。

（2）传输频带宽　光纤的频带宽可达 1GHz 以上。一般图像的频带宽为 6MHz 左右，所以用一芯光纤传输一个通道的图像绰绰有余。光纤高频带宽的好处不仅仅可以同时传输多通道图像，还可以传输语音、控制信号，有的甚至可以用一芯光纤通过特殊的光纤被动元件达到双向传输功能。

（3）抗干扰性强　光纤传输中的载波是光波，它是频率极高的电磁波，远远高于一般电波通信所使用的频率，所以不易受干扰，尤其是强电干扰。同时，由于光波受束于光纤之内，因此无辐射、无污染、传送信号无泄漏、保密性强。

（4）安全性能高　光纤采用玻璃材质，不导电、防雷击；光纤传输不像传统电路会因短路或者接触不良而产生火花，因此在易燃、易爆场合下特别适用。光纤无法像电缆一样易被窃听，一旦光纤遭到破坏马上就会发现，因此安全性更高。

（5）重量轻，机械性能好　光纤纤细如丝，重量很轻，既使是多芯光缆，重量也不会因为芯数增加而成倍增长，而电缆的重量一般都与外径成正比。

（6）光纤传输寿命长　普通视频缆线寿命最多为 $10 \sim 15$ 年，光缆的使用寿命则长达 $30 \sim 50$ 年。

3. 光纤的传输原理和工作过程

光纤是光波传输的介质，是由介质材料构成的圆柱体，分为芯子和包层两部分。光波沿芯子传播。在实际工程应用中，光纤是指由预制棒拉制出纤丝经过简单披覆后的纤芯，纤芯再经过披覆、加强和防护，成为能够适应各种工程应用的光缆。

（1）光纤的传输原理　在光纤中的传播过程是利用光的折射和反射的原理来进行的。一般来说，光纤芯子的直径要比传播光的波长高几十倍以上，因此利用几何光学的方法定性分析是足够的，而且对问题的理解也很简明、直观。

当一束光纤投射到两个不同折射率的介质交界面上时，发生折射和反射现象。对于多层介质形成的一系列界面，其折射率 $n_1 > n_2 > n_3 \cdots > n_m$，则入射光线在每个界面的入射角逐渐加大，直到形成全反射。由于折射率的变化，入射光线受到偏转的作用，传播方向改变。

光纤由芯子、包层和套层组成。套层的作用是保护光纤，对光的传播不起作用。芯子和包层的折射率不同，其折射率的分布主要有两种形式：连续分布型（又称梯度分布型）和间断分布型（又称阶跃分布型）。

当入射光经过光纤端面的折射后进入光纤，除了与轴方向一致的光沿直线传播外，其余的光线则投射到芯子和包层的交界面。投射到交界面的光的传播途径有以下两种：

1）一种在界面形成全反射，这些光线将与光轴保持不变的夹角，呈锯齿状无损耗地在光纤芯子内向前传播，称为传播光。

2）一种在界面处只有一部分形成反射，还有一部分折射进入包层，最后被套层吸收，反射的光线再次到达界面时又会有一部分损耗，因而不能传播，称为非传播光。

（2）光纤的工作过程　实际上进入光纤的大部分不是上面所讲的轴面光，还有一种称为泄漏光。如果芯子和包层的界面十分平坦，这些光线将形成全反射而得到传播，但事实上仅部分反射，尽管损耗比非传播光小，还是不能很好地传播。对于长距离传播来说，传播光是有意义的。

进入光纤的光线在向芯子包层界面传播时，由于芯子折射率逐渐减小，受到一个向心偏转的作用，与轴线夹角 θ 小于一定值的光纤不能到达界面或到达界面形成全反射，因而受束于芯子内、呈波浪状无损耗地向前传播，成为传播光。其余的光由于有一部分在界面处折射进入包层，逐渐被吸收掉而不能传播。

因此，光纤芯子和包层的折射率及折射率的分布与光纤的传输特性有密切关系。

二、光缆施工基本要求

1. 光缆施工的安全防范措施

1）光缆施工人员必须经过专业培训，了解光纤传输特性，掌握光纤连接技巧，遵守操作规程。

2）在光纤使用过程中技术人员不得检查其端头。只有光纤为深色（未传输信号）时方可进行检查。大多数光学系统中的光人眼是看不见的，所以在操作光传输通道时要格外仔细。

3）折断的光纤碎屑实际上是很细小的玻璃针形光纤，很容易划破皮肤和衣服。因此，制作光纤终接头或使用裸光纤的技术人员，必须配戴眼镜和手套，穿着工作服。

4）决不允许观看已通电的光源、光纤及其连接器，更不允许用光学仪器观看已通电的光纤传输通道器件；只有在断开所有光源的情况下，才能对光纤传输系统进行维护操作。

如果必须在光纤工作时对其进行检查的话，特别是当系统采用激光作为其光源工作时，光纤连接不好或断裂，会使人受到光波辐射。操作人员应佩戴具有红外滤波功能的保护眼镜。

5）离开工作区之前，所有接触过裸光纤的工作人员必须立即洗手，并检查衣服，拍打衣物，去除可能粘上的光纤碎屑。

2. 光缆施工基本技术要求

1）弯曲光缆时不能低于最小的弯曲半径。光缆弯曲半径应至少为光缆外径的 15 倍。

2）光纤的抗拉强度比电缆小，因此在操作光缆时，牵引力不允许超过各种类型光缆的抗拉强度。敷设光缆的牵引力一般应小于光缆允许张力的 80%，对光缆瞬间最大牵引力不能超过允许张力。

3）光纤接续比较困难，必须使两个接触端完全对准，否则将会产生较大的损耗。

4）光缆敷设应平直，不能扭绞、打圈，更不能受到外力挤压。

5）光缆布放应有冗余，光缆在设备端预留长度一般为 5~10m，或按设计要求预留更长的长度。

6）敷设光缆的两端应贴上标签，以表明起始位置和终端位置。

7）光缆与建筑物内其他管线应保持一定间距，最小净距离符合设计要求。

三、光纤熔接技术

光纤熔接技术是用光纤熔接机进行高压放电使待接续光纤端头熔融，合成一段完整的光纤。

光纤传输具有传输频带宽，通信容量大，损耗低，不受电磁干扰，光缆直径小、重量轻、原材料来源丰富等优点，因而正成为新的传输媒介。光在光纤中传输时会产生损耗，这种损耗主要是由光纤自身的传输损耗和光纤接头处的熔接损耗组成。光缆一经定型，其光纤自身的传输损耗也基本确定，而光纤接头处的熔接损耗则与光纤的本身及现场施工有关。努力降低光纤接头处的熔接损耗，可增大光纤中继放大传输距离并提高光纤链路的衰减裕量。

1. 影响光纤熔接损耗的主要因素

影响光纤熔接损耗的因素较多，大体可分为光纤本征因素和非本征因素两类。

（1）光纤本征因素　即光纤自身因素，包括：①光纤模场直径不一致；②两根光纤芯径失配；③纤芯截面不圆；④纤芯与包层同心度不好。

其中光纤模场直径不一致影响最大，按 CCITT（国际电报电话咨询委员会）建议，单模光纤的容限标准如下：

模场直径：$(9~10\mu m) \pm 10\%$，即容限为 $\pm 1\mu m$；

包层直径：$(125 \pm 3)\mu m$；

模场同心度误差≤6%，包层不圆度≤2%。

（2）非本征因素　即接续技术，包括以下方面。

1）轴心错位。单模光纤纤芯很细，两根对接光纤轴心错位会影响接续损耗。当错位 $1.2\mu m$ 时，接续损耗可达 0.5dB。

2）轴心倾斜。当光纤断面倾斜 1°时，约产生 0.6dB 的接续损耗，如果要求接续损耗不大于 0.1dB，则单模光纤的倾角应不大于 0.3°。

3）端面分离。活动连接器的连接不好，很容易产生端面分离，使连接损耗变大。当熔接机放电电压较低时，也容易产生端面分离，此情况一般在有拉力测试功能的熔接机中可以发现。

4）端面质量。光纤端面的平整度差时也会产生损耗，甚至气泡。

5）接续点附近光纤物理变形。光缆在架设过程中的拉伸变形、接续盒中夹固光缆压力太大等，都会对接续损耗有影响，甚至熔接几次都不能改善。

（3）其他因素的影响 接续人员操作水平、操作步骤、盘纤工艺水平、熔接机中电极清洁程度、熔接参数设置、工作环境清洁程度等均会影响到熔接损耗的值。

2. 降低光纤熔接损耗的措施

（1）一条线路上尽量采用同一批次的优质名牌裸纤 对于同一批次的光纤，其模场直径基本相同，光纤在某点断开后，两端间的模场直径可视为一致，因而在此断开点熔接可使模场直径对光纤熔接损耗的影响降到最低程度。所以要求光缆生产厂家用同一批次的裸纤，按要求的光缆长度连续生产，在每盘上顺序编号并分清 A、B 端，不得跳号。敷设光缆时须按编号沿确定的路由顺序布放，并保证前盘光缆的 B 端要和后一盘光缆的 A 端相连，从而保证接续时能在断开点熔接，并使熔接损耗值达到最小。

（2）光缆架设按要求进行 在光缆架设施工中，严禁光缆打小圈及弯折、扭曲，3km 的光缆必须由 80 人以上施工，4km 的必须由 100 人以上施工，并配备 6～8 部对讲机协调；另外"前走后跟，光缆上肩"的放缆方法，能够有效地防止打背扣的发生。牵引力不超过光缆允许值的 80%，瞬间最大牵引力不超过光缆允许值的 100%，牵引力应加在光缆的加强件上。敷放光缆应严格按光缆施工要求，从而最大限度地降低光缆施工中光纤受损伤的几率，避免光纤芯受损伤导致的熔接损耗增大。

（3）挑选经验丰富、训练有素的光纤接续人员进行接续 现在，接续大多是采用熔接机自动熔接，但接续人员的水平直接影响接续损耗的大小。接续人员应严格按照光纤熔接工艺流程图进行接续，并且熔接过程中应一边熔接一边用光时域反射仪（OTDR）测试熔接点的接续损耗。不符合要求的应重新熔接，对熔接损耗值较大的点，反复熔接次数以 3～4 次为宜，多根光纤熔接损耗都较大时，可剪除一段光缆重新开缆熔接。

（4）接续光缆应在整洁的环境中进行 严禁在多尘及潮湿的环境中露天操作，光缆接续部位及工具、材料应保持清洁，不得让光纤接头受潮，准备切割的光纤必须清洁，不得有污物。切割后光纤不得在空气中暴露时间过长，尤其是在多尘潮湿的环境中。

（5）选用精度高的光纤端面切割器来制备光纤端面 光纤端面的好坏直接影响到熔接损耗大小，切割的光纤应为平整的镜面，无毛刺、无缺损。光纤端面的轴线倾角应小于 1°，高精度的光纤端面切割器不但提高光纤切割的成功率，也可以提高光纤端面的质量。这对光时域反射仪（OTDR）测试不着的熔接点（即 OTDR 测试盲点）和光纤维护及抢修尤为重要。

（6）熔接机的正确使用 熔接机的功能就是把两根光纤熔接到一起，所以正确使用熔接机是降低光纤接续损耗的重要措施。根据光纤类型正确、合理地设置熔接参数、预放电电流、时间及主放电电流、主放电时间等，并且在使用中和使用后及时去除熔接机中的灰尘，特别注意要去除夹具、各镜面和 V 形槽内的粉尘和光纤碎屑。每次使用前应使熔接机在熔接环境中放置至少 15min，特别是在放置与使用环境差别较大的地方（如冬天的室内与室外），应根据当时的气压、温度、湿度等环境条件，重新设置熔接机的放电电压及放电位置，进行使 V 形槽驱动器复位等调整。

3. 光纤接续点损耗的测量

光损耗是度量一个光纤接头质量的重要指标，有几种测量方法可以确定光纤接头的光损耗，如使用光时域反射仪（OTDR）或熔接接头的损耗评估方案等。

（1）熔接接头的损耗评估 某些熔接机使用一种光纤成像和测量几何参数的断面排列系统。通过从两个垂直方向观察光纤，计算机处理并分析该图像来确定包层的偏移、纤芯的畸变、光纤外径的变化和其他关键参数，使用这些参数来评价接头的损耗。依赖于接头和它的损耗评估算法求得的接续损耗可能和真实的接续损耗有相当大的差异。

（2）使用光时域反射仪（OTDR） 光时域反射仪（OTDR：Optical Time Domain Reflectometer）又称背向散射仪，其原理是：往光纤中传输光脉冲时，由于在光纤中散射的微量光，返回光源侧后，可以利用时机来观察反射的返回光程度。由于光纤的模场直径影响它的后向散射，因此在接头两边的光纤可能会产生不同的后向散射，从而遮蔽接头的真实损耗。如果从两个方向测量接头的损耗，并求出这两个结果的平均值，便可消除单向 OTDR 测量的人为因素误差。然而，多数情况下，操作人员仅从一个方向测量接头损耗，其结果并不十分准确。事实上，由于具有失配模场直径的光纤引起的损耗可能比内在接头损耗自身大 10 倍。

四、光纤熔接机使用中常见的问题以及解决方法

问题1 开启熔接机后，屏幕无光亮。

解决方法：

1）检查电源插头是否插好，若未插好则重新插。

2）检查电源电压是否过低。

3）检查电池电量，电量太低时要及时给电池充电。

问题2 开启熔接机后，屏幕下方出现"电压不足"字样，且蜂鸣器鸣叫不停。

解决方法：

1）一般出现在使用电池供电的情况下，应及时给电池充电。

2）更换供电电源。

问题3 光纤能进行正常复位，进行间隙设置时，光纤出现在屏幕上停止不动，屏幕显示停在"设置间隙"。

解决方法：打开防风罩，分别打开左、右压板，顺序进行下列检查。

1）检查是否存在断纤。

2）检查光纤切割长度是否过短。

3）检查载纤槽与光纤上是否有灰尘，并进行相应的处理。

4）检查是否是松包层尾纤。

问题4 光纤能进行正常复位，进行间隙设置时光纤持续向后运动，屏幕显示"设置间隙"及"重放光纤"。

解决方法：该问题的原因可能是光学系统中显微镜的目镜上灰尘沉积过多所致，用棉签棒擦拭水平及垂直两路显微镜的目镜，用眼观察无明显灰尘，即可再试。

问题5 光纤能进行正常复位，进行间隙设置时开始显示"设置间隙"，一段时间后屏幕显示"重放光纤"。

解决方法：打开防风罩，分别打开左、右压板。顺序进行下列检查：

1）检查是否存在断纤。

2）检查光纤切割长度是否过短。

3）检查载纤槽与光纤是否匹配，并进行相应的处理。

问题6　光纤进行自动校准时，一光纤上下方向运动不停，屏幕显示停止在"调芯"。

解决方法：

1）检查 X/Y 两方向的光纤端面位置偏差是否小于 1cm（屏幕显示尺寸），如果小于则进行下面操作，否则送交工厂修理。

2）检查裸纤是否干净，若不干净则处理之。

3）清洁 V 形槽内沉积的灰尘。

问题7　光纤能进行正常复位，进行间隙设置时开始显示"设置间隙"，一段时间后屏幕显示"左光纤端面不良"。

解决方法：

1）肉眼观察屏幕中光纤图像，若左光纤端面质量确实不良，则重做光纤端面后再试。

2）肉眼观察屏幕中光纤图像，若左光纤端面质量尚可，可能是"端面设置"项的值设置过小的缘故。若想继续熔接时，可将"端面设置"项的值设大即可。

3）若屏幕显示"左光纤端面不良"时屏幕变暗，则作如下处理：①检查确认熔接机的防风罩是否有效按下，否则处理之；②打开防风罩，检查防风罩上反光镜及机器电极下面两个镜头有无异物等异常现象，清除异物并处理即可。

问题8　光纤能进行正常复位，进行自动接续时放电时间过长。

解决方法：进入放电参数菜单，检查是否进行有效放电参数设置，此现象是由于未对放电参数进行有效设置所致。

问题9　进行放电实验时，光纤间隙的位置越来越偏向屏幕的一边。

解决方法：这是由于熔接机进行放电实验时，同时进行电流及电弧位置的调整。当电极表面沉积的附着物使电弧在电极表面不对称时，会造成电弧位置的偏移。如果不是过分偏向一边，可不予理会。如果使用者认为需要处理，可进入维护菜单，进行数次"清洁电极"操作。

问题10　进行放电接续时，使用工厂设置的（1~5）放电程序均不可用，整体偏大或偏小。

解决方法　这是由于电极老化，光纤与电弧相对位置发生变化或操作环境发生了较大变化所致。分别处理如下：

1）电极老化的情况。若电极尖部无损伤，则进行"清洁电极"操作；若电极尖部有损伤则更换电极。

2）操作环境发生了很大变化，处理过程如下：①进行放电实验，直到连续 3~5 次"电流适中"；②进入熔接程序放电参数菜单，检查放电电流值；③整体平移（减小或增加）电流值（预熔电流、熔接电流）；④确认无误后可按压"ENT"键存储；⑤按压"MENU"键退出菜单状态。

问题11　进行多模光纤接续时，放电过程中总是有气泡出现。

解决方法：这主要是由于多模光纤的纤芯和包层折射率相差较大所致，具体处理过程如下：

1）以工厂设置多模放电程序为模板（将"熔接程序"项的值设定为小于"5"），并确认。

2）进行放电实验，直到出现三次"电流适中"。

3）进行多模光纤接续，若仍然出现气泡则进行放电参数的修改，修改的过程如下：①进入放电参数菜单；②将"预熔时间"值以1步距（10ms）进行试探增加；③接续光纤，若仍起气泡则继续增加"预熔时间"值，直到接续时不起泡为止（前提是光纤端面质量符合要求）；④若接续过程不起泡而光纤变细则需减小"预熔电流"。

 知识拓展

一、光缆敷设

光纤是由石英玻璃制成的，光信号需密封在由光纤、包层所限制的光波导管里传输，故光缆施工比电缆施工的难度要大，这种难度包括光缆的敷设难度与光纤的连接难度。

1. 制作光缆牵引头

1）离光缆末端0.3m处，用光缆环切器对光缆外护套进行环切，并将环切开的外护套从光纤上滑去，露出纱线和光纤，如图4-33所示。

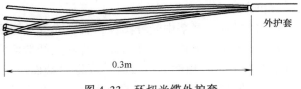

图4-33　环切光缆外护套

2）将纱线与光纤分离开来，切除光纤，保留纱线；然后将多条光缆的纱线绞起来并用电工胶带将其末端缠起来，如图4-34所示。

3）将光缆端的纱线与牵引光缆的拉线用缆结连接起来，如图4-35所示。

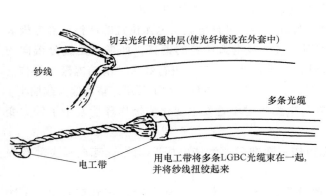

图4-34　缠绕纱线

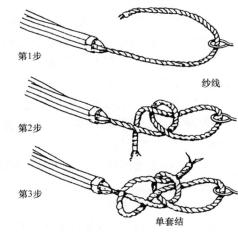

图4-35　牵引缆结操作示意图

4）切去多余的纱线，利用套筒或电工胶带将绳结和光缆末端缠绕起来，确认没有粗糙之处，以保证在牵引光缆时不增加摩擦力，如图4-36所示。

2. 建筑物光缆敷设

（1）通过弱电井垂直敷设　在弱电井中敷设光缆有两种选择：向上牵引和向下垂放。

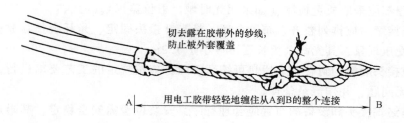

切去露在胶带外的纱线，防止被外套覆盖

A 用电工胶带轻轻地缠住从A到B的整个连接 B

图 4-36　绳结与光缆末端缠绕示意图

通常向下垂放比向上牵引容易。向下垂放敷设光缆时，应按以下步骤工作：

1）在离建筑顶层设备间的槽孔 1～1.5m 处安放光缆卷轴，使卷筒在转动时能控制光缆。

2）将光缆卷轴安置于平台上，以便保持在所有时间内光缆与卷筒轴心都是垂直的。放置卷轴时要使光缆的末端在其顶部，然后从卷轴顶部牵引光缆。

3）转动光缆卷轴，并将光缆从其顶部牵出。牵引光缆时，要保持不超过最小弯曲半径和最大张力的规定。

4）引导光缆进入槽孔中，到敷设好的电缆桥架中。

5）慢慢从光缆卷轴上牵引光缆，直到下一层的施工人员可以接到光缆并引入下一层。在每一层楼均重复以上步骤，当光缆达到最底层时，要使光缆松弛地盘在地上。

在弱电间敷设光缆时，为了减少光缆上的负荷，应在一定的间隔上（如 5.5m）用缆带将光缆扣牢在墙壁上。采用这种方法时，光缆不需要中间支持，但要小心地捆扎光缆，不要弄断。

为了避免弄断光纤及产生附加的传输损耗，在捆扎光缆时不要碰破光缆的外护套。

固定光缆的步骤如下：

1）使用塑料扎带由光缆的顶部开始，将干线光缆扣牢在电缆桥架上。

2）由上往下，在指定的间隔（如 5.5m）安装扎带，直到干线光缆被牢固地扣好。

3）检查光缆外套有无破损，然后盖上桥架的外盖。

（2）通过吊顶敷设光缆　敷设光纤从弱电井到配线间这段路径时，一般采用吊顶（电缆桥架）敷设方式，步骤如下：

1）沿着所建议的光纤敷设路径打开吊顶，光缆卷轴应安放在离吊顶开孔较近的地方。

2）利用工具切去一段光纤的外护套，并由一端开始的 0.3m 处环切光缆的外护套，然后除去外护套，对每根要敷设的光缆重复此过程。

3）将光纤及加固芯切去并掩埋在外护套中，只留下纱线，对需敷设的每条光缆重复此过程。

4）将纱线与带子扭绞在一起。

用胶布将长 20cm 范围的光缆护套紧紧地缠住。将纱线馈送到合适的夹子中去，直到被带子缠绕的护套全塞入夹子中为止。

将带子绕在夹子和光缆上，将光缆牵引到所需的地方，并留下足够长的光缆供后续处理用。

3. 光缆接续与端接

1）光纤接续目前多采用熔接法。为了降低连接损耗，无论采用哪种接续方法，在光纤接续的全过程都应采取质量检测（如采用光时域反射仪监视）。

2）光纤接续后应排列整齐、布置合理，将光纤接头固定、光纤余长盘放一致、松紧适度、无扭绞受压现象，其光纤余留长度不应小于1.2m。

3）光缆接头套管的封合若采用热可缩套管时，应按规定的工艺要求进行，封合后应测试并检查有无问题，并作记录备查。

4）光缆终端接头和设备的布置应合理有序，安装位置需安全稳定，其附近不应有可能损害它的外界设施，如热源和易燃物质等。

5）从光缆终端接头引出的尾巴光缆或单芯光缆的光纤所带的连接器应按设计要求插入光配线架的连接部件中。暂时不用的连接器可不插接，应套上塑料帽，以保证其不受损，便于今后连接。

6）在机架或设备（如光纤接头盒）内，应对光纤和光纤接头加以保护，盘绕方向要一致。

7）屋外光缆的光纤接续时，应严格按操作规程执行。光纤芯径与连接器接头中心位置的同心度偏差要求如下：①多模光纤同心度偏差应小于等于3μm；②单模光纤同心度偏差应小于等于1μm。

8）光缆中的铜导线、金属屏蔽层、金属加强芯和金属铠装层均应按设计要求，采取终端连接和接地，并按要求检查和测试其是否符合标准规定。

9）光缆传输系统中的光纤跳线光纤连接器在插入适配器或耦合器前，应用丙醇酒精棉签擦拭连接器插头和适配器内部，清洁干净后才能插接，插接必须紧密、牢固可靠。

10）光纤终端连接处均应设有醒目标志，其标志内容应正确无误、清楚完整。

二、光纤到户（FTTH）

1. 基本概念

光纤到户（Fiber To The Home，简称FTTH，也称Fiber To The Premises）是一种光纤通信的传输方法。简言之，是直接把光纤接到用户的家中或用户所需的地方。具体说，FTTH是指将光网络单元（ONU）安装在住家用户或企业用户处，是光接入系列中除FTTD（光纤到桌面）外最靠近用户的光接入网应用类型。

FTTH的显著技术特点是不但提供更大的带宽，而且增强了网络对数据格式、速率、波长和协议的透明性，放宽了对环境条件和供电等要求，简化了维护和安装。

FTTH的优势主要有五点：

1）FTTH是无源网络，从局端到用户，中间基本上可以做到无源。

2）FTTH的带宽比较宽，正好符合运营商的大规模运用方式。

3）因为FTTH是在光纤上承载的业务，所以没有什么问题。

4）由于FTTH带宽比较宽，其支持的协议比较灵活。

5）随着技术的发展，包括点对点、1.25G和FTTH的方式都制定了比较完善的功能。

FTTH属于接入网部分。接入网就是市话局或远端模块到用户之间的部分，主要完成复用和传输功能，一般不含交换功能。在历史上，这部分又称为本地环路或用户环路。

在光接入家族中，包含光纤到大楼（Fiber To The Building，简称FTTB），光纤到路边

（Fiber To The Curb，简称 FTTC），光纤到服务区（Fiber To The Service Area，简称 FTTSA），还有光纤到驻地（FTTP）、光纤到邻里（FTTN）、光纤到楼层（FTTF）、光纤到小区（FTTZ）、光纤到办公室（FTTO）等。

将光纤直接接至用户家，其带宽、波长和传输技术种类都没有限制，适于引入各种新业务，是最理想的业务透明网络，是接入网发展的最终方式。虽然现在移动通信发展速度惊人，但因其带宽有限，终端体积不可能太大，显示屏幕受限等因素，人们依然追求性能相对优越的固定终端，也就是希望实现光纤到户。光纤到户的魅力在于它具有极大的带宽，它是解决从互联网主干网到用户桌面的"最后一公里"瓶颈现象的最佳方案。

2. 宽带光纤接入技术

（1）点到点有源以太网系统　在企事业用户应用环境，以太网技术一直是最流行的方法，目前已成为仅次于供电插口的第二大住宅和办公室公用设施接口。主要原因是已有巨大的网络基础和长期的经验知识，目前所有流行的操作系统和应用也都是与以太网兼容的，性能价格比好、可扩展、容易安装开通以及具有高可靠性等。

对于公用网住宅用户应用环境，点到点有源以太网系统采用有源业务集中点来替代无源点到多点系统的无源器件，使传输距离可以扩展到 120km，又可称为主动式光纤网络（Active Optical Network，AON）。

这种技术的主要优点如下：

1）专用接入，带宽有保证，每位用户可以在配线段和引入线段独享 100Mbit/s 乃至1Gbit/s。

2）局端设备简单便宜。

3）传输距离长，服务区域大。

4）成本随用户数的实际增长而线性增加、可预测、无须规划、投资风险低、设备端口利用率较高，因而在低密度用户分布地区成本较低。

这种技术的主要缺点如下：

1）两端设备和光纤设施专用，用户不能共享局端设备和光纤，当需求快速增长且用户很密集时，光纤和两端设备的数量及其成本以及空间需求也随之迅速增加，因而不太适合高密集用户区域。

2）有源以太网要求多点供电和备用电源，网络管理的元器件（包括电源）多，增加了供电和网管的复杂性。

3）从标准化的角度，有源以太网并没有一个统一的标准，而是利用多个相关标准，从而产生多种不兼容的解决方案。

4）还有一个可能影响选择以太网技术的因素是传统视频业务的提供方式，例如有些国家的电信公司承诺能提供同样质量的传统模拟射频视频节目，而以太网技术在支持传统模拟射频视频节目的传送方面是比较困难的。

在 FTTH 应用场合，点到点以太网主要用于多住户单元接入，具体又分为单纤系统和双纤系统两种。单纤系统的上下行分别采用不同波长，典型上行波长为 1310nm，下行波长为 1550nm，传输距离为 15km，因而互操作性较好，网络复杂性较低。双纤系统采用两根光纤，遵循 IEEE802.3ub 标准，采用多模光纤，传输距离仅为 2km。

（2）无源光网络技术　无源光网络，又可称为被动式光纤网络（Passive Optical Network，PON），是一种纯介质网络。"被动式"元件不用电源就可以完成信号处理，就像家里的镜子，不需要外部能源就能反射影像。即光纤网络除了终端设备需要用到电以外，其中间的节点则以精致小巧的光纤元件构成。

其主要特点有：

1）在接入网中去掉了有源设备，从而避免了电磁干扰和雷电影响，减少了线路和外部设备的故障率，简化了供电配置和网管复杂性，降低了运行与维修成本。

2）PON 的业务透明性较好，带宽较宽，可适用于任何制式和速率的信号，能比较经济地支持模拟广播电视业务，具备三重业务功能（triple-play）。

3）PON 的局端设备和光纤（从馈线段一直到引入线）由用户共享，因而光纤线路长度和收发设备数量较少，相应成本较其他的点到点通信方式要低，土建成本也可明显降低。特别是随着光纤向用户日益推进，其综合优势越来越明显。PON 的每用户成本随着分享 OLT（局端光线路终端）的用户数量的增加而迅速下降，因而最适合于分散的小企业和居民用户，特别是那些用户区域较分散而每一区域用户又相对集中的小面积密集用户地区，尤其是新建区域。

4）无源光网络的标准化程度好，基本分为全业务接入网络（FSAN）和标准（IEEE）两大类，均可提供独立可行的单一兼容解决方案。因而，多数美国大型电信公司倾向于选择PON，而不是光以太网技术。

PON 的主要缺点是一次性投入成本较高，因为局端光线路终端（OLT）很贵，光纤和分路器等无源基础设施又必须一次到位，这样当用户数较少或用户分布超过某一限定距离时，每用户的成本很高，会产生大量沉淀成本。另外，其树型分支拓扑结构使用户不具备保护功能或保护功能成本较高，影响了大规模发展。

从网络结构分析，无论哪种 PON 都可以有两种不同的结构，即集中式和分布式，前者在局端 OLT 和业务灵活点（FP）之间只有一根光纤相连，分路器集中放置在 FP 处（即传统的交接箱处），从分路器到用户光网络终端之间有一根专用光纤相连。而分布式结构在灵活点处与配线点（DP）处都放置分路器，形成两级分路。分析表明分布式结构在用户普及率接近100%的区域应用时具有成本优势，但是实际情况多半不是这样，特别是对于用户普及率不高的情况，集中式结构具有明显的成本优势，其成本可以随着实际用户数的增长而增长，不存在分布式结构的较大初期沉淀成本问题，而且也不会随着技术的进步（如 GPON的出现和应用）而需要重新部署。

根据新一代网络（New Generation Network）通信观念，电信网络可以粗分为核心网络（Core Network）与接取网络（Access Network）两部分。核心网络相当于传统的中继及长途线路。接取网络则有光缆环。核心网络与接取网络的功能不同，其传输形态也不同，因此PON 的应用又可分为核心网络 PON 及接取网络 PON 两大类型。

▶ 实训报告

1. 什么是光缆成端？
2. 光纤的传输原理和工作过程是怎样的？
3. FTTH 基本概念是什么？
4. 完成实训任务，并填写表 4-9。

表 4-9 实训报告表

实训任务	光缆链路的路由	操作步骤	测试结果	问题与分析
光纤的熔接与测试实训				
光缆链路的搭建与测试实训				

项目5 实现综合布线系统工程测试

任务1 完成双绞线电缆测试

 学习目标

1. 了解综合布线系统工程测试的基础知识。

2. 初步学会 Fluke DSP 系列和 DTX 系列测试仪的使用方法、双绞线电缆测试步骤以及测试报告的生成与分析。

3. 能识别并熟悉永久链路及信道的各测试参数，判断双绞线测试中的常见问题原因并找到解决方法。

 任务导入

综合布线系统工程实施完成后，需要对布线工程进行全面的测试工作，以确认系统的施工达到工程设计方案的要求。它是工程竣工验收的主要环节。要掌握综合布线系统工程的测试技术，关键是掌握综合布线系统工程测试标准及测试内容、测试仪器的认知与使用方法、电缆测试的步骤以及测试报告的生成与分析，并且熟悉双绞线测试中常见问题及其解决方法。

模拟情景：在校内实施网络综合布线系统改造工程，其中干线子系统选用 25 对大对数电缆，配线子系统选用 4 对超 5 类非屏蔽双绞线，配金属桥架、PVC 线管和 PVC 线槽，明敷布线的施工方案，即在实训实验室仿真墙上模拟完成了从每幢楼的设备间的配线设备（BD），通过垂直金属桥架，至各楼层管理间（电信间）的配线设备（FD）端接，再通过 φ20PVC 线管和 20mm/40mm PVC 线槽明敷布线（UTP），直至该楼层各个办公室（工作区）信息点（TO）模块端接的施工，现选用 Fluke DSP—4300 测试仪或 Fluke DTX—1800 测试仪，对已完成的双绞线电缆各永久链路及信道进行测试。

学习任务

1. 根据"知识链接"中基础知识学习，了解相关的测试标准及测试内容，认知 Fluke 测试仪器及相应的适配器等套件。

2. 选用 Fluke DSP—4300 测试仪或 Fluke DTX—1800 测试仪，在实训实验室仿真墙上模拟完成的双绞线电缆各永久链路及信道进行测试，学会测试仪器的使用方法。

3. 对照 Fluke 测试仪器的各永久链路及信道测试参数，初步完成测试报告的生成与参数分析等操作。

4. 教师随意设置 6 条故障链路，安排学生在进行链路故障分析和故障诊断的基础上，对有故障的链路进行故障维修，熟悉双绞线测试中的常见问题及其解决方法。

实施条件

1）在实训实验室仿真墙上，模拟完成双绞线电缆各永久链路及信道，为电缆测试提供条件。

2）提供 Fluke DSP—4300 测试仪或 Fluke DTX—1800 测试仪及相应的适配器等套件。

3）预先随意设置 6 条故障链路，编制综合布线系统常见故障检测分析表，为链路故障分析和故障诊断以及故障维修做准备。

实训指导

对结构化综合布线系统的测试，实质上就是对缆线的测试。据统计，约有一半以上的网络故障与电缆有关，电缆本身的质量及电缆安装的质量都直接影响到网络能否健康地运行。所以，综合布线系统施工完毕后，必须进行系统的、严格的、规范的综合测试，以便及时发现问题，及时改进。

Fluke 公司的 DSP—4000 系列电缆测试仪（DSP）可以提供精确 Cat 5e 和 Cat 6 双绞线以及光缆布线系统的认证测试，在过去几年内一直处于电缆认证测试的领先地位。现在 Fluke 公司又推出了新一代电缆认证测试仪——DTX 系列电缆测试仪。

一、使用 Fluke DSP—4300 电缆测试仪的操作实训

选用 Fluke DSP—4300 测试双绞线的技术，对超 5 类双绞线测试，对 Fluke 测试报告进行分析，掌握双绞线的测试技术、各种测试参数的含义及其有效范围。

1. 双绞线与 Fluke 的连接

在综合布线测试过程中，主要使用 DSP—4300 测试仪的主机部分和智能远端部分，它们分别连接在被测试链路的两端，如图 5-1 所示为典型的基本连接的测试图。

整个测试工作主要由主机部分进行控制，它负责配置测试参数，发出各种测试信号，智能远端部分接收测试信号并反馈回到主机部分，主机再根据反馈信号判别被测链路的各种电气参数。

（1）DSP—4300 测试仪的结构。

1）主机部分有一个简易的操作面板，由一系列功能键及液晶显示屏组成，另外还有一系列接口用于各种通信连接。DSP—4300 测试仪主机视图如图 5-2 所示。

DSP—4300 测试仪主机部分各功能按键及接口说明，参见表 5-1。

2）DSP—4300 测试仪的远端器部分由旋转开关及一系列指示灯组成，如

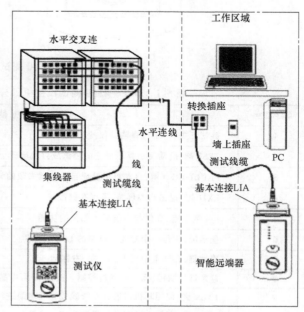

图 5-1　典型基本连接测试图

图 5-3 所示。如果测试项目通过，则 PASS 指示灯显示，如果测试项目失败，则 FAIL 指示灯显示。如果在测试过程中，则 TESTING 指示灯闪烁。

（2）双绞线与 Fluke 的连接实训。

1）关闭 Fluke DSP—4300 主机及终端机电源开关，即将功能选择旋钮指向"OFF（关闭电源）"。

2）将双绞线测试模块，装入 Fluke DSP—4300 测试仪。

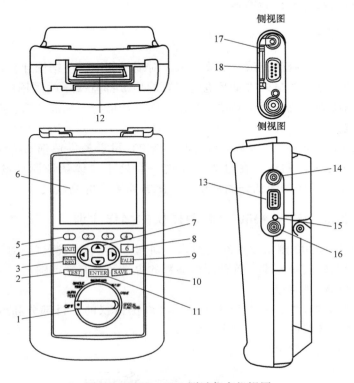

图 5-2　DSP—4300 测试仪主机视图

表 5-1　DSP—4300 测试仪主机部分各功能按键及接口说明

项目编号	功　能　说　明
1	旋钮开关,用于选择测试仪的工作模式
2	TEST 键,启动突出显示所选的测试或再次启动上次运行的测试
3	FAULT INFO 键,自动提供造成自动测试失败的详细信息
4	EXIT 键,退出当前屏幕,不保存修改
5	1-4 数字键,提供与当前显示相关的功能
6	显示屏,它是一个对比度可调的 LCD 显示屏
7	移动键,在屏幕中可上、下、左、右移动
8	背景灯控制键,用于背景灯控制。按住 1s 可以显示对比度。测试仪进入休眠状态后,按该键重新启动
9	TALK 键,使用耳机可通过双绞线或光纤电缆进行双向通话
10	SAVE 键,存储自动测试结果和改变的参数
11	ENTER 键,选择菜单中突出显示的项目

（续）

项目编号	功 能 说 明
12	LIA 接头和插销,连接接口适配器接头和插销(LIA)
13	RS-232C 串行口,通过串行电缆可将测试仪连接到打印机或 PC
14	2.5mm 话筒插孔,连接测试仪的耳机
15	AC 交流电源指示灯
16	交流稳压电源/充电插口
17	弹出按键,按此键可弹出存储器卡
18	存储器卡槽,可以插入保存自动测试结果的存储器卡

3）将双绞线两端的 RJ45 头分别接到 Fluke
DSP—4300 主机和终端机的 RJ45 接口上。

2. 测试步骤

1）为主机和智能远端器插入相应的适配器。

2）将智能远端器的旋转开关置为 ON。

3）把智能远端器连接到电缆连接的远端。对于
信道测试,用网络设备接插线连接。

4）将主机上的旋转开关转至 AUTO TEST 档位。

5）将测试仪的主机与被测电缆的近端连接起
来。对于信道测试,用网络设备接插线连接。

6）按主机上的 TEST 键,启动测试。

7）自动测试完成后,使用数字键给测试点进行
编号,然后按 SAVE 键保存测试结果。

8）直至所有信息点测试完成后,使用串行电缆
将测试仪和 PC 相连。

9）使用随机附带的电缆管理软件导入测试数
据,生成并打印测试报告。

图 5-3　智能远端器

3. 测试操作实例

将 Fluke DSP—4300 主机功能选择旋钮指向"AUTO TEST（自动测试）"项,终端机功
能选择旋钮指向"ON（开电源）"项,在主机上显示如图 5-4 所示。

按"TEST"按钮,即开始进行测试,当主机得到下述提示,同时终端机"PASS"灯亮
时,表示测试通过,如图 5-5 所示。

在图 5-5 所示的屏幕上,按功能键"1-View Result"显示测试结果；按功能键"4-
Memory"显示"存储情况",按"SAVE"则将测试结果进行保存。

若在 Fluke 主机上显示"FAIL"信息,终端机上"FAIL"灯亮,则说明测试失败,该
条双绞线测试未通过。此时,在主机上按功能键"1-View Result"可显示测试失败的原因及
各种测试参数。

项目 5　实现综合布线系统工程测试

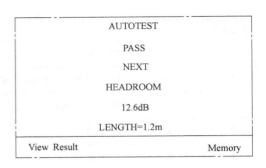

图 5-4　双绞线测试主屏幕　　　　　　图 5-5　测试通过状态

4. 测试报告分析

测试报告由接线图、阻抗、电缆长度、传输延时、衰减、串音及衰减串音比等参数组成。

（1）接线图（Wire Map）　接线图测试链路连接的正确性，它不仅是一个简单的逻辑连接测试，而且要确认链路一端的每一根针与另一端相应的针的连接，同时，针对串音问题进行测试，发现问题及时更正。保证线对正确连接是非常重要的测试项目。

要求链路一端的每一针与另一端的相对应的针连接，即为 1 对 1，2 对 2，3 对 3，4 对 4，5 对 5，6 对 6，7 对 7，8 对 8。

如果测试结果如图 5-6 所示，则说明接线正确，测试通过，否则测试失败。测试未通过有 5 种情况：开路、短路、反向、交错和串对。

（2）阻抗（Impedance）　对于阻抗（含特性阻抗）、电缆长度、延时、衰减值的测试，要对 4 个基本线对（1-2，3-6，4-5，7-8）分别进行测试。

特性阻抗以欧姆（Ω）为单位，5 类双绞线正常特性阻抗范围为 80 ~ 120Ω。特性阻抗包括电阻及频率自 1 ~ 100MHz 的感抗及容抗，即是缆线对通过的信号的阻碍能力，并与一对电线之间的距离及绝缘的电气性能（电阻、电容及电感）有关。各种电缆有不同的特性阻抗，对于双绞线而言，则有 100Ω，120Ω 和 150Ω 等几种。

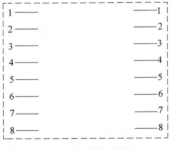

图 5-6　接线图状态图

（3）长度（Length）　根据 TIA/EIA-606 标准的规定，每一条链路长度都应记录在管理系统中。链路的长度可以用电子长度测量来估算，电子长度测量是基于链路的传输延时和电缆的 NVP 值来实现的。由于 NVP 具有 10% 的误差，在测量中应考虑稳定因素。

测试的极限值是 100m，凡长度小于等于 100m 的电缆均认为正常，即测试通过。由于在测试过程中，容易受其他噪声的干扰，电缆长度的测试值会有 5% 的误差。因此，将长度测试的极限值限制在 90m 以内是最合理的。

（4）传播延时（Propagation Delay）　以微秒（μs）为单位。指的是信号通过双绞线时的延迟时间。

（5）衰减（Attenuation）　衰减是一个信号沿双绞线传输时的损失程度，是指信号在一定长度的缆线中的损耗。衰减与缆线的长度有关，随缆线长度的增加而增加，同时，衰减还随频率的不同而有不同的变化，所以要对应用范围内全部频率上的衰减进行测试。比如测 5 类线的信道的衰减，要从 1 ~ 100MHz 以最大的步长 1MHz 来进行，而对于 3 类线的测试频率是 1 ~ 16MHz，衰减是以分贝（dB）为计量单位的。

衰减值在 20℃时的允许值为 24dB。但随着温度的增加，衰减也随之增加。对于 3 类线，气温每增加 1℃，衰减将增加 115%；对于 4 类和 5 类线，气温每增加 1℃，衰减将增加 0.4%，若电缆安装在金属管道内时，链路的衰减值将增加 2% ~ 3%。

现场测试设备应测量出双绞线的每一线对最严重的情况，通过将衰减值与衰减允许相比较后，给出合格（PASS）或不合格（FAIL）的结论。

（6）近端串音（NEXT） 当一个信号在一个线对上传输时，会同时将一小部分信号感应到另一对线对上，这种信号感应就是串音。串音分为近端串音（NEXT）和远端串音（FEXT）。值得注意的是，近端串音信号并不是仅在近端才会产生。实验证明，在 40m 内所测到的近端串音值是比较准确的，而超过 40m 以外产生的近端串音可能无法测量到。因此，若用 Fluke—2000 测量，TSB67 规范要求在链路两端都要进行近端串音值的测量，而 Fluke—4000 系列提供了同时在两端进行测试的功能。串音值以分贝（dB）作为计量单位。

近端串音损耗是测量一条 UTP 链路从一对线到另一对线的信号耦合，是对性能评估的主要标准，是传送信号与接收同时进行的时候产生的干扰信号。与衰减测试一样，TSB67 规定近端串音的测试：对 5 类线从 1 ~ 100MHz 以最大的步长 1MHz 来进行，而对于 3 类线的测试频率是 1 ~ 16MHz。近端串音测量的频率与最大步长的对应关系见表 5-2。

表 5-2　近端串音测量的频率与最大步长对应表

频率/MHz	最大步长/kHz
1 ~ 31	15
31	15 ~ 100

在一条 UTP 的链路上，近端串音损耗的测试需要在每一对线之间进行。也就是说，对于典型的 UTP 来说，要有 6 对线关系的组合，即要测试 6 次。这 6 对线分别是 4 对基线 1-2、3-6、4-5、7-8 的组合，即 1/2 ~ 3/6、1/2 ~ 4/5、1/2 ~ 7/8、3/6 ~ 4/5、3/6 ~ 7/8、4/5 ~ 7/8。

（7）衰减串音比（ACR，Attenuation-to-Cross-talk Ratio） 指同一频率下衰减和近端串音的差值，单位为 dB 用公式表示为

ACR = 衰减的信号 − 近端串音值

ACR 对于表示信号和近端串音之间的关系有着重要的价值。实际上，ACR 是系统信噪比衡量的唯一标准，是决定网络正常运行的一个重要因素。ACR 包括衰减和串音，是系统性能的标志。

T568A 对连接的 ACR 要求是在 100MHz 以下为 717dB。在信道上，ACR 值越大，信噪比就越好，从而对于减少误码率（BER）有好处；若信噪比越低，则误码率越高，会使网络由于错误而重新传输，大大降低了网络的性能。

1）ACR 值。ACR 描述了传输通道中的信道的动态范围。ACR 值越高，在接收端接收到的信号的质量就越好，随着传输信号频率的增加，ACR 值将减小。ACR 实际上就是一个与频率相关的信噪比值。

2）ACR 与带宽。一条质量好的信号传输链路可以通过高的频率、带宽和高的信号动态范围来描述。

如果把一个信号传输链路比作一条水渠，则这条水渠的宽度就相当于信号链路的频率带宽，而水渠的深度就相当于 ACR 值。对于一个具有很高的数据吞吐速率（Mbit/s）的信号传输链路，可以将其比喻成一条流量很大的河流。

在自然界中，一条河面较窄但是较深的河可以和一条河面较宽但较浅的河具有相同的流量，因此，单独考虑信道的带宽或深度，ACR 值都是没有实际意义的，由此可见，信道的传输能力由信道的频带宽度和 ACR 值一起决定。

二、使用 Fluke DTX—1800 电缆分析仪的操作实训

Fluke DTX—1800 系列缆线测试仪是高达 900MHz 的数字式缆线分析仪，支持 7 类缆线的认证测试分析仪，通过专业的软件下载数据报告，做出正确的故障诊断和分析。

1. 现场需要测试的参数

1）接线图（Wire Map）（开路/短路/错对/串音）。

2）长度（Length）。

3）传播延时（Propagation Delay）。

4）延时偏离（Delay Skew）。

5）插入损耗（Insertion Loss）/衰减（Attenuation）。

6）近端串音（NEXT）。

7）近端串音功率和（PSNEXT）。

8）回波损耗（Return Loss）。

9）近端衰减串音比（ACR-N）。

10）远端衰减串音比（ACR-F）。

11）远端衰减串音比功率和（PS ACR-F）。

2. 测试参数分析与操作

（1）接线图（Wire Map）（开路/短路/错对/串音）　正确的接线如图 5-7 所示。

1）接线图常见错误分析

① 开路，如图 5-8 所示。

② 短路，如图 5-9 所示。

③ 跨接/错对，如图 5-10 所示。

④ 反接/交叉，如图 5-11 所示。

⑤ 串音，如图 5-12 所示。

2）接线故障的定位。

① 与线序有关的故障：错对、反接、跨接等通过测试结果屏幕直接发现问题。

② 与阻抗有关的故障：开路、短路等使用 HDTDR 定位。

③ 与串音有关的故障：串音使用 HDTDX 定位。

3）练习测试接线图

① 旋钮转至 SINGLE TEST。

② 移动光标选择接线图。

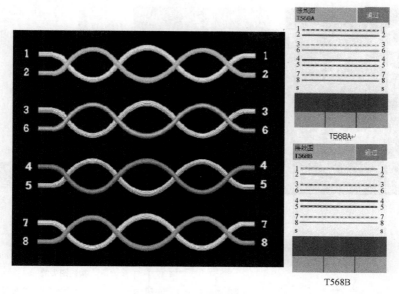

图 5-7　正确接线图

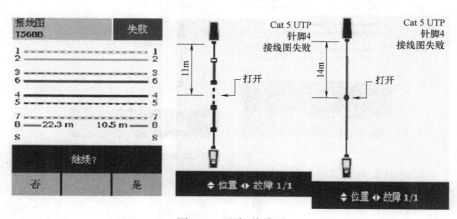

图 5-8　开路-接线图

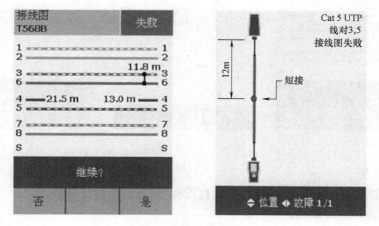

图 5-9　短路-接线图

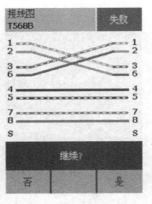
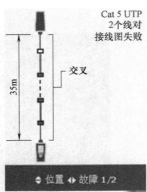

图 5-10   跨接/错对-接线图

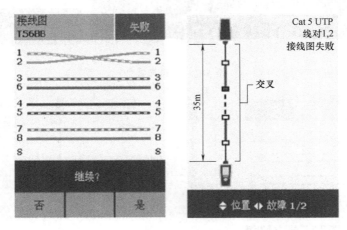

图 5-11   反接/交叉-接线图

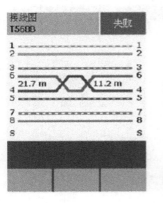
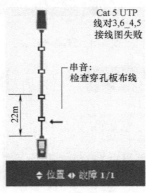
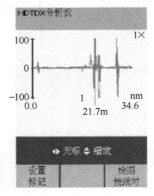

图 5-12   串音-接线图

③ 按 TEST 键。

④ 观察测试结果：图示结果及选择的打线标准。

⑤ 分别测试几条故障线。

（2）长度（Length）

1）长度故障的定位技术——TDR。

① 时域反射 TDR，如图 5-13 所示。

② 报告电缆"异常"：仪器检测到"严重的信号反射"；在设置中可确定反射的门限值。

③ 在长度测试和 TDR 测试中可以发现阻抗异常问题：反射表示在被测的链路中有阻抗的改变；仪器可报告异常的距离（位置）。

④ 测试中超过标准值 15%，称为阻抗异常。

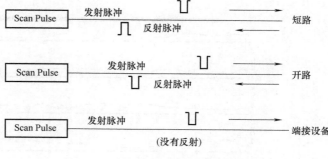

图 5-13　时域反射 TDR 示意图

2）额定传输速度 NVP。

① NVP 信号在电缆中传输的速度与光在真空中的速度的比值（以百分比表示）。

② 通常 NVP 的取值在 69% 左右。

$$NVP = \frac{信号在电缆中的传输速度}{光在真空中的速度} \times 100\%$$

3）长度测量的报告

① 链路长度的测量：长度为绕线的长度（并非物理距离）；绕对之间长度可能有细微差别（对绞绞距的差别）。

② 测试限：允许的最大长度测量误差为 10%；计算最短的电气延时。

③ 长度的标准为 100m（信道）和 90m（永久链路）：不要安装超过 100m 的站点；特殊情况要有记录。

4）练习测试长度：

① 旋钮转至 SINGLE TEST；

② 移动光标选择长度；

③ 按 TEST 键；

④ 观察测试结果：数值结果与极限值；

⑤ 分别测试长度不同的几条链路。注意同一链路中不同线对的长度差异。

（3）传播延时（Propagation Delay）与延时偏离（Delay Skew）

1）传播延时：信号在发送端发出后到达接收端所需要的时间（最大 555μs），如图 5-14 所示。

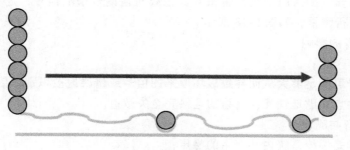

图 5-14　传播延时示意图

2）延时偏离：由于不同线对间的绞结率的微小差别会造成传输延时的偏差（最大50μs），如图 5-15 所示。

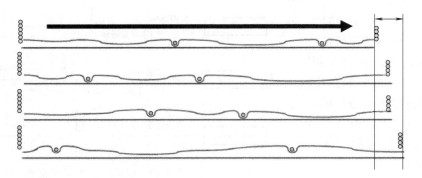

图 5-15 延时偏离示意图

3）练习测试传输延时和延时偏离：

① 旋钮转至 SINGLE TEST；

② 分别移动光标选择传输延时和延时偏离；

③ 按 TEST 键；

④ 观察测试结果：数值结果与极限值。

（4）插入损耗（Insertion Loss）/衰减（Attenuation） 指链路中传输所造成的信号损耗，衰减是频率的函数，如图 5-16 所示。

1）衰减故障的原因与影响。

原因：①电缆材料的电气特性和结构；②不恰当的端接；③阻抗不匹配的反射。

影响：过量衰减会使电缆链路传输数据不可靠。

2）衰减故障的定位。

① 不可能直接对衰减进行故障定位。

② 辅助手段：测试长度是否超长，直流环路电阻，阻抗是否匹配。

3）练习测试衰减：

① 旋钮转至 SINGLE TEST；

② 移动光标选择插入损耗；

③ 按 TEST；

④ 观察测试结果：数值结果与曲线结果，如图 5-17 所示。

（5）近端串音（NEXT） 是测量来自其他线对泄漏过来的信号，近端串音是在信号发送端（近端）进行测量，如图 5-18 所示。

1）近端串音的影响

① 类似噪声干扰；

② 干扰信号可能足够大从而导致破坏原来的信号或错误地被识别为信号。

③ 影响：站点间歇地锁死；网络的连接完全失败。

2）近端串音与噪声

① 近端串音是缆线系统内部产生的噪声；

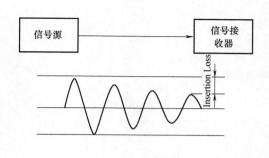

图 5-16 插入损耗/衰减示意图

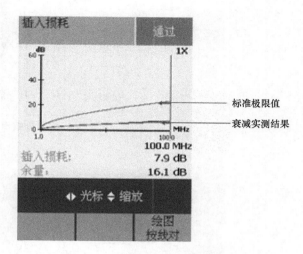

图 5-17 插入损耗/衰减实测显示

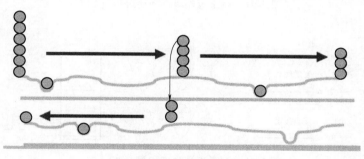

图 5-18 近端串音示意图

② DTX/DSP 系列都可发现是否有外部噪声；

如果有外部噪声：DTX 使用窄带滤波器排除噪声的影响；DSP 系列将自动进行多次测试后用平均法排除噪声的影响。

③ 噪声源必须用其他设备查找并排除。

3）近端串音是频率的复杂函数，如图 5-19 所示。

4）测量近端串音。

① 从近端（主机端）检查问题：问题靠近主机端，如图 5-20 所示。

② 从近端（主机端）检查问题：问题靠近远端，如图 5-21 所示。

③ 从远端（智能远端）检查问题：问题靠近远端，如图 5-22 所示。

结论：由于受到衰减的影响，近端串音必须进行双向测试。

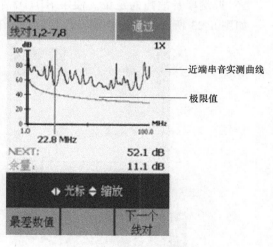

图 5-19 近端串音实测显示

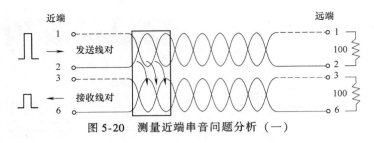

图 5-20 测量近端串音问题分析（一）

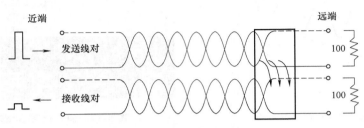

图 5-21 测量近端串音问题分析（二）

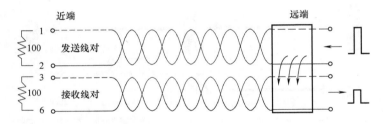

图 5-22 测量近端串音问题分析（三）

5）近端串音故障的定位。使用 HDTDX 技术定位近端串音的具体位置。如图 5-23 所示，问题主要在连接器处，有位置标记。

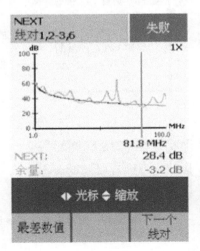
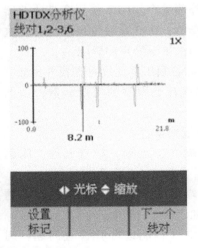

图 5-23 NEXT 故障的定位实测显示

6）练习测试近端串音。

① 旋钮转至 SINGLE TEST；

② 移动光标选择插入损耗；

③ 按 TEST；

④ 观察测试结果：数值结果与曲线结果。

（6）近端串音功率和（PSNEXT）　综合近端串音是一对线感应到的所有其他绕对对其的近端串音的总和，如图 5-24 所示。

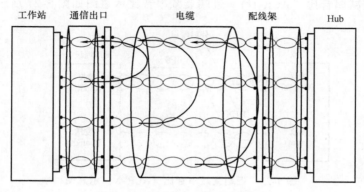

图 5-24　综合近端串音示意图

"综合"即一对线感应到其他三对的串音影响。

近端串音功率和是一个计算值，通常适用于两对或两对以上的线对同时在同一方向上传输数据（如 1000Base-T），需要双向测试。

（7）回波损耗（Return Loss）　回波损耗是由于阻抗不连续/不匹配所造成的反射，产生原因是特性阻抗之间的偏离，如图 5-25 所示。

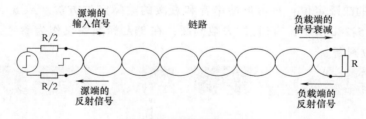

图 5-25　回波损耗示意图

1）回波损耗的影响，如图 5-26 所示。

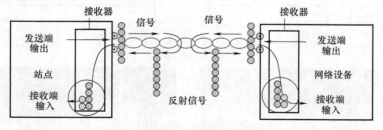

图 5-26　回波损耗影响示意图

预期的信号 = 从另一端发来经过衰减的信号

噪声＝同一线对上反射回来的信号

2）练习测试回波损耗：

① 旋钮转至 SINGLE TEST；

② 移动光标选择回波损耗；

③ 按 TEST；

④ 观察测试结果：数值结果与曲线结果。

（8）近端衰减串音比（ACR-N） 近端衰减串音比示意图如图5-27所示。

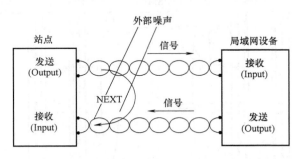

图 5-27 近端衰减串音比（ACR-N）示意图

① 衰减串音比等于衰减与串音的差（单位为 dB）；

② 类似信号噪声比；

③ 对双绞线系统"可用"带宽的表示。

1）ACR-N ＝传统的信噪比

信号：来自另一端的经过衰减的有用信号；

噪声：近端衰减 ＋外部噪声（此处忽略）。

2）ACR-N 的故障定位：参考近端串音和衰减的故障定位方法。ACR-N 在 ISO 标准中是必测值，如图5-28a 所示，有通过/失败判断；在 TIA 标准中仅作为参考，如图5-28b 所示，无通过/失败判断。

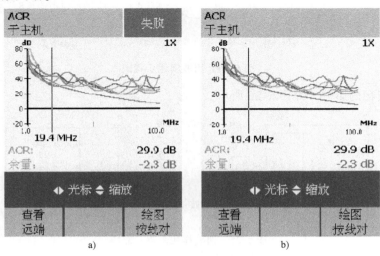

图 5-28 ACR-N 的故障定位实测显示

3）练习测试 ACR-N：

① 旋钮转至 SINGLE TEST；

② 移动光标选择 ACR-N；

③ 按 TEST；

④ 观察测试结果：数值结果与曲线结果。

3. 测试结果分析

（1）测试报告中有关 PASS/FAIL 的规定　见表 5-3。

表 5-3　测试结果分析表

测 试 结 果	评 估 结 果
所有测试都 PASS	PASS
一项或多项测试 PASS,所有其他测试都通过	PASS
一项或多项测试 FAIL,所有其他测试都通过	FAIL
一项或多项测试 FAIL	FAIL

PASS 和 PASS * 都是标准认可的通过，FAIL 和 FAIL * 都是需要修复并重新测试的。

（2）最差余量与最差值

1）专业术语的含义：

① 余量：实际测试值与极限值的差值。

② 最差余量：在测试通过时，全频率量程范围内实际测试值与极限值最接近点处的差值，如测试不通过，就是差值的绝对值最大值。

③ 最差值：全频率量程范围内测量到的最差值。

2）标准要求同时报告最差余量与最差值：

图 5-29 所示为最差余量与最差值测试通过显示状态。

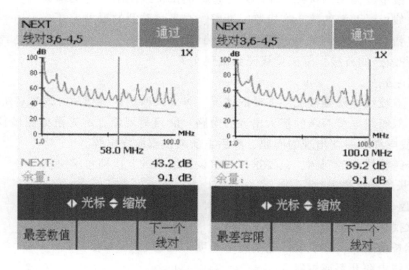

图 5-29　最差余量与最差值实测通过显示

图 5-30 所示为最差余量与最差值测试失败显示状态。

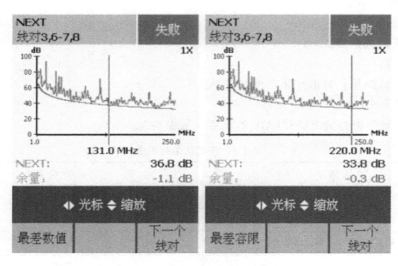

图 5-30　最差余量与最差值实测失败显示

三、双绞线测试常见的问题及解决方法

在双绞线电缆测试过程，经常会碰到某些测试项目测试不通过的情况，这说明双绞线电缆及其相连接的硬件安装工艺不合格或者产品质量不达标。要有效地解决测试中出现的各种问题，就必须认真理解各项测试参数的内涵，并依靠测试仪准确地定位故障。下面将介绍测试过程中经常出现的问题及相应的解决办法。

1. 接线图测试未通过

（1）导致接线图测试未通过的因素

1）双绞线电缆两端的接线相序不对，造成测试接线图出现交叉现象。

2）双绞线电缆两端的接头有短路、断路、交叉、破裂的现象。

3）跨接错误，某些网络特意需要发送端和接收端跨接，当为这些网络构筑测试链路时，由于设备线路的跨接，测试接线图会出现交叉。

（2）解决方法

1）对于双绞线电缆端接线序不对的情况，可以采取重新端接的方式来解决。

2）对于双绞线电缆两端的接头出现的短路、断路等现象，首先根据测试仪显示的接线图判定双绞线电缆哪一端出现的问题，然后重新端接双绞线电缆。

3）对于跨接错误的问题，只要重新调整设备线路的跨接即可解决。

2. 链路长度测试未通过

（1）链路长度测试未通过的原因

1）测试仪标称传播相速度设置不正确。

2）实际长度超长，如双绞线电缆通道长度不应超过100m。

3）双绞线电缆开路或短路。

（2）解决方法

1）可用已知的电缆确定并重新校准标称传播速度。

2）对于电缆超长问题，只能采用重新布设电缆来解决。

3）双绞线电缆开路或短路的问题，首先要根据测试仪显示的信息，准确地定位电缆开路或短路的位置，然后采取重新端接电缆的方法来解决。

3. 近端串音测试未通过

（1）近端串音测试未通过的原因

1）双绞线电缆端接点接触不良。

2）双绞线电缆远端连接点短路。

3）双绞线电缆线对扭绞不良。

4）存在外部干扰源影响。

5）双绞线电缆和连接硬件性能问题或不是同一类产品。

6）双绞线电缆的端接质量问题。

（2）解决方法

1）端接点接触不良的问题经常出现在模块压接和配线架压接方面，因此应对电缆所端接的模块和配线架进行重新压接加固。

2）远端连接点短路的问题，可以通过重新端接电缆来解决。

3）如果双绞线电缆在端接模块或配线架时，线对扭绞不良，则应采取重新端接的方法来解决。

4）外部干扰源采用金属槽或更换为屏蔽双绞线电缆的手段来解决。

5）对于双绞线电缆及相连接硬件的性能问题，只能采取更换的方式来彻底解决，所有缆线及连接硬件应更换为相同类型的产品。

4. 插入损耗（衰减）测试未通过

（1）插入损耗（衰减）测试未通过的原因

1）双绞线电缆超长。

2）双绞线电缆端接点接触不良。

3）电缆和连接硬件性能问题或不是同一类产品。

4）电缆的端接质量问题。

5）现场温度过高。

（2）解决方法

1）对于超长的双绞线电缆，只能采取更换电缆的方式来解决。

2）对于双绞线电缆端接质量问题，可采取重新端接的方式来解决。

3）对于电缆和连接硬件的性能问题，应采取更换的方式来彻底解决，所有缆线及连接硬件应更换为相同类型的产品。

5. 测试仪问题

1）测试仪不启动，可更换电池或充电。

2）测试仪不能工作或不能进行远端校准，应确保两台测试仪都能启动，并有足够的电池或更换测试线。

3）测试仪设置为不正确的电缆类型，应重新设置测试仪的参数、类别、阻抗及标称的传输速度。

4）测试仪设置为不正确的链路结构，按要求重新设置为基本链路或通路链路。

5）测试仪不能存储自动测试结果，确认所选的测试结果名字唯一，或检查可用内存的容量。

6）测试仪不能打印存储的自动测试结果，应确定打印机和测试仪的接口参数，应设置成一样，或确认测试结果已被选为打印输出。

 拓展实训

一、大对数电缆测试技术

在综合布线系统的干线子系统中，大对数电缆经常用作数据和语音的主干电缆，其线对数量比4对双绞线电缆要多，如25对、100对、300对等。大对数电缆不能直接采用4对双绞线电缆测试的方法，应使用专用的大对数电缆测试仪进行测试，如TEXT-ALL25。

对于常用的25对线大对数电缆可以采用两种方法进行测试：用25对线测试仪进行测试和分组用双绞线测试仪测试。建议尽量采用25对线测试仪进行测试，这种方法效率较高。

二、专用的大对数电缆测试仪（TEST-ALL25）的认知

TEST-ALL25是一个自动化的测试系统，可在无源电缆上完成测试任务。TEST-ALL25可同时测25对线的连续性、短路、开路、交叉、有故障的终端、外来电磁干扰和接地中出现的问题等。

要测试一根25对线的大对数电缆，首先在大对数电缆两端各接一个TEST-ALL25测试器，由这两个测试器之间形成一条通信链路，如图5-31所示。分别启动测试器，由这两个测试器共同完成测试工作。

下面简要介绍TEST-ALL25测试器的操作面板。

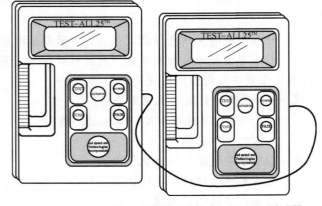

图5-31 测试电缆两端分别连接 TEST-ALL25 测试器

1. 液晶显示屏

TEST-ALL25测试器使用了一个大屏幕的彩色液晶显示屏，如图5-32所示。它能显示用户工作方式以及测试的结果。液晶显示屏从1到25计数指示电缆对，在每个数字的左边有一个绿色符号表示电缆对正常，而在每个数字的右边有一个红色符号表示电缆对的环路。

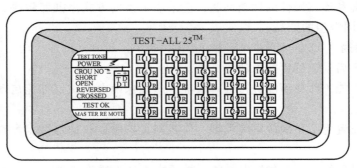

图5-32 TEST-ALL25 液晶显示屏

2. 控制按钮

在该测试器面板上有 5 个控制按钮，在其右边板上有 5 个连接插座。控制按钮开关如图 5-33 所示。

"POWER" 电源开关按钮在测试器右上角。当整个测试系统安装完毕，打开测试器电源开关，该仪器就开始进行自动测试。为了进行自动测试总是先要连接电缆，然后打开测试器的电源，这样可以防止测试仪将测出的电缆故障作为测试设备内部故障来显示。

"PAIR" 绿色开关置于测试仪的右下角，使用户可以选择一次测试 25 对、…、4 对、3 对、2 对、1 对。测试仪一打开，电源总是工作在 25 对方式，除非用户选择另一种方式。

按下 "TONE" 按钮使测试仪具有声波功能。当 TONE 按钮处于工作状态时，TONE 出现在显示屏上。一个光源照亮了线对的绿色或红色字符。在线对需要时，TONE 能使用推进式按钮。

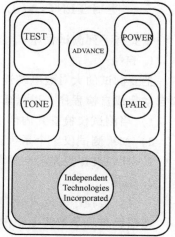

图 5-33　TEST-ALL25
控制按钮开关

按下 "TEST" 按钮开始顺序测试。在双端测试中，TEST-ALL25 测试仪有一个可操作的测试（TEST）按钮，这是最基本的装置（控制器），而另一个装置作为远程装置需要重新调整。

"ADVANCE" 按钮用于选择发出声音的缆对，或选择用户所希望查看的故障指示。当测试完成时，同时显示所有发现的故障。

当发现的故障在一个以上时，闪光显示的部分较难看懂。通过操作 ADVANCE 按钮，测试再次开始循环，并停在第一个故障情况的显示上，再次推动 ADVANCE 按钮，下一个故障情况出现等。该特性可用于查错时重新测试的多故障情况。

3. 测试连接插座

测试仪上的测试插座如图 5-34 所示。

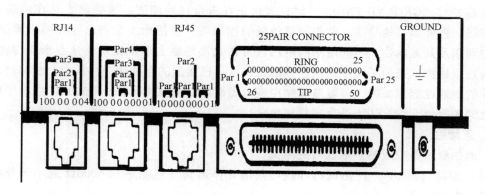

图 5-34　TEST-ALL25 测试仪上的测试插座面板

GROUND 插座提供接地插座和用于使设备接地正确，这样做的目的是保证测试结果正确。

25PAIR CONNECTOR 插座允许连接的电缆直接插入测试仪中进行测试。它也可应用 25 对测试软件和 25 对 110 硬件适配器，便于测试中访问 110 系统。

RJ45 插座允许带有 RJ45 插头的测试软线直接插入测试仪中进行测试。

RJ14 插座允许 RJ14 和 RJ11 缆线直接插入 TEST-ALL25 进行测试。

三、使用 TEST-ALL25 测试仪完成大对数电缆测试的操作实训

主要有下列测试程序：

1. 自检

把要测试的大对数电缆连接到测试仪插座上，打开 TEST-ALL25 测试仪电源开关。测试仪自动完成自检程序，以保证整个系统测试精确。操作者在显示屏上能观察到的信息如下：

1）当测试仪检查其内部电路时，在彩色屏幕上显示文字、数字和符号，大约 1s。

2）如果测试仪整个系统正常，屏幕先变黑，然后显示 TEST OK，大约 1s。

3）MASTER 闪光和在屏幕右边显示数字，表示该测试仪已经准备好，可以使用。

2. 通信

一旦自检程序完成之后，保证该测试仪已经连到一个电路上，就着手进行与远端通信。

通信链路总是被测电缆中的第一个电缆对。当通信链路成功建立后，"MASTER"照亮在第一个测试仪的显示窗口上，而"REMOTE"照亮在远端的第二个测试仪上。

在使用另一个测试仪不能正常通信的情况下，"MASTER"闪烁，指示不能通信，要进行再次尝试，TEST 按钮必须再次压入。

3. 电源故障测试

TEST-ALL25 照亮"POWER FAULT"完成电源故障测试时，能检查通交流或直流电的所有 50 根导线。如果所测电压（交流或直流）等于或高于 15V，该电压在两端测试仪的显示屏上照亮后显示出来，并终止测试程序。

当指出有电源故障而且确实存在电源故障时，常常需要重新测试。因为有时电缆上的静电会造成电源故障指示错误。但应当注意，接地导体良好可以防止测试时因静电产生电压指示差错。

4. 接地故障测试

屏幕显示"GROUND FAULT"时，表示正在进行接地测试。该测试表示在两端的测试仪上连接一根外部接地导线。首先测试地线的连续性，包括地线是否已连到两个测试仪上，电缆的两端及其地电位。不同电平的电压常常在大楼地线上形成噪声，从而影响传输质量，该地线连续性测试是为了检查地线连接的正确性。已接地的导线用 TEST-ALL25 测试和完成端到端的地线性能测试时，可能造成噪声或电缆故障（测试参考值为 75000Ω 或小于地线与导线之间的阻值，均被认为是存在接地故障）。

5. 连续性测试

下面的测试是完成端到端线对的测试。

（1）短路（Short） 所测试的导线与其他导体短路（电阻值达 6000Ω 或小于导线之间的电阻，称为短路）。

（2）开路（Open） 测试的导线为开路的导线（测试仪之间端到端大于 2600Ω，称为开路导线）。

（3）反接（Reversed） 为了测试端到端线对的正确性，当进行连续性测试时，要保证每一个被测导线连接到其他测试仪上。

（4）交叉（Crossed） 为了测试所有的导线是否端到端正确地连接，还应检查所测电缆组中是否有与其他导线交叉连接的情况，即常说的易位。

当所有测试令人满意地完成，而且测试过程中没有发现任何故障时，屏幕上会出现照亮的"TEST OK"。

大对数线的测试也可以用测试 4 对双绞线电缆的测试仪来分组测试，每 4 对线作为一组，当测到第 25 对时，向前错位 3 对线。这种测试方法也是较为常用的。

一、测试的相关基础知识

当综合布线系统工程施工接近尾声时，最主要的工作就是对布线系统进行严格的测试。对于综合布线的施工方来说，测试主要是为了保证工程的质量，让客户放心。对于采用了 5 类电缆及相关连接硬件的综合布线来说，如果不用高精度的仪器进行系统测试，很可能会在传输高速信息时出现问题。

综合布线系统工程的安装，尤其局域网的安装都是从电缆开始的，电缆是网络最基础的部分。据统计，大约 50% 的网络故障与电缆有关。所以电缆本身的质量以及电缆安装的质量都直接影响网络能否正常地运行。很多布线系统是在建筑施工中进行的，电缆通过管道、地板或地毯敷设到各个房间。当网络正式运行时，再发现故障是由电缆引起时，此时就很难或根本不可能再对电缆进行修复，即使修复其代价也相当昂贵。所以最好的办法就是把电缆的故障消除在安装之中。目前使用最广泛的电缆是同轴电缆和非屏蔽双绞线（通常叫做 UTP）。当前绝大部分用户出于将来升级到高速网络的考虑（如 100MHz 以太网、ATM 等），大多安装 UTP 5 类线。那么，如何检测安装的电缆是否合格，它能否支持将来的高速网络，用户的投资是否能得到保护就为关键问题。这也就是电缆测试的重要性。

1. 电缆的测试类型

从工程的角度，可将综合布线系统工程的电缆测试分为两类：电缆的验证测试和电缆的认证测试。

（1）电缆的验证测试 电缆的验证测试是测试电缆的基本安装情况，是指在施工过程中使用简单测试仪对刚完成的连接的连通性进行测试，检查电缆连接是否正确。例如电缆有无开路或短路、UTP 电缆的两端是否按照有关规定正确连接、同轴电缆的终端匹配电阻是否连接良好、电缆的走向如何等。

验证测试又叫随工测试，一般是在施工的过程中由施工人员边施工边测试，主要检测缆线的质量和安装工艺，及时发现并纠正问题，避免返工。

验证测试不需要使用复杂的测试仪器，只需要能测试接线通断和缆线长度的测试仪。竣工检查中，短路、反接、线对交叉、链路超长等问题几乎占整个工程质量问题的 80%，这些问题在施工初期通过重新端接，调换缆线，修正布线路由等措施比较容易解决。

这里要特别指出的一个特殊错误是串音。所谓串音就是将原来的两对线分别拆开而又重新组成新的线对。因为这种故障的端与端连通性是好的，所以用万用表查不出来。只有用专线的电缆测试仪（如 Fluke 620/DSP100）才能检查出来。而且当网络低速度运行或流量很低时，该类故障表现不明显，当网络繁忙或高速运行时其影响极大。这是因为串音会引起很大的近端串音（NEXT）。电缆的验证测试要求测试仪使用方便、快速。例如 Fluke 620，它在不需要远端单元时就可完成多种测试，所以它为用户提供了极大的方便。

（2）电缆的认证测试 所谓电缆的认证测试是指电缆除了正确的连接以外，还要满足有关的标准，即安装好的电缆的电气参数（例如衰减、NEXT 等）是否达到有关规定所要求的指标。这类标准有 TIA、IEC 等。TIA-568-A TSB67 标准对 UTP 5 类线的现场连接和具体指标都作了规定，同时对现场使用的测试仪也作了相应的规定。对于网络用户和网络安装公司或电缆安装公司都应对安装的电缆进行测试，并出具可供认证的测试报告。

认证测试又称为验收测试，是所有测试工作中最重要的环节。认证测试是检验工程设计水平和工程质量总体水平的行之有效的手段。认证测试是指对布线系统依照标准例行逐项检测，以确定布线能否达到设计要求，包括连接性能测试和电气性能测试。

认证测试通常分为两种类型：

1）自我认证测试。这项测试由施工方自行组织，按照设计施工方案对所有链路进行测试，确保每条链路符合标准要求。需要编制确切的测试技术档案，写出测试报告，交建设方存档。测试记录应准确、完整、规范，便于查阅。

认证测试是设计、施工方对所承担的工程所进行的一个总结性质量检验，施工单位承担认证测试工作的人员应当经过测试仪器供应商的技术培训并获得认证资格。认证测试也可邀请设计、施工监理多方参与，建设单位也可参加测试工作，了解测试过程，方便日后管理与维护。

2）第三方认证测试。综合布线系统工程中的布线系统是整个网络系统的基础性工程，工程质量将直接影响建设方网络能否按设计要求顺利开通运行，能否保障系统数据正常传输。随着支持千兆以太网的超 5 类及 6 类综合布线系统的推广应用和光纤在综合布线系统中的大量应用，施工工艺要求越来越高。越来越多的建设单位，既要求布线施工单位提供布线系统的自我认证测试，同时也委托第三方对系统进行验收测试，以确保布线施工的质量，这也是综合系统工程验收质量管理的规范要求。

第三方认证测试目前采用两种做法：

① 对工程要求高，使用器材类别高，投资较大的工程，建设方除要求施工方要做自我认证测试外，还应邀请第三方对工程做全面验收测试。

② 建设方在施工方做自我认证测试的同时，请第三方对综合布线系统链路做抽样测试。按工程规模确定抽样样本数量，一般 1000 信息点以上抽样 30%，1000 信息点以下的抽样 50%。

衡量、评价综合布线系统工程的质量优劣，唯一科学、有效的途径就是进行全面现场测试。测试内容主要包括：工作间到设备间的连通状况；主干线连通状况；跳线测试；信息传输速率、衰减、距离、接线图、近端串音等。

2. 测试有关标准

目前国际上常用的测试标准组织主要有 TIA/EIA 制定的 TSB67、TIA/EIA-568-A，CEN-ELEC 等。我国的标准为 GB 50312—2007《综合布线系统工程验收规范》。

随着超 5 类、6 类系统标准制定和推广，目前 TIA/EIA-568 和 TSB67 标准已提供了超 5 类、6 类系统的测试标准。对网络电缆和不同标准所要求的测试参数见表 5-4、表 5-5 和表 5-6。

TIA/EIA-568 和 TSB67 标准适用于已安装好的双绞线连接网络，并提供一个用于认证双绞线电缆是否达到 5 类线要求的标准。

表 5-4　网络电缆及其对应标准

电 缆 类 型	网 络 类 型	标　　准
UTP	令牌环 4Mbit/s	IEEE 802.5 for 4Mbit/s
UTP	令牌环 16Mbit/s	IEEE 802.5 for 16Mbit/s
UTP	以太网	IEEE 802.3 for 10Base-T
RG58/RG58 Foam	以太网	IEEE 802.3 for 10Base2
RG58	以太网	IEEE 802.3 for 10Base5
UTP	快速以太网	IEEE 802.12
UTP	快速以太网	IEEE 802.3 for 10Base-T
UTP	快速以太网	IEEE 802.3 for 100Base-T4
URP	3、4、5 类电缆现场认证	TIA-568、TSB67

表 5-5　不同标准所要求的测试参数

测试标准	接线图	电阻	长度	特性阻抗	近端串音	衰减
TIA/EIA-568-A、TSB67	√		√		√	
10Base-T	√		√	√	√	√
10Base 2			√	√	√	
10Base 5			√	√	√	
IEEE 802.5 for 4Mbit/s	√		√	√	√	√
IEEE 802.5 for 16Mbit/s	√		√	√	√	√
100Base-T	√		√	√	√	√
IEEE 802.12 100Base-VG	√		√	√	√	√

表 5-6　电缆级别与应用的标准

级　　别	频　　率	量程应用
3	1～16MHz	IEEE 802.5 Mbit/s 令牌环 IEEE 802.3 for 10Base-T IEEE 802.12 100Base-VG IEEE 802.3 for 10Base-T4 以太网 ATM 51.84/25.92/12.96Mbit/s
4	1～20MHz	IEEE 802.5 16Mbit/s
5	1～100MHz	IEEE 802.3 100Base-T 快速以太网、ATM 155Mbit/s
6	200MHz	IEEE 802.3u 1000Base-千兆以太网
7 *	600MHz	

注：*表示国际标准化组织还没有通过正式标准。

（1）ANSI/TIA/EIA 制定的 TSB67 现场测试的技术规范简介　第一部综合布线系统现场测试的技术规范是由 ANSI/TIA/EIA 委员会在 1995 年 10 月发布的 TSB67《现场测试非屏蔽双绞线（UTP）电缆布线系统传输性能技术规范》。该规范规定了电缆布线的现场测试内容、方法和对仪表精度的要求。TSB67 包含了验证 TIA/EIA-568 标准定义的 UTP 布线中的电缆与连接硬件的规范。TSB67 规范包括以下内容：

1）定义了现场测试用的两种测试链路结构。

2）定义了 3、4、5 类链路需要测试的传输技术参数，具体有接线图、链路长度、衰减和近端串音损耗。

3）定义了在两种测试链路下各技术参数的标准。

4）定义了对现场测试仪的技术和精度要求。

5）现场测试仪测试结果与试验室测试仪测试结果的比较。

测试涉及的布线系统，通常是在一条缆线的两对线上传输数据，可利用最大宽带为100MHz，最高支持100Base-T以太网。

（2）ANSI/TIA/EIA-568现场测试的技术规范简介　ANSI/TIA/EIA TSB 95《100Ω4对5类线附加传输性能指南》提出了回波损耗、等效远端串音、远端串音功率和、传输延时与延时偏离等千兆以太网所要求的指标。

随着超5类（Cat5e）布线系统的广泛应用，ANSI/TIA/EIA于2000年8月发布《100Ω4对增强5类布线传输性能规范》，标准被称为ANSI/TIA/EIA-568-A5 2000。

ANSI/TIA/EIA-568-A5 2000的所有测试参数均为强制性的。它包括对现场测试仪精度要求，由于在测试中经常出现回波损耗失败的情况，所以标准引入了3dB原则。3dB原则就是当回波损耗小于3dB时，可以忽略回波损耗值。这一原则适用于TIA和ISO的标准。

（3）ANSI/TIA/EIA-568-B现场测试的技术规范简介　ANSI/TIA/EIA于2002年6月发布的支持6类布线的标准，标志着综合布线测试标准进入了一个新的阶段。支持6类（Cat6）布线标准的ANSI/TIA/EIA-568-B。该标准包括B.1、B.2、B.3三部分。

B.1为商用建筑电信布线标准总则，包括布线子系统定义、安装实践、链路/信道测试模型及指标。

B.2为平衡双绞线部分，包含组件规范，传输性能，系统模型以及用户验证电信布线系统的测量程序相关的内容。

B.3为光纤布线部分，包括光纤、光纤连接件、跳线、现场测试仪的规格要求。

ANSI/TIA/EIA-568-B.2-1是ANSI/TIA/EIA-568-B.2的增编。对综合布线测试模型、测试参数以及测试仪器的要求都比5类标准严格，除了对测试内容的增加和细化以外，还做了以下一些较大的改动。

1）新术语。

把参数"衰减"改名为"插入损耗"；测试模型中的基本链路（Basic Link）重新定义为永久链路（Permanent Link）等。

2）介质类型。

① 水平电缆为4对100Ω3类UTP或ScTP；4对100Ω的超5类UTP或STP；4对100Ω的6类UTP或STP 2条或多条62.5/125μm或50/125μm多模光纤。

② 主干电缆为3类或更高的100Ω双绞线；62.5/125μm或50/125μm多模光纤、单模光纤。

③ T568B标准不认可4对4类双绞线电缆。

④ 150Ω屏蔽双绞线是认可的介质类型，然而，不建议在安装新设备时使用。

⑤ 混合与多股电缆允许用于水平布线，但每条电缆都必须符合相应等级要求，并符合混合与多股电缆的特殊要求。

3）接插线、设备线与跳线。

① 对于24AWG（0.51mm）多股导线组成的UTP跳接线与设备线的额定衰减率为

20%。采用 26AWG（0.4mm）导线的 STP 缆线的衰减率为 50%。

② 多股缆线由于具有更大的柔韧性，建议用于跳接线装置。

4）距离变化

① 对于 UTP 跳接线与设备线，水平永久链路的两端最长为 5m，以达到 100m 的总信道距离。

② 对于二级干线，中间跳接到水平跳接（1C 到 HC）的距离减为 300m。从主跳接到水平跳接（MC 到 HC）的干线总距离仍遵循 T568A 标准的规定。

③ 中间跳接中与其他干线布线类型相连接的设备线和跳接线从"不应"超过 20m 改为"不得"超过 20m。

5）安装规则。

① 4 对 STP 电缆在非重压条件下的弯曲半径规定为电缆直径的 8 倍。

② 2 股或 4 股光纤的弯曲半径在非重压条件下是 25mm，在拉伸过程中为 50mm。

③ 电缆生产商应确定光纤主干线的弯曲半径要求。

④ 电缆生产商应确定对多对光纤主干线的牵拉力。

⑤ 2 芯或 4 芯光纤的牵拉力是 222N。

⑥ 超 5 类双绞线开绞距离到端接点应保持在 13mm 内，3 类双绞线应保持在 75mm 内。

3. 认证测试模型

（1）综合布线认证测试链路　综合布线认证测试链路主要是指双绞线水平链路，即在综合布线系统中占 90% 的水平链路。按照用户对数据传输速率不同的需求，根据不同应用场合对链路分类如下：

1）3 类水平链路：使用 3 类双绞电缆及同类别或更高类别的器材（接插硬件、跳线、连接插头、插座）进行安装的链路。3 类链路的最高工作频率指链路传输的工作带宽为 16MHz。

2）5 类水平链路：使用 5 类双绞电缆及同类别或更高类别的器材（接插硬件、跳线、连接插头、插座）进行安装的链路。5 类链路的最高工作频率为 100MHz。

3）5e 类水平链路：增强 5 类链路，使用超 5 类双绞电缆及同类别或更高类别的器材（接插硬件、跳线、连接插头、插座）进行安装的链路。5e 类链路的最高工作频率为 100MHz，同时使用 4 对芯线时，支持 1000Base-T 以太网工作。

4）6 类水平链路：使用 6 类双绞电缆及同类别或更高类别的器材（接插硬件、跳线、连接插头、插座）进行安装的链路。6 类链路的最高工作频率为 250MHz，同时使用 2 对芯线时，支持 1000Base-T 或更高速率的以太网工作。

（2）综合布线认证测试模型　3 类和 5 类布线系统按照基本链路和信道进行测试，5e 类和 6 类布线系统按照永久链路和信道进行测试，测试时按图 5-35 进行连接。

1）基本链路连接模型。基本链路包括三部分：最长为 90m 的建筑物中固定的水平布线电缆、水平电缆两端的接插件（一端为工作区信息插座，另一端为楼层配线架）和两条与现场测试仪相连的 2m 测试设备跳线，如图 5-35 所示。

F 是综合布线系统工程承包商负责安装的，链路质量由其负责，所以基本链路又称为承包商链路。

2）永久链路连接模型。适用于测试固定链路（水平电缆及相关连接器件）性能，如图

项目 5　实现综合布线系统工程测试

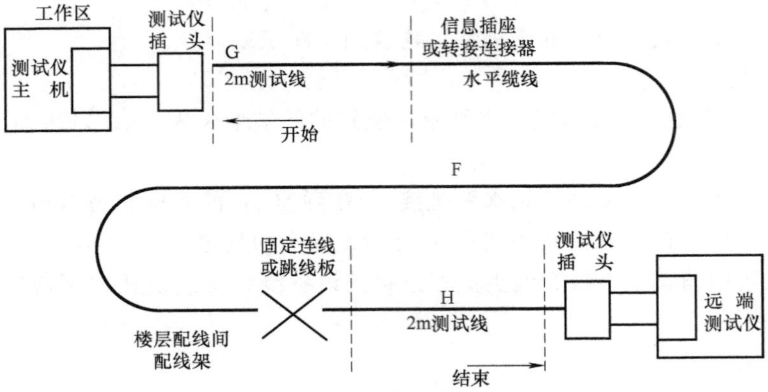

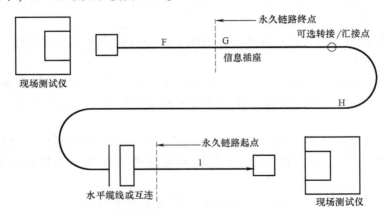

图 5-35　基本链路连接模型

F—信息插座至配线架之间的电缆　G、H—测试设备跳线

5-36 所示。图中，G + H 最大长度为 90m。

图 5-36　永久链路连接模型

F、I—测试仪跳线　G—可选转接电缆　H—插座/接插件或可选转/汇接点及水平跳接间电缆

永久链路又称固定链路，由最长为 90m 的水平电缆、水平电缆两端的接插件（一端为工作区信息插座。另一端为楼层配线架）和链路可选的转接连接器组成。

永久链路测试模型，用永久链路适配器连接测试仪和被测链路，测试仪能自动扣除 F、I 测试线的影响。排除了测试跳线在测量过程中本身带来的误差，从技术上消除了测试跳线对整个链路测试结果的影响，使测试结果更加准确、合理。

永久链路由综合布线施工单位负责完成。施工单位只向用户提交一份永久链路的测试报告。

3）信道链路连接模型。在永久链路连接模型的基础上，包括了工作区和电信间的设备电缆和跳线在内的整体信道性能，如图 5-37 所示。信道最长为 100m。B + C 最大长度为 90m，A + D + E 最大长度为 10m。

信道测试的是网络设备到计算机间端到端的整体性能，是用户所关心的，故信道又被称作用户链路。从用户角度来说，用于高速网络的传输或其他信道传输时的链路不仅仅要包含永久链路部分，而且还包括用于连接设备的用户电缆，希望得到信道的测试报告。

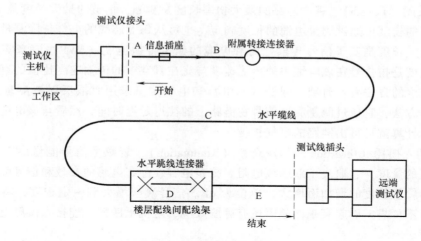

图 5-37　信道链路连接模型

A—用户端连接跳线　B—转接电缆　C—水平电缆　D—最大 2m 的跳线

E—配线架到网络设备间的连接跳线

　　永久链路比信道更严格，从而为整条链路或说信道留有余地。在实际测试应用中，选择哪一种测量连接方式应根据需求和实际情况决定。使用信道链路方式更符合使用的情况，但由于它包含了用户的设备连线部分，测试较复杂，对于超 5 类和 6 类布线系统，一般工程验收测试都选择永久链路模型进行。

　　目前布线工程所用测试仪，如 Fluke DSP—4000 系列数字式的电缆测试仪或 Fluke DTX1800 等电缆测试分析仪，都可选配或本身就配有永久链路适配器。

　　信道测试需要连接跳线（Patch Cable），6 类跳线必须购买原生产厂商产品。

　　三种认证测试模型对比，如图 5-38 所示。

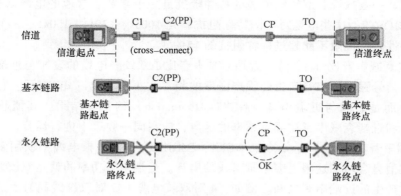

图 5-38　三种链路方式对比

4. 认证测试参数

　　（1）接线图（Wire Map）　接线图是用来检验每根电缆末端的 8 条芯线与接线端子实际连接是否正确，并对安装连通性进行检查。测试仪能显示出电缆端接的线序是否正确。

（2）长度（Length） 基本链路的最大物理长度是 94m，信道的最大长度是 100m。基本链路和信道的长度可通过测量电缆的长度确定，也可从每对芯线的电气长度测量中导出。

测量电气长度是基于信号传输延时和电缆的额定传播速度（NVP）值来实现的。所谓额定传播速度是指信号在该电缆中的传输速度与光在真空中的传输速度比值的百分数。测量额定传播速度的方法有：时域反射法（TDR）和电容法。采用时域反射法测量链路的长度是最常用的方法，它通过测量测试信号在链路上的往返延迟时间，然后与该电缆的额定传播速度值进行计算就可得出链路的电气长度。

（3）插入损耗（Insertion Loss）/衰减（Attenuation） 衰减是信号能量沿基本链路或信道传输损耗的量度，它取决于双绞线电阻、分布电容、分布电感的参数和信号频率。衰减量会随频率和缆线长度的增加而增大，单位为 dB。信号衰减增大到一定程度，将会引起链路传输的信息不可靠。引起衰减的原因还有趋肤效应、阻抗不匹配、连接点接触电阻以及温度变化等因素。

（4）近端串音（NEXT） 串音是高速信号在双绞线上传输时，由于分布电感和电容的存在，在邻近传输线中感应的信号。近端串音是指在一条双绞电缆链路中，发送线对对同一侧其他线对的电磁干扰信号。NEXT 值是对这种耦合程度的度量，它对信号的接收产生不良的影响。NEXT 值的单位是 dB，定义为导致串音的发送信号功率与串音之比。NEXT 越大，串音越低，链路性能越好。

（5）直流环路电阻（D.C.） 任何导线都存在电阻，直流环路电阻是指一对双绞线电阻之和。当信号在双绞线中传输时，在导体中会消耗一部分能量且转变为热量，100Ω 屏蔽双绞电缆直流环路电阻不大于 19.2Ω/100m，150Ω 屏蔽双绞电缆直流环路电阻不大于 12Ω/100m。常温环境下的最大值不超过 30Ω。直流环路电阻的测量应在每对双绞线远端短路，在近端测量直流环路电阻，其值应与电缆中导体的长度和直径相符合。

（6）特性阻抗（Impedance） 特性阻抗是衡量电缆及相关连接件组成的传输通道的主要特性的参数。一般来说，双绞线电缆的特性阻抗是一个常数。常说的电缆规格 100ΩUTP、120ΩFTP、150ΩSTP，这些电缆对应的特性阻抗就是 100Ω、120Ω、150Ω。一个选定的平衡电缆信道的特性阻抗极限不能超过标称阻抗的 15%。

（7）近端衰减串音比（ACR） 近端衰减串音比是双绞线电缆的衰减与近端串音值的差值，它表示了信号强度与串音产生的噪声强度的相对大小，单位以 dB 表示。它不是一个独立的测量值，而是衰减与近端串音（NEXT-Attenuation）的计算结果，其值越大越好。衰减、近端串音和近端衰减串音比都是频率的函数，应在同一频率下进行运算。

（8）近端串音功率和（Power Sum NEXT，PSNEXT） 在一根电缆中使用多对双绞线进行传送和接收信息会增加这根电缆中某对线的串音。近端串音功率和就是双绞线电缆中所有线对被测线对产生的近端串音之和。例如，4 对双绞电缆中 3 对双绞线同时发送信号，而在另 1 对线测量其串音值，测量得到的串音值就是该线对的近端串音功率和。

（9）等效远端串音（Equal Level FEXT，ELFEXT） 一个线对从近端发送信号，其他线对接收串音信号，在链路远端测量得到经线路衰减了的串音值，称为远端串音（FEXT）。但是，由于线路的衰减，会使远端点接收的串音信号过小，以致所测量的远端串音不是在远端的真实串音值。因此，测量得到的远端串音值在减去线路的衰减值后，得到的就是所谓的等效远端串音。

（10）传播延时（Propagation Delay）　这一参数代表了信号从链路的起点到终点的延迟时间。由于电子信号在双绞电缆并行传输的速度差异过大会影响信号的完整性而产生误码。因此，要以传输时间最长的一对为准，计算其他线对与该线对的时间差异。所以传播延时的表示会比电子长度测量精确得多。两个线对间的传播延时的偏差对于某些高速局域网来说是十分重要的参数。

常用的双绞线、同轴电线，它们所用的介质材料决定了相应的传播延时。双绞线传播延时为56ns/m，同轴电线传播延时为45ns/m。

（11）回波损耗（Return Loss，RL）　该参数用于衡量信道特性阻抗的一致性。信道的特性阻抗随着信号频率的变化而变化。如果信道所用的缆线和相关连接件阻抗不匹配而引起阻抗变化，造成终端传输信号量被反射回去，被反射到发送端的一部分能量会形成噪声，导致信号失真，影响综合布线系统的传输性能。反射的能量越少，意味着信道采用的电缆和相关连接件阻抗一致性越好，传输信号越完整，在信道上的噪声越小。

双绞线的特性阻抗、传输速度和长度，各段双绞线的接续方式和均匀性都直接影响到结构回波损耗。

二、电缆测试仪介绍

1. Fluke DSP—100 功能及特点

Fluke DSP—100 是美国 Fluke 公司生产的数字式 5 类缆线测试仪，它具有精度高、故障定位准确等特点，可以满足 5 类电缆和光缆的测试要求，如图 5-39 所示。Fluke DSP—100 采用了专门的数字技术测试电缆，不仅完全满足 TSB67 所要求的二级精度标准（已经过 UL 独立验证），而且还具有强大的测试和诊断功能。它运用其专有的"时域串音分析"功能可以快速指出不良连接、劣质安装工艺和不正确电缆类型等缺陷的位置。

测试电缆时，DSP—100 发送一个和网络实际传输信号一致的脉冲信号，然后 DSP—100 再对所采集的时域响应信号进行数字信号处理（DSP），从而得到频域响应。这样，一次测试就可替代上千次的模拟信号。

（1）Fluke DSP—100 的特点

1）测量速度快。17s 内即可完成一条电缆的测试，包括双向的 NEXT 测试（采用智能远端串元）。

2）测量精度高。数字信号的一致性、可重复性、抗干扰性都优于模拟信号。Fluke DSP—100 是第一个达到二级精度的电缆测试仪。

图 5-39　Fluke DSP—100 缆线测试仪

3）故障定位准确。由于 Fluke DSP—100 可以获得时域和频域两个测试结果，从而能对故障进行准确定位。如一段 UTP 5 类线连接中误用了 3 类插头和连线，插头接触不良和通信电缆特性异常等问题都可以准确地判断出来。

4）方便存储和数据下载功能。Fluke DSP—100 可存储 1000 多个 TIA TSB67 的测试结果或 600 个 ISO 的测试结果，而且能够在 2min 之内下载到计算机中。

5）完善的供电系统。测试仪的电池供电时间为 12h（或 1800 次自动测试），可以保证一整天的工作任务。

6）具有光纤测试能力。配置光缆测试选件 FTK 后，可以完成 850/1300nm 多模光纤的光功率损耗的测试，并可根据通用的光缆测量标准给出通过和不通过的测试结果。还可以使用另外的 1310 nm 和 1550nm 激光光源来测量单模光缆的光功率损耗。

（2）Fluke DSP—100 的组件

Fluke DSP—100 测试仪随机设备包括：

1）1 个主机标准远端单元，如图 5-39 所示。

2）中英文用户手册。

3）CMS 电缆数据管理软件（CD-ROM）。

4）1 条 100Ω RJ45 校准电缆（15cm）。

5）1 条 100Ω 5 类测试电缆（2m）。

6）1 条 50Ω BNC 同轴电缆。

7）AC 适配器/电池充电器。

8）充电电池（装在 DSP—100 主机内）。

9）1 条 RS232 接口电缆（用于连接测试仪和 PC，以便下载测试数据）。

10）1 条背带。

11）1 个软包。

（3）Fluke DSP—100 的选件

根据 Fluke DSP—100 的使用要求，可以选择它相应的选配件。

1）DSP-FTK 光缆测试包，包括一个光功率计 DSP-FOM、一个 850/1300nm LED 光源 FOS-850/1300、两条多模 ST-ST 测试光纤、一个多模 ST-ST 适配器、说明书和包装盒。

2）FOS-850/1300nm LED 光源。

3）LS-1310/1550 激光光源，包括一个 1310/1550 双波长激光光源、两条单模 ST-ST 测试光纤、一个单模 ST-ST 适配器和说明书。

4）DSP-FOM 光功率计，包括一个光功率计、两条多模 ST-ST 测试光纤、一个多模 ST-ST 适配器、说明书和包装盒。

5）BC7210 外接电池充电器。

6）C789 工具包。

（4）Fluke DSP—100 的简要操作方法

Fluke DSP—100 测试仪的测试工作主要由主机实现，主机面板上有各种功能键，液晶屏显示测试信号及结果。在测试过程中，主要使用以下 4 个功能键：

1）TEST 键，选择该键后测试仪进入自动测试状态。

2）EXIT 键，选择该键后从当前屏幕显示或功能退出。

3）SAVE 键，保存测试结果。

4）ENTER 键，确认选择操作。

DSP—100 测试仪的远端单元操作很简便，只有一个开关以及指示灯。测试时将开关打开即可开始测试，测试过程中如果测试项目通过，则 PASS 指示灯显示，如果测试未通过，则 FAIL 指示灯显示。

（5）使用 Fluke DSP—100 测试仪进行测试的工作步骤

1）将 Fluke DSP—100 测试仪的主机和远端分别连接被测试链路的两端。

2）将测试仪旋钮转至 SETUP。

3）根据屏幕显示选择测试参数，选择后的参数将自动保存到测试仪中，直至下次修改。

4）将旋钮转至 AUTOTEST，按下 TEST 键，测试仪自动完成全部测试。

5）按下 SAVE 键，输入被测链路编号、存储结果。

6）如果在测试中发现某项指标未通过，将旋钮转至 SINGLE TEST，根据中文速查表进行相应的故障诊断测试。

7）排除故障，重新进行测试直至指标全部通过为止。

8）所有信息点测试完毕后，将测试仪与计算机连接起来，通过随机附送的管理软件导入测试数据，生成测试报告，打印测试结果。

2. Fluke DSP—4300 电缆测试仪的功能及特点

Fluke DSP—4300 是 Fluke DSP—4000 系列的最新型号，它为高速铜缆和光纤网络提供更为综合的电缆认证测试解决方案，如图 5-40 所示。使用其标准的适配器就可以满足超 5 类、6 类基本链路、信道链路、永久链路的测试要求。通过其选配的选件，可以完全满足多模光纤和单模光纤的光功率损耗测试要求。它在原有 Fluke DSP—4000 的基础之上，扩展了测试仪内部存储器，方便的电缆编号下载功能增加了准确性和效率。

图 5-40　Fluke DSP—4300 测试仪组件

（1）Fluke DSP—4300 的特点

1）测量精度高。它具有超过了 5 类、超 5 类和 6 类标准规范的 III 级精度要求并由 UL 和 ETL SEMKO 机构独立进行了认证。

2）使用新型永久链路适配器获得更准确、更真实的测试结果，该适配器是 DSP—4300 测试仪的标准配件。

3）标配的 6 类信道适配器使用 DSP 技术精确测试 6 类信道链路，包含的信道/流量适配器提供了网络流量监视功能可以用于网络故障诊断和修复。

4）能够自动诊断电缆故障并显示准确位置。

5）仪器内部存储器扩展至 16MB，可以存储全天的测试结果。

6）允许将符合 TIA-606A 标准的电缆编号下载到 DSP—4300，确保数据准确和节省时间。

7）内含先进的电缆测试管理软件包，可以生成和打印完整的测试文档。

（2）Fluke DSP—4300 的组件

Fluke DSP—4300 测试仪的组件如下：

1）Fluke DSP—4300 主机和智能远端。

2）Cable Manager 软件。

3）16MB 内部存储器。

4）16MB 多媒体卡。

5）PC 卡读取器。

6）Cat 6/5e 永久链路适配器。

7）Cat 6/5e 信道适配器。

8）Cat 6/5e 信道/流量监视适配器。

9）语音对讲耳机。

10）AC 适配器/电池充电器。

11）便携软包。

12）用户手册和快速参考卡。

13）仪器背带。

14）同轴电缆（BNC）。

15）校准模块。

16）RS-232 串行电缆。

17）RJ45 到 BNC 的转换电缆。

3. Fluke DTX1800 系列缆线测试仪的特点

Fluke DTX1800 系列缆线测试仪是传输速率高达 900MHz 的数字式缆线分析仪，支持 7 类缆线的认证测试分析仪，通过专业的软件下载数据报告，做出正确的故障诊断和分析。通过光缆套件支持对光缆进行认证测试。

（1）最快捷的认证测试方案　12s 的 6 类自动测试，比其他的测试仪快 3 倍，Ⅳ级精度，超越 6 类和更高标准的指标要求先进快速的故障诊断技术，精确指出链路中任意位置的故障并帮助您找到排除故障的正确方法，适用于现场环境的永久链路适配器。

（2）极大地缩短了认证测试的时间　DTX 系列数字电缆分析仪为您提供的是一套完整的测试方案，使认证测试的每一个方面都简捷有序，包括从设置到快速测试和故障诊断，到生成测试报告的每一个阶段。总之，DTX 系列能节约大量的时间和资金，最多每天可节约 4h。

DTX—1200 和 DTX—1800 可以在 12s 内完成 6 类链路的测试，不仅完全满足当前的国际标准，而且具有超高的测试精度，这比现有测试仪测试速度快 3 倍。这个不可思议的速度意味着在一天 8h 的工作时间内可以多测试 170 条以上的链路。故障诊断快 2 倍，当一条链路有故障时，DTX 系列测试仪可以提供快速且简明易懂的方式，来表示故障的确切位置（故障点到测试仪的距离）以及出现故障的可能原因。

（3）单键切换双绞线与光缆测试 DTX 平台提供的可选光缆模块，可以让用户永远不会在寻找光缆适配器上浪费时间。对光缆的认证测试可以随时进行。

DTX 系列测试仪的光缆模块通过独有的技术和简单易用的操作界面缩短了测试时间。按自动测试键就会自动进行符合标准的认证——两根光缆，在两个波长上同时测试。还可测量长度，并判断测试通过与否，全部测试在 12s 内完成。

（4）提供完整的一级认证 一级认证测试包括损耗、长度和极性测试。通过一级认证，可以确认光缆链路的性能和安装质量；在多个波长上测量光缆的损耗；测量光缆的长度并验证其极性。Fluke 测试仪可以在两根光缆链路上双向测试而无需交换主机与远端的位置。不像其他的光缆测试适配器在每次自动测试时只能进行长度和两次损耗测量，Fluke DTX 系列测试仪的光缆适配器是唯一的在一次自动测试中就可完成长度和 4 次损耗测量的测试方案，只用 12s。在光缆测试中您可以拥有比其他方案快 5 倍的速度。

（5）铜缆与光缆套包 如果既要对双绞线铜缆进行认证测试，又要对光缆进行认证测试，可以使用套包。这些套包将 DTX 系列电缆认证分析仪与光缆模块捆绑在一起，可以同时对铜缆和光缆进行认证测试。

测试仪对维护人员是非常有帮助的工具，对综合布线的施工人员来说也是必不可少的。测试仪的功能具有选择性，根据测试的对象不同，测试仪器的功能也不同。例如，在现场安装的综合布线人员希望使用的是操作简单、能快速测试与定位连接故障的测试仪器，而施工监理或工程测试人员则需要使用具有权威性的高精度的综合布线认证工具。有些测试需要将测试结果存入计算机，在必要时可绘出链路特性的分析图，而有些则只要求存入测试仪的存储单元中。

 知识拓展

一、综合布线系统分级与类别

综合布线铜缆系统的分级与类别划分应符合表 5-7 的要求。

表 5-7　铜缆布线系统的分级与类别

系统分级	支持带宽/Hz	支持应用器件	
		电缆	连接硬件
A	100k		
B	1M		
C	16M	3 类	3 类
D	100M	5/5e 类	5/5e 类
E	250M	6 类	6 类
F	600M	7 类	7 类

注：3 类、5/5e 类（超 5 类）、6 类、7 类布线系统应能支持向下兼容的应用。

二、综合布线系统应用

（1）同一布线信道及链路的缆线和连接器件应保持系统等级与阻抗的一致性。

（2）综合布线系统工程的产品类别及链路、信道等级确定应综合考虑建筑物的功能、应用网络、业务终端类型、业务的需求及发展、性能价格、现场安装条件等因素，应符合表5-8的要求。

表 5-8　布线系统等级与类别的选用

业务种类	配线子系统		干线子系统		建筑群子系统	
	等级	类别	等级	类别	等级	类别
语音	D/E	5e/6	C	3（大对数）	C	3（室外大对数）
数据	D/E/F	5e/6/7	D/E/F	5e/6/7（4 对）		
	光纤（多模或单模）	62.5μm 多模/50μm 多模/<10μm 单模	光纤	62.5μm 多模/50μm 多模/<10μm 单模	光纤	62.5μm 多模/50μm 多模/<1μm 单模
其他应用	可采用 5e/6 类 4 对对绞电缆和 62.5μm 多模/50μm 多模/<10μm 多模、单模光缆					

注：其他应用指数字监控摄像头、楼宇自控现场控制器（DDC）、门禁系统等采用网络端口传送数字信息时的应用。

（3）相应等级的布线系统信道及永久链路、CP 链路的具体指标项目，应包括下列内容：

1）3 类、5 类布线系统应考虑指标项目为衰减、近端串音（NEXT）。

2）5e 类、6 类、7 类布线系统，应考虑指标项目为插入损耗（IL）、近端串音、衰减串音比（ACR）、等电平远端串音（ELFEXT）、近端串音功率和（PS NEXT）、衰减串音比功率和（PS ACR）、等电平远端串音功率和（PS ELEFXT）、回波损耗（RL）、时延、时延偏差等。

3）屏蔽的布线系统还应考虑非平衡衰减、传输阻抗、耦合衰减及屏蔽衰减。

（4）综合布线系统工程设计中，系统信道的各项指标值应符合以下要求：

1）回波损耗（RL）只在布线系统中的 C、D、E、F 级采用，在布线的两端均应符合回波损耗值的要求，布线系统信道的最小回波损耗值应符合表5-9 的规定。

表 5-9　信道回波损耗值

频率/MHz	最小回波损耗/dB			
	C 级	D 级	E 级	F 级
1	15.0	17.0	19.0	19.0
16	15.0	17.0	18.0	18.0
100	—	10.0	12.0	12.0
250	—	—	8.0	8.0
600	—	—	—	8.0

2）布线系统信道的插入损耗（IL）值应符合表 5-10 的规定。

3）线对与线对之间的近端串音（NEXT）在布线的两端均应符合 NEXT 值的要求，布线系统信道的近端串音值应符合表 5-11 的规定。

4）近端串音功率和（PS NEXT）只应用于布线系统的 D、E、F 级，在布线的两端均应符合 PS NEXT 值要求，布线系统信道的 PS NEXT 值应符合表 5-12 的规定。

表 5-10　信道插入损耗值

频率/MHz	最大插入损耗/dB					
	A 级	B 级	C 级	D 级	E 级	F 级
0.1	16.0	5.5	—	—	—	—
1	—	5.8	4.2	4.0	4.0	4.0
16	—	—	14.4	9.1	8.3	8.1
100	—	—	—	24.0	21.7	20.8
250	—	—	—	—	35.9	33.8
600	—	—	—	—	—	54.6

表 5-11　信道近端串音值

频率/MHz	最小近端串音/dB					
	A 级	B 级	C 级	D 级	E 级	F 级
0.1	27.0	40.0	—	—	—	—
1	—	25.0	39.1	60.0	65.0	65.0
16	—	—	19.4	43.6	53.2	65.0
100	—	—	—	30.1	39.9	62.9
250	—	—	—	—	33.1	56.9
600	—	—	—	—	—	51.2

表 5-12　信道近端串音功率和值

频率/MHz	最小近端串音功率和/dB		
	D 级	E 级	F 级
1	57.0	62.0	62.0
16	40.6	50.6	62.0
100	27.1	37.1	59.9
250	—	30.2	53.9
600	—	—	48.2

　　5）线对与线对之间的衰减串音比（ACR）只应用于布线系统的 D、E、F 级，ACR 值是 NEXT 与插入损耗分贝值之间的差值。

表 5-13　信道衰减串音比值

频率/MHz	最小衰减串音比/dB		
	D 级	E 级	F 级
1	56.0	61.0	61.0
16	34.5	44.9	56.9
100	6.1	18.2	42.1
250	—	-2.8	23.1
600	—	—	-3.4

在布线的两端均应符合 ACR 值要求。布线系统信道的 ACR 值应符合表 5-13 的规定。

6）ACR 功率和（PS ACR）为近端串音功率和值（表 5-12）与插入损耗值（表 5-10）之间的差值。布线系统信道的 PS ACR 值应符合表 5-14 规定。

表 5-14　信道 ACR 功率和值

频率/MHz	最小 ACR 功率和/dB		
	D 级	E 级	F 级
1	53.0	58.0	58.0
16	31.5	42.3	53.9
100	3.1	15.4	39.1
250	—	-5.8	20.1
600	—	—	-6.4

7）线对与线对之间等电平远端串音（ELFEXT）对于布线系统信道的数值应符合表 5-15 规定。

表 5-15　信道等电平远端串音值

频率 /MHz	最小等电平远端串音/dB		
	D 级	E 级	F 级
1	57.4	63.3	65.0
16	33.3	39.2	57.5
100	17.4	23.3	44.4
250	—	15.3	37.8
600	—	—	31.3

8）布线系统永久链路的最小 PS ELFEXT 值应符合表 5-16 的规定。

表 5-16　永久链路的最小 PS ELFEXT 值

频率/MHz	最小 PS ELFEXT 值/dB		
	D 级	E 级	F 级
1	55.6	61.2	62.0
16	31.5	37.2	56.3
100	15.6	21.2	43.0
250	—	13.2	36.2
600	—	—	29.6

9）布线系统信道的直流环路电阻（d.c.）应符合表 5-17 的规定。

表 5-17　信道直流环路电阻

最大直流环路电阻/Ω					
A 级	B 级	C 级	D 级	E 级	F 级
560	170	40	25	25	25

10）布线系统信道的传播时延应符合表 5-18 的规定。

表 5-18　信道传播时延偏差

频率 /MHz	最大传播时延/μs					
	A 级	B 级	C 级	D 级	E 级	F 级
0.1	20.000	5.000	—			
1	—	5.000	0.580	0.580	0.580	0.580
16	—	—	0.553	0.553	0.553	0.553
100	—	—	—	0.548	0.548	0.548
250	—	—	—	—	0.546	0.546
600	—	—	—	—	—	0.545

11）布线系统信道的传播时延偏差应符合表 5-19 的规定。

表 5-19　信道传播时延偏差

等级	频率/MHz	最大时延偏差/μs
A	$f = 0.1$	—
B	$0.1 \leqslant f \leqslant 1$	—
C	$1 \leqslant f \leqslant 16$	0.050[①]
D	$1 \leqslant f \leqslant 100$	0.050[①]
E	$14 \leqslant f \leqslant 250$	0.050[①]
F	$14 \leqslant f < 600$	0.030[②]

① 0.050 为 0.045 + 4 × 0.00125 计算结果。

② 0.030 为 0.025 + 4 × 0.00125 计算结果。

12）一个信道的非平衡衰减［纵向对差分转换损耗（LCL）或横向转换损耗（TCL）］应符合表 5-20 的规定。在布线的两端均应符合不平衡衰减的要求。

表 5-20　信道非平衡衰减

等级	频率/MHz	最大不平衡衰减/dB
A	$f = 0.1$	30
B	$f = 0.1$ 和 1	在 0.1MHz 时为 45；1MHz 时为 20
C	$1 \leqslant f < 16$	$30 \sim 5\lg(f)$ f. f. S.
D	$1 \leqslant f \leqslant 100$	$40 \sim 10\lg(f)$ f. f. S.
E	$1 \leqslant f \leqslant 250$	$40 \sim 10\lg(f)$ f. f. S.
F	$1 \leqslant f \leqslant 600$	$40 \sim 10\lg(f)$ f. f. S.

（5）对于信道的电缆导体的指标要求应符合以下规定：

1）在信道每一线对中两个导体之间的不平衡直流电阻对各等级布线系统不应超过 3%。

2）在各种温度条件下，布线系统 D、E、F 级信道线对每一导体最小的传送直流电流应为 0.175A。

3）在各种温度条件下，布线系统 D、E、F 级信道的任何导体之间应支持 72V 直流工作

项目 5　实现综合布线系统工程测试

电压，每一线对的输入功率应为10W。

（6）综合布线系统工程设计中，永久链路的各项指标参数值应符合表5-21~表5-31的规定。

1）布线系统永久链路的最小回波损耗值应符合表5-21的规定。

表5-21 永久链路最小回波损耗值

频率 /MHz	最小回波损耗/dB			
	C 级	D 级	E 级	F 级
1	15.0	19.0	21.0	21.0
16	15.0	19.0	20.0	20.0
100	—	12.0	14.0	14.0
250	—	—	10.0	10.0
600	—	—	—	10.0

2）布线系统永久链路的最大插入损耗值应符合表5-21的规定。

表5-22 永久链路最大插入损耗值

频率 /MHz	最大插入损耗/dB					
	A 级	B 级	C 级	D 级	E 级	F 级
0.1	16.0	5.5	—	—	—	—
1	—	5.8	4.0	4.0	4.0	4.0
16	—	—	12.2	7.7	7.1	6.9
100	—	—	—	20.4	18.5	17.7
250	—	—	—	—	30.7	28.8
600	—	—	—	—	—	46.6

3）布线系统永久链路的最小近端串音值应符合表5-23的规定。

表5-23 永久链路最小近端串音值

频率 /MHz	最小 NEXT/dB					
	A 级	B 级	C 级	D 级	E 级	F 级
0.1	27.0	40.0	—	—	—	—
1	—	25.0	40.1	60.0	65.0	65.0
16	—	—	21.1	45.2	54.6	65.0
100	—	—	—	32.3	41.8	65.0
250	—	—	—	—	35.3	60.4
600	—	—	—	—	—	54.7

4）布线系统永久链路的最小近端串音功率和值应符合表5-24的规定。

5）布线系统永久链路的最小ACR值应符合表5-25的规定。

6）布线系统永久链路的最小PSACR值应符合表5-26的规定。

7）布线系统永久链路的最小等电平远端串音值应符合表5-27的规定。

表 5-24　永久链路最小近端串音功率和值

频率 /MHz	最小 PS NEXT/dB		
	D 级	E 级	F 级
1	57.0	62.0	62.0
16	42.2	52.2	62.0
100	29.3	39.3	62.0
250	—	32.7	57.4
600	—	—	51.7

表 5-25　永久链路最小 ACII 值

频率 /MHz	最小 ACR/dB		
	D 级	E 级	F 级
1	56.0	61.0	61.0
16	37.5	47.5	58.1
100	11.9	23.3	47.3
250	—	4.7	31.6
600	—	—	8.1

表 5-26　永久链路最小 PS ACR 值

频率 /MHz	最小 PSACR/dB		
	D 级	E 级	F 级
1	53.0	58.0	58.0
16	34.5	45.1	55.1
100	8.9	20.8	44.3
250	—	2.0	28.6
600	—	—	5.1

表 5-27　永久链路最小等电平远端串音值

频率 /MHz	最小 ELFEXT/dB		
	D 级	E 级	F 级
1	58.6	64.2	65.0
16	34.5	40.1	59.3
100	18.6	24.2	46.0
250	—	16.2	39.2
600	—	—	32.6

8）布线系统永久链路的最大直流环路电阻应符合表 5-28 的规定。

9）布线系统永久链路的最小 PS ELFEXT 值应符合表 5-29 规定。

10）布线系统永久链路的最大传播时延应符合表 5-30 的规定。

表 5-28　永久链路最大直流环路电阻　（Ω）

1A 级	B 级	C 级	D 级	E 级	F 级
1530	140	34	21	21	21

表 5-29　永久链路最小 PS ELFEXT 值

频率/MHz	最小 PS ELFEXT/dB		
	D 级	E 级	F 级
1	55.6	61.2	62.0
16	31.5	37.1	56.3
100	15.6	21.2	43.0
250	—	13.2	36.2
600	—	—	29.6

表 5-30　永久链路最大传播时延值

频率/MHz	最大传播时延/μs					
	A 级	B 级	C 级	D 级	E 级	F 级
0.1	19.400	4.400	—	—	—	—
1	—	4.400	0.521	0.521	0.521	0.521
16	—	—	0.496	0.496	0.496	0.496
100	—	—	—	0.491	0.491	0.491
250	—	—	—	—	0.490	0.490
600	—	—	—	—	—	0.489

11）布线系统永久链路的最大传播时延偏差应符合表 5-31 的规定。

表 5-31　永久链路传播时延偏差

等级	频率/MHz	最大时延偏差/μs
A	$f = 0.1$	—
B	$0.1 \leqslant f < 1$	—
C	$1 \leqslant f < 16$	0.044[1]
D	$1 \leqslant f \leqslant 100$	0.044[1]
E	$1 \leqslant f \leqslant 250$	0.044[1]
F	$1 \leqslant f \leqslant 600$	0.026[2]

[1] 0.044 为 $0.9 \times 0.045 + 3 \times 0.00125$ 计算结果。
[2] 0.026 为 $0.9 \times 0.025 + 3 \times 0.00125$ 计算结果。

▶ 实训报告

1. 永久链路技术指标测试，是把永久链路的两个 RJ45 插头，插入专业的网络测试仪器，就能够直接测量出这个链路的各项技术指标了。请问 GB 50311—2007 中规定的永久链路 11 项技术参数有哪些？

2. 根据教师随意设置 6 条故障链路，对照表 5-32，完成链路测试，进行链路故障分析和故障诊断以及故障维修，并填写表 5-33 综合布线系统故障检测分析表。

表 5-32　故障链路对照表

链　　路	1	2	3	4	5	6
六口配线架 RJ45 插口	A1	A2	A3	A4	A5	A6
双口信息面板 RJ45 插口	A1	A2	A3	A4	A5	A6

表 5-33　综合布线系统常见故障检测分析表

序　号	链路名称	检测结果	主要故障类型	主要故障主要原因分析	维修结果
1	A1 链路				
2	A2 链路				
3	A3 链路				
4	A4 链路				
5	A5 链路				
6	A6 链路				

任务 2　完成光缆测试

 学习目标

1. 了解综合布线系统工程中光缆测试的相关基础知识。

2. 初步学会 Fluke OptiFiber Pro OTDR 光缆认证分析仪和光功率计的使用方法、光缆测试步骤以及测试报告的生成与分析。

3. 能识别并熟悉光缆链路及信道的各测试参数，判断光缆测试中常见问题及找出解决问题的方法。

 任务导入

在校内实施网络综合布线系统改造工程，其中干线子系统选用室内多模光缆传输数据信号，连接到各楼层电信间的光纤配线设备，完成光缆链路的搭建，在"仿真墙"的一层和三层分别安装 6U 机柜，通过明敷 PVC 线槽，将两个 6U 机柜连接，在线槽内敷设 1 根 4 芯多模光缆和 1 根 4 芯单模光缆；分别在光纤配线架的 ST 型耦合器和 SC 型耦合器上进行端接（光纤熔接），将光纤配线架安装在 6U 机柜上，完成光缆链路的搭建，现选用 Fluke OptiFiber Pro OTDR 光缆认证分析仪和光功率计，对已完成的光缆链路及信道进行测试。

▶ 学习任务

综合布线系统工程光缆布线系统安装完成之后需要对链路传输特性进行测试，其中最主要的几个测试项目是链路的衰减特性、连接器的插入损耗、回波损耗等。

1. 根据"知识链接"中应知基础理论学习，了解相关的测试标准及测试内容，认知 Fluke OptiFiber Pro OTDR 光缆认证分析仪和光功率计及相应的适配器等套件。

2. 选用 Fluke OptiFiber Pro OTDR 光缆认证分析仪和光功率计，对实训实验室仿真墙上模拟完成的光缆链路及信道进行测试，学会光缆认证分析仪的使用方法。

3. 对照 Fluke OptiFiber Pro OTDR 光缆认证分析仪和光功率计的各链路及信道测试参数，初步完成测试报告的生成与参数分析等操作。

4. 教师随意设置 2 条故障链路，安排学生在进行链路故障分析和故障诊断的基础上，对有故障的链路进行故障维修，熟悉光缆测试中常见问题及解决方法。

1. 在实训实验室"仿真墙上"，模拟完成光缆各永久链路及信道。为光缆测试提供条件。

2. 提供 Fluke OptiFiber Pro OTDR 光缆认证分析仪、光功率计及相应的适配器等套件。

3. 预先随意设置 2 条故障链路，编制综合布线系统常见故障检测分析表，为链路故障分析和故障诊断以及故障维修做准备。

在综合布线系统工程光缆工程项目中必须执行一系列的测试以便确保其完整性，一根光缆从出厂到工程安装完毕，需要进行机械测试、几何测试、光测以及传输测试。前 3 个测试一般都是在工厂进行，传输测试则是光缆布线系统工程验收的必要步骤。

一、参照标准

在国际标准 IEC 61746、TIA/EIA TSB-107 等标准中对光纤测试如光功率，OTDR 等做了明确的规定，布线系统测试可以参照这些标准进行：

《GB 50312—2007 综合布线工程验收规范（含条文说明)》、《IEC 61350 功率计校准》、《IEC 61746 OTDR 校准》、《G.650.1 单模光纤与光缆的线性、确定性属性的定义与测试方法》、《G.650.2 单模光纤与光缆的统计与非线性属性的定义与测试方法》等。

二、常用的测试设备

1. 光源

一个光源可以是一台设备，或者是一个 LED（发光二极管）光源，或者是一个激光器，常用的是激光笔如图 5-41 所示。

图 5-41　激光笔

2. 功率计

功率计是典型的光纤技术人员的标准测试仪，是常用的工具，主要的功能是显示光电二极管上的入射功率，读取功率电平，常用的是手持式光功率计如图 5-42 所示。

3. 光回损测试仪

光回损最常用的方法是光时域反射计如图 5-43 所示，即 OTDR。OTDR 向被测光缆内发射光脉冲，并且收集后向散射信息以及菲涅耳反射信息。

其他的测试设备还有：损耗测试仪，光话机，可视故障定位仪，光纤识别器，光纤检查显微镜，故障定位仪，监测系统等。

图 5-42　手持式光功率计

图 5-43　光时域反射计 OTDR

三、使用 Fluke OptiFiber Pro OTDR 光缆认证分析仪和光功率计的操作实训

通常在具体的工程中对光缆的测试方法有：连通性测试、收发功率测试和反射损耗测试等 3 种，具体操作实训步骤如下。

1. 连通性测试

连通性测试是最简单的测试方法，只需在光纤一端导入光线，如红光激光笔（如图 5-44 所示，最远可达大约 5000km 的距离），通过发送可见光，技术人员在光纤的另外一端查看是否有红光即可（注意保护眼睛，不可直视光源），有光闪表示连通，看不到光即可判定光缆中的断裂与弯曲。此测试方式成为尾纤、跳线或者光纤段连续性的非常有用的测试方式。在对使用要求不高的项目中经常作为验收标准被采用。

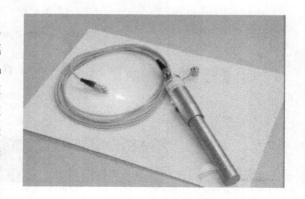

图 5-44　光缆连通性测试

2. 收发功率测试

收发功率测试是测定布线系统光纤链路的有效方法，使用的设备主要是光纤功率测试仪和一段跳接线。在实际应用中，链路的两端可能相距很远，但只要测得发送端和接收端的光功率，即可判定光纤链路的状况。具体操作过程如下：

在发送端将测试光纤取下，用跳接线取而代之，跳接线一端为原来的发送器，另一端为光功率测试仪，使光发送器工作，即可在光功率测试仪上测得发送端的光功率值。

在接收端，用跳接线取代原来的跳线，接上光功率测试仪，在发送端的光发送器工作的情况下，即可测得接收端的光功率值，如图 5-45 所示。

发送端与接收端的光功率值之差，就是该光纤链路所产生的损耗，测试结果如图 5-46 所示。

3. 光时域反射损耗测试

光时域反射计（OTDR）是一个用于确定光纤与光网络特性的光纤测试仪，OTDR 的目的是检测、定位与测量光纤链路的任何位置上的事件。OTDR 的一个主要优点是它能够作为一个一维的雷达系统，能够仅由光纤的一端获得完整的光纤特性，OTDR 的分辨力在 4cm 到 40cm 之间。

OTDR 是光纤线路检修非常有效的手段，基本原理就是利用导入光与反射光的时间差来测定距离，如此可以准确判定故障的位置。OTDR 将探测脉冲注入光纤，在反射光的基础上估计光纤长度。OTDR 测试适用于故障定位，特别是用于确定光缆断开或损坏的位置。OTDR 测试文档对网络诊断和网络扩展提供了重要数据。

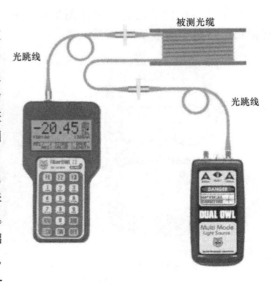

图 5-45　光功率测试示意图

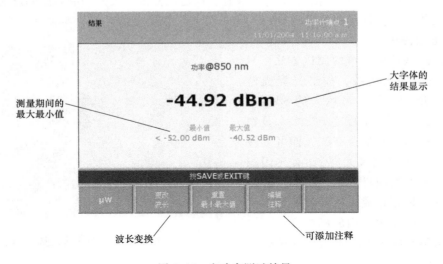

图 5-46　光功率测试结果

（1）OTDR 的主要参数设置

1）测试波长。对于多模光纤，波长选择 850nm 或 1300nm；而单模则波长选择 1310nm 或 1550nm。

2）OTDR 的光纤的折射率（IOR）。折射率 = 真空中的光速/光脉冲在光纤中的速度。

设置 OTDR 上光纤的双窗口的折射率因根据各厂家提供的数据，每种光纤其折射率是不同的，光纤的 n' 的典型值在 1.45 与 1.55 之间。单模光纤的折射率基本在 1.460 ~ 1.4800 范围内，如 G652 单模光纤，在实际测试时，若在 1310nm 波长下，折射率一般选择 1.468；若在 1550nm 波长下，折射率一般选择 1.4685。OTDR 所测光纤长度跟设置的折射率有关；对同一光纤，所设置的折射率越大所测光纤长度越短，反之所测光纤长度则越长。

OTDR 上显示的距离：

此次我们所检测的光缆主要是室内型单模零水峰光纤，它的光纤折射率 n 为：

$n = 1.467@1310nm$，$n = 1.468@1550nm$

3）OTDR 测试量程（DISTANCE）。OTDR 所设量程为所要测试光纤长度 $1.5 \sim 2$ 倍时最好。量程过小，光时域反射损耗测试仪的显示屏上看不全面，选择过大，则显示屏上横坐标压缩得看不清楚。根据工程经验，测试量程选择能使背向散射曲线大约占 OTDR 显示屏的 70% 时为宜。

4）OTDR 的测试脉宽（PUISH WIDTH）。原则是长距离用长脉宽，短距离用小脉宽。一定光纤长度必须选用相对应，长脉宽平均化时间短，但 OTDR 分辨率低，光纤存在的细小的异常情况（如小台阶等）不易发现。

长脉冲宽度时，动态范围较高但是死区较长，为减小噪声并检测远处的事件应增加脉冲宽度，如图 5-47 所示。

短脉冲宽度时，分辨率较高但是有更多的噪声，为缩短死区并清楚地分离接近的事件应减小脉冲宽度，如图 5-48 所示。

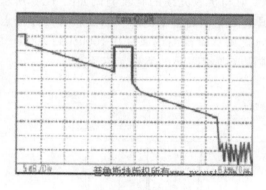

图 5-47　长脉冲宽度

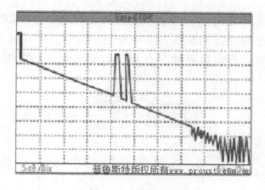

图 5-48　短脉冲宽度

两者必须有机结合，合理配置，典型值如下：

5ns/10ns/30ns/100ns/300ns/1μs 短链路

100ns/300ns/1μs/3μs/10μs 长链路

5）平均化时间的选择。由于背向散射光信号极其微弱，一般采用多次统计平均的方法来提高信噪比。OTDR 测试曲线是将每次输出脉冲后的反射信号采样，并把多次采样做平均化处理以消除随机事件，平均化时间越长，噪声电平越接近最小值，动态范围就越大。平均化时间为 3min 获得的动态范围比平均化时间为 1min 获得的动态范围提高 0.8dB。

一般来说平均化时间越长，测试精度越高。为了提高测试速度，缩短整体测试时间，测试时间可在 $0.5 \sim 3min$ 内选择。在光纤通信接续测试中，选择 1.5min（90s）就可获得满意的效果。

（2）测试方法　采用 OTDR 能够为技术人员提供光纤特性的图形化，永久的记录。OTDR 测试又可以分为三种常见方式：

1）不使用发射与接收光缆的验收测试。不使用发射与接收光缆的验收测试如图 5-49 所示，此种测试方式可以测试被测光缆，但是由于被测光缆的前、后端没有连接发射光缆，前、后的连接器不能被测试。在这种情况下，不能提供一个参考的后向散信号。因此，不能确定端点连接器点的损耗。为了解决这一问题，在 OTDR 的发射位置（前端）以及被测光纤的接收位置（远端）上加上一段光缆。

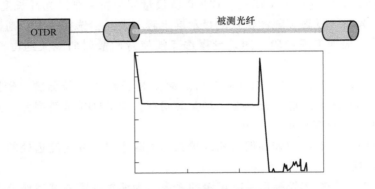

图 5-49 不使用发射与接收光缆的验收测试

2）使用发射与接收光缆的验收测试。使用发射与接收光缆的验收测试如图 5-50 所示，此种方式由于加上了发射与接收光缆，可以测试被测光缆的整条链路，以及所有的连接点。发射光缆的长度：多模测试通常在 300m 到 500m 之间；单模测试通常在 1000m 到 2000m 之间。非常重要的一点是发射与接收光缆应该与被测光缆相匹配（类型、芯径等）。

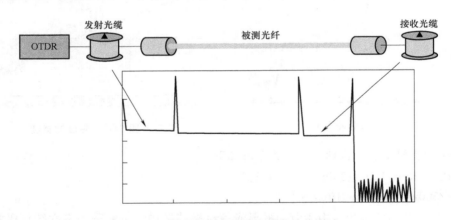

图 5-50 使用发射与接收光缆的验收测试

3）使用发射与接收光缆的环回测试。使用发射与接收光缆的环回测试如图 5-51 所示，此种方式可以测试被测光缆的整条链路，以及所有的连接点。由于采用环回测量方法，技术人员仅需要一台 OTDR 用于双向 OTDR 测量。在光纤的一端（近端）执行 OTDR 数据读取。一次可以同时测试两根光缆，所有数据读取时间被减为二分之一。

测试人员需要 2 人，一人在近端 OTDR 位置，另一人位于光缆另一端，采用跳线或者发射光缆将测试的两根光缆链路进行连接。

（3）自动 OTDR 曲线分析

自动 OTDR 曲线分析如图 5-52 所示。

（4）自动 OTDR 事件分析 自动 OTDR 事件分析如图 5-53 所示。

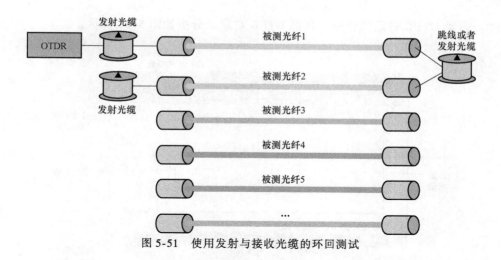

图 5-51　使用发射与接收光缆的环回测试

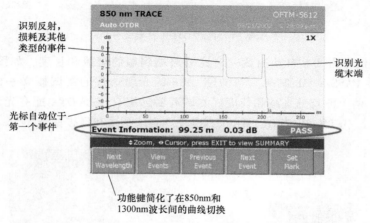

图 5-52　自动 OTDR 曲线分析

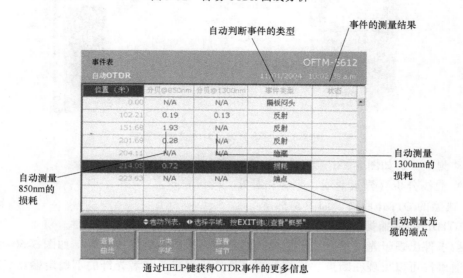

通过HELP键获得OTDR事件的更多信息

图 5-53　自动 OTDR 事件分析

（5）自动 OTDR 自定义分析　　自动 OTDR 自定义分析如图 5-54 所示。

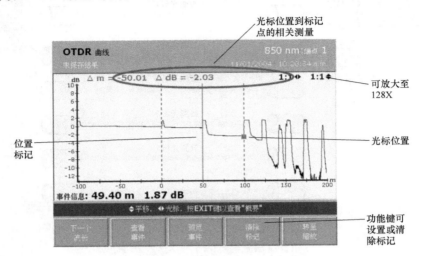

图 5-54　自动 OTDR 自定义分析

（6）损耗/长度测试　　自动测试一对光链路端到端的衰减和长度，如图 5-55 所示，与标准相比，提供 PASS/FAIL 结果。与 DTX/DSP 的光缆选件的测试概念一样，自动测试包括：一对光缆，两个波长的衰减和长度。测试需要远端（支持 DTX 配有光缆测试适配器的远端），需要配上 OFTM-5612/OFTM-5632 模块。测试结果和报告如图 5-56 和图 5-57 所示。

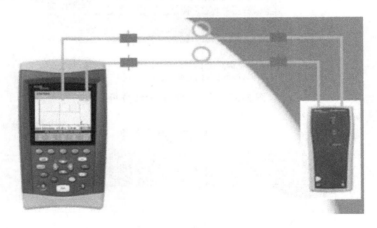

图 5-55　自动测试一对光链路示意图

自动测试分析如图 5-58 所示。

（7）曲线分析（异常曲线、原理和对策）

1）典型的 OTDR 曲线，如图 5-59 所示。

2）OTDR 能够捕捉的事件通常有两种类型：反射事件与非反射事件。

反射事件出现于光纤中存在不连续，引起折射指数的突然改变时，如图 5-60 和 5-61 所示。反射事件可以出现在断点、连接器连接处、机械接头或者光纤的不确定端点。对于反射事件，连接器损耗通常在 0.5dB 左右。对于机械接头，损耗通常在 0.1~0.2dB 之间。

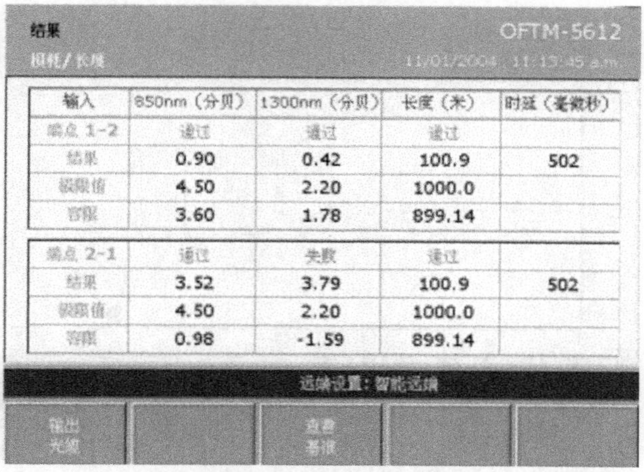

结果 OFTM-5612
损耗/长度 11/01/2004 11:13:45 a.m.

输入	850nm（分贝）	1300nm（分贝）	长度（米）	时延（毫微秒）
端点 1-2	通过	通过	通过	
结果	0.90	0.42	100.9	502
极限值	4.50	2.20	1000.0	
容限	3.60	1.78	899.14	
端点 2-1	通过	失败	通过	
结果	3.52	3.79	100.9	502
极限值	4.50	2.20	1000.0	
容限	0.98	-1.59	899.14	

远端设置：智能远端

输出光缆 查看基准

图 5-56　自动测试结果

概要
损耗/长度
OFTM-5612
11/01/2004 11:14:51 a.m.
光缆长度： 100.9 m 通过
余量： -1.60 dB 失败
失败
测试极限值： General Fiber
光缆类型： UF MM, 62.5
远端设置： 智能远端
端点 1： DATA CENTER
端点 2： CLOSET
查看结果
编辑注释

图 5-57　自动测试报告

结果 OFTM-5612
损耗/长度 11/01/2004 11:13:45 a.m.

输入	850nm（分贝）	1300nm（分贝）	长度（米）	时延（毫微秒）
端点 1-2	通过	通过	通过	
结果	0.90	0.42	100.9	502
极限值	4.50	2.20	1000.0	
容限	3.60	1.78	899.14	
端点 2-1	通过	失败	通过	
结果	3.52	3.79	100.9	502
极限值	4.50	2.20	1000.0	
容限	0.98	-1.59	899.14	

远端设置：智能远端

输出光缆 查看基准

图 5-58　自动测试分析

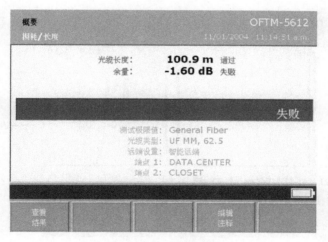

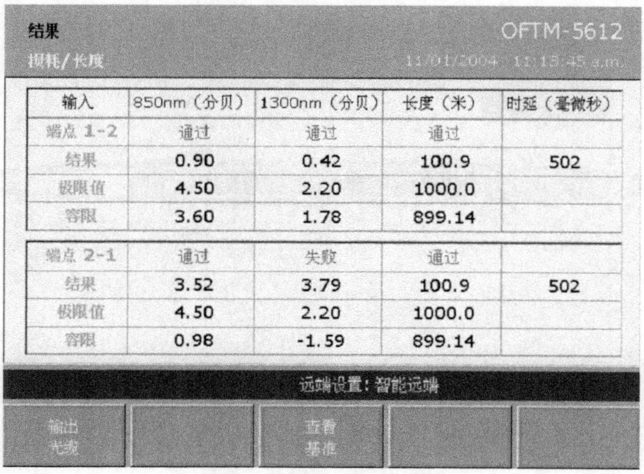

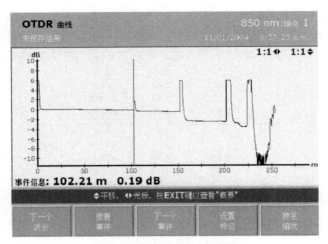

图 5-59　典型的 OTDR 曲线

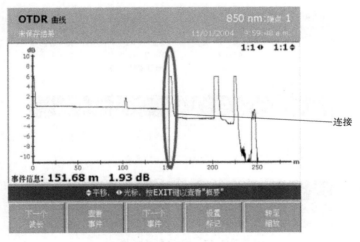

图 5-60　反射事件的 OTDR 曲线

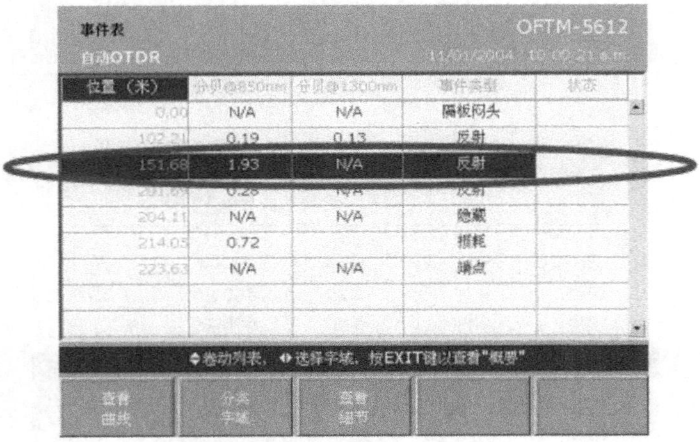

图 5-61　反射事件事件表

非反射事件出现于光纤中没有不连续点的位置上，且非反射事件通常是由于熔接损耗或者弯曲损耗，例如，宏弯曲所生成的，如图 5-62 和图 5-63 所示。典型的损耗值范围为 0.02 ~ 0.1dB，取决于熔接设备与操作者。

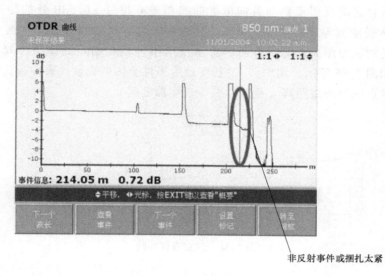

图 5-62　非反射事件的 OTDR 曲线

图 5-63　非反射事件事件表

3）斜率。斜率的标准偏差 dB/km 取决于本地噪声电平（与分布）和采用 SLA 方法的读取点数。典型的段损耗范围对于 1550nm 为 0.17 到 0.22dB/km，对于 1310nm 单模系统为 0.30 到 0.35dB/km，对于 1300nm 多模系统为 0.5 到 1.5dB/km，对于 850nm 系统为 2 到 3.5dB/km；

4）反射。一个连接器、断点或者机械接头处的反射量取决于光纤与光纤界面（另一个光纤、空气或者折射指数匹配液）材料之间的折射指数之差，以及断点或者连接器的几何形状（平的、角度的或者碎的）。这两个因素能够捕捉光纤纤芯内不同数量的反射。

5）盲区。在光纤测试过程中在存在强反射时，使得光电二极管饱和，光电二极管需要一定的时间由饱和状态中恢复，在这一时间内，它将不会精确地检测后散射信号，在这一过程中没有被确定的光纤长度称为盲区。盲区一般表现为前端盲区，为了解决这一问题，可以在测试光缆前加一条长的测试光纤将此效应减到最小。盲区又可分衰减盲区和事件盲区：①衰减盲区指的是自起始反射点到与背向散射曲线相差不超过 ±0.5dB 处的距离，如图 5-64 所示，图中 D 的长度就为衰减盲区的长度。衰减盲区告诉我们测试光纤连接点到第一个可检测接头点之间的最短距离；②事件盲区为从反射事件的起始点到该事件峰值衰减 1.5dB 间的距离，如图 5-65 所示，图中 D_1 的长度就为事件盲区的长度。事件盲区确定了两个可区分的反射事件点间的最短距离（例如，两个连接器之间）。

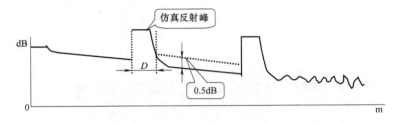

图 5-64　衰减盲区曲线

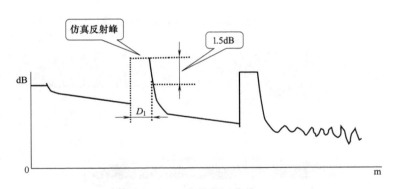

图 5-65　事件盲区曲线

6）典型反射曲线：这条曲线包括各种常见现象如图 5-66 所示。

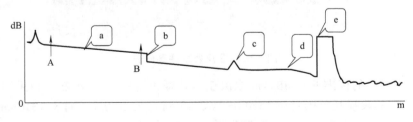

图 5-66　典型反射曲线

①区域 a 即在 A 点至 B 点区域内，曲线斜率恒定：表明光纤在该区域的散射均匀一致。因此可获得相应的常数。在这种情况下，测量仅从一端即可满足要求；②区域 b 表示局部的损耗变化，这种变化可能，主要由外部原因（如光纤接头）和内部原因光纤本身引起的，在此情况下，进行两端测量，取平均值表示该接头损耗；③区域 c 所示的不规则性由后向散

射的剧烈增强所致，这种变化可能由外部测试原因二次反射余波（鬼影）产生能量叠加和内部原因光纤本身缺陷（小裂纹）造成的，先必须确认是何种原因，再采用两端测量来测定这种不规则对衰减的影响；④区域 d 即后向散射曲线有时出现弓形弯曲。有内部因素，一般是吸收损耗变化导致衰减变化。对于外部因素，可能与光纤受力增加有关。如何确定是何种因素，可对光纤或兴缆施加外力或改变其温度，如特性不变，是内部因素，反之为外部因素；⑤区域 e 光纤的端点或任何的不连续点会产生菲涅尔反射或后向散射功率损耗（无菲涅尔反射）由此可测定这些端点或不连续点的位置。机械式接头界面往往产生这种反射。

（7）实际在测试中最常见的异常曲线、原理和对策

1）现象 1：如图 5-67 所示，光纤末端无菲涅尔反射峰，曲线斜率、衰减正常，无法确认光纤长度。

原因：光纤末端面上比较脏或光纤端面质量差。

对策：清洗光纤末端面或重新做端面。

2）现象 2：如图 5-68 所示，曲线成明显弓形，衰减严重偏大或偏小，无菲涅尔反射峰。

原因：量程设置错误（不足被测光纤长度 2 倍以上）。

对策：增大量程。

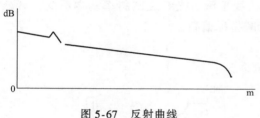

图 5-67　反射曲线

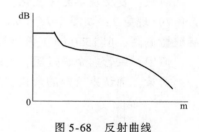

图 5-68　反射曲线

3）现象 3：如图 5-69 所示，在曲线斜率恒定的曲线中间有一个"小山峰"（背向散射剧烈增强所致）。

原因：①光纤本身质量原因（小裂纹）；②二次反射余波在前端面产生反射。

对策：在这种情况下改变光纤测试量程、脉宽、重新做端面，再测试如"小山峰"消失则为原因②，如不消失则为原因①。

4）现象 4：如图 5-70 所示，在光纤连接器、耦合器、熔接点处产生一个明显的增益。

原因：模场直径不匹配造成的。

对策：测试衰减和接头损耗必须双向测试，取平均值。

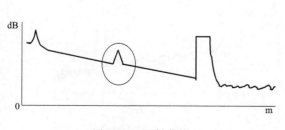

图 5-69　反射曲线

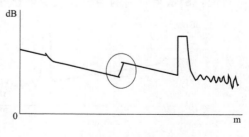

图 5-70　反射曲线

5）现象 5：如图 5-71 所示，曲线斜率正常，光纤均匀性合格，但两端光纤衰减系数相差很大。

原因：模场不均匀造成，一般为光纤拉丝引头和结尾部分。

对策：测试衰减必须双向测试，取平均值。

6）现象 6：如图 5-72 所示，在整根光纤衰减合格，曲线大部分斜率均匀，但在菲涅尔反射峰前沿有一小凹陷；

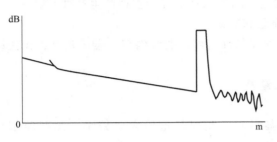

图 5-71　反射曲线

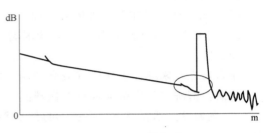

图 5-72　反射曲线

原因：末端几米或几十米光纤受侧压。

对策：复绕观察有无变化，无变化则剪掉。

7）现象 7：如图 5-73 所示，1310nm 光纤曲线平滑，光纤衰减斜率基本不变，衰减指标略微偏高；但 1550nm 光纤衰减斜率增加，衰减指标偏高。

原因：束管内余长过短，光纤受拉伸。

对策：确认束管内的余长，增加束管内的余长。

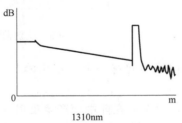

1310nm

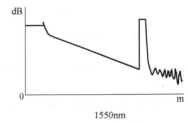

1550nm

图 5-73　反射曲线

8）现象 8：如图 5-74 所示，1310nm 光纤曲线平滑，光纤衰减斜率基本正常，衰减指标正常；但 1550nm 光纤衰减斜率严重不良，衰减指标严重偏高。

原因：束管内余长过长，光纤弯曲半径过小。

对策：确认束管内的余长，减少束管内的余长。

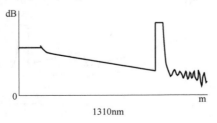

1310nm

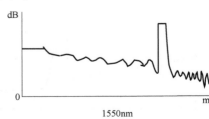

1550nm

图 5-74　反射曲线

9）现象 9：如图 5-75 所示，尾纤与过渡纤有部分曲线出现有规则的曲线不良，但被测光纤后半部分曲线正常，整根被测光纤衰减指标基本正常。

原因：一般是由设备本身和测试方法综合造成的。

对策：关机、重新启动，对各个光纤接触部分进行清洁。

三、光缆链路故障及原因

1. 光缆故障及测试

（1）主要故障

1）信号丢失，连接完全不通。可能的原因有：①传输功率过低；②光纤敷设距离过长；③连接器受损；④光纤接头和连接器故障；⑤使用过多的光纤接头和连接器；⑥光纤配线盘或熔接盘连接处故障。

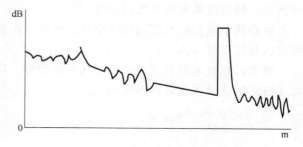

图 5-75　反射曲线

2）连接时断时续。可能的原因有：①结合处制作水平低劣或接合次数过多造成光纤衰减严重；②灰尘、指纹、擦伤、湿度等因素损伤了连接器；③传输功率不足；④在配线间连接器错误。

（2）快速测试。可以使用激光指点器来检查缆线是否完全失效。方法如下：首先将光缆两端断开，然后把一只激光指点器对准光缆一端，看另一端是否有光线出来，如图 5-76 所示。这种测试快速，但不精确。

2. 光缆传输通道（链路）故障及减少故障的方法

（1）主要故障　光缆链路的主要故障有：①光纤熔接不良（有空气）；②光纤断裂或受到挤压；③接头处抛光不良；④接头处接触不良；⑤光缆过长；⑥核心直径不匹配；⑦填充物直径不匹配；⑧弯曲过度（弯曲半径过小）；⑨光缆连接器端接面不洁。

（2）减少故障的方法

1）记住光缆的强度系数，不可超强度拖拽光缆，不可过度弯曲光缆。

2）在安装过程中按照厂商的要求清洁连接器。

3）使用视频放大镜检查连接器的洁净度和划伤情况。

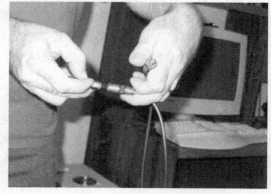

图 5-76　使用激光指点器检查缆线示意图

4）使用 VFL 检验光缆的方向。

5）按照标准，使用 OTDR 测试安装的光缆。

6）当测试光缆链路时，使用清洁的跳线，并始终保持其清洁。

7）所有连接器都要安装防尘罩一套。

8）使用视频放大镜检查跳线的端接面。

9）在清洁光缆端口之前咨询设备厂商。

10）出现故障时使用合适的工具可以减少故障诊断的时间并节省用户的费用。

综合布线系统的测试分为双绞线电缆链路测试和光缆链路测试两大类，目的是为了满足智能建筑的要求，保证和评价布线系统工程的质量。测试标准有国家标准和国际标准。要求充分理解测试参数，能正确选择、熟练使用测试仪器，熟悉测试过程；利用测试手段及时发现故障，确定故障原因并加以排除。

整理测试数据应该使用测试仪管理软件导出被测数据，然后生成符合要求的测试报告，测试报告应完整、真实。

随着信息技术的不断发展，布线测试标准、测试仪器的不断更新，应该选择能满足网络布线要求的测试方法进行系统测试。

 知识链接

一、光纤光缆测试相关基础知识

1. 光缆链路的关键物理参数

（1）衰减　衰减是光在光沿光纤传输过程中光功率的减少。光纤网络总衰减是同光纤的长度成正比的，所以总衰减不仅表明了光纤损耗本身，还反映了光纤的长度。为反映光纤衰减的特性，我们引进光缆损耗因子的概念。对衰减进行测量时，因为光纤连接到光源和光功率计时不可避免地会引入额外的损耗，所以在现场测试时就必须先进行对测试仪的测试参考点的设置（即归零的设置）。对于测试参考点有好几种的方法，主要是根据所测试的链路对象来选用的这些方法，在光缆布线系统中，由于光纤本身的长度通常不长，所以在测试方法上会更加注重连接器和测试跳线上，方法更加重要。

（2）回波损耗　反射损耗又称为回波损耗，它是指在光纤连接处，后向反射光相对输入光的比率的分贝数，回波损耗愈大愈好，以减少反射光对光源和系统的影响。改进回波损耗的方法是，尽量选用将光纤端面加工成球面或斜球面是改进回波损耗的有效方法。

（3）插入损耗　插入损耗是指光纤中的光信号通过活动连接器之后，其输出光功率相对输入光功率的比率的分贝数，插入损耗愈小愈好。插入损耗的测量方法与衰减的测量方法相同。

2. 光纤测试

光纤链路的传输质量不仅取决于光纤和连接件的质量，还取决于安装工艺和应用环境。在光纤应用中，对光纤和光纤系统的基本测试内容有光纤连续性和光功率损耗。通过测量光纤输入功率和输出功率，分析光纤的光功率损耗（衰减），确定光纤连续性和发生光损耗的部位等。

（1）光纤连续性　光纤连续性是对光纤的基本要求，进行连续性测量时，通常是把红色激光、发光二极管（LED）或其他可见光注入光纤，并在光纤的末端监视光的输出。

（2）光功率损耗　如图 5-77 所示，影响光纤传输性能的主要参数是光功率损耗。损耗主要是由光纤本身、活接头和熔接点造成的。

3. 光缆测试

光缆布线系统安装完成之后，需要对链路传输特性进行测试，其中最主要的几个测试项目是光链路长度、衰减，连接器的插入损耗、回波损耗等。

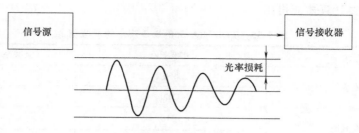

图 5-77　光功率损耗

衰减是指光在沿光纤传输过程中光功率的减少。

回波损耗又称反射损耗，它是指在光纤连接处，后向反射光相对输入光的比率的分贝数。回波损耗越大越好，以减少反射光对光源和系统的影响。改进回波损耗的有效方法是，尽量将光纤端面加工成球面或斜球面。

插入损耗是指光纤中的光信号通过活动连接器之后，其输出光功率相对输入光功率的比率的分贝数。插入损耗越小越好。

（1）光纤链路现场认证测试标准及内容

1）测试标准。目前世界范围内公认的光纤链路现场认证测试标准主要有：北美地区的 TIA/EIA-568-B.3 标准；国际标准化组织的 ISO/IEC 11801：2002 标准。

推荐使用 62.5/125μm 多模光缆、50/125μm 多模光缆和 8.3/125μm 单模光缆。

2）测试模型。建筑物主干光缆链路的测试模型如图 5-78 所示。

3）测试内容

① 长度：TIA/EIA-568-B.3 规定光缆链路现场测试所需的单一性能参数为链路损耗（衰减）。但它只对各类光缆链路的长度作了规定，具体见表 5-34。

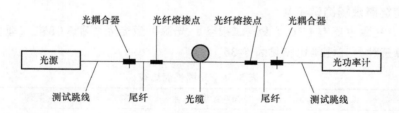

图 5-78　光缆链路测试模型

表 5-34　TIA/EIA-568-B.3 规定的光缆链路长度值（主干）

分　段	建筑物主干	建筑群干
62.5/125μm 多模光缆	300	1700
50/125μm 多模光缆	300	1700
8.3/125μm 单模光缆	300	2700

② 衰减：对各衰减点，包括单位长度光纤、光纤熔接点、光耦合器的最大衰减作了规定，具体见表 5-35。

③ 衰减极限：对于具体的光缆链路来说，TIA/EIA-568-B.3 是一个"活"的标准，因为一条完整的光缆链路的光纤长度、接头和熔接点数目可能不同，造成每一条光缆链路测试

的标准都必须通过计算才能得出。

表 5-35　TIA/EIA-568-B. 3 规定的衰减值

种　　类	工作波长/nm	衰减系数/dB·km^{-1}
多模光缆	850	3.5
	1300	1.5
室外单模光缆	1310	0.5
	1550	0.5
室内单模光缆	1310	1.0
	1550	1.0
光耦合器衰减	0.75	
熔接点衰减	0.3	

衰减极限 = 光纤衰减率 × 光纤长度 + 耦合器衰减 × 耦合器数 + 熔接点衰减 × 熔接点数

举例：一条工作在 850nm 波长的光缆链路，长度为 2km，使用了两个耦合器，两个熔接点；按照标准规定，光纤衰减率为 3.5dB/km，每个耦合器的衰减为 0.75dB，每个熔接点的衰减为 0.3dB，则此链路的衰减极限为 (3.5 × 2 + 0.75 × 2 + 0.3 × 2)dB = 9.1dB。

如果测试得到的值小于此值，说明此光缆链路的衰减在标准规定范围之内，链路合格；如果测试得到的值大于此值，说明此光缆链路的衰减在标准规定范围之外，链路不合格。

（2）光缆链路现场认证测试　对于水平光缆链路的测量仅需在一个波长上进行测试，这是因为光缆长度短（小于 90m），因波长变化而引起的衰减不明显，衰减测试结果应小于 2.0dB；对于主干光缆链路应以两个操作波长进行测试，即多模主干光缆链路使用 850nm 和 1300nm 波长进行测试，单模主干光缆链路使用 1310nm 和 1550nm 波长进行测量。

（3）光缆链路现场测试工具

1）光源。光源主要有 LED（发光二极管）光源、激光光源和 VCSEL（垂直腔体表面发射激光）光源三种，其性能比较见表 5-36。

表 5-36　光源性能比较

光源类型	工作波长/nm	光纤类型	带宽	元器件	价格
LED	850	多模	>200MHz	简单	便宜
Laser	850/1310/1550	单模	>1GHz	复杂	昂贵
VCSEL	850	多模	>5GHz	适中	适中

TIA/EIA-568-B. 1 标准将光源归为 5 类，从 1 类典型 LED 光源到 5 类 FP 激光。VCSEL 通常为 3 类或 4 类。

2）光功率计。光功率计是测量光纤上传输信号强度的设备，用于测量绝对光功率或通过一段光纤的光功率相对损耗。

将光功率计与稳定光源组合使用，组成光损失测试器，则能够测量连接损耗，检验连续性，并帮助评估光缆链路的传输质量。Fluke 单模激光光源、多模光源、单/多模光功率计如图 5-79 所示。

3）光时域反射计（OTDR）。OTDR 是根据光的后向散射原理制作的，利用光在光纤中传播时产生的后向散射光来获取衰减的信息，可用于测量光纤衰减、接头损耗、光纤故障点定位以及了解光纤沿长度的损耗分布情况等。

反向散射是对所有光纤都有影响的一种现象，是由于光子在光纤中发生反射所引起的，如图5-80所示。

通过分析OTDR接收到的光子反向散射信号波形图，技术人员可以看到整个系统的轮廓；确定光纤分段以及连接器的位置，并测量它们的性能；确定由于施工质量所导致的问题；如果知道光信号在光纤中传输的速率，OTDR可以根据信号发送和接收的时间差确定光纤断路等故障的位置，常见OTDR的波形如图5-81所示。

图 5-79　光功率计

4）可视故障定位仪（VFL）。可视故障定位仪（VFL）用来检测光的极性、断点以及光的衰减的仪器。

4. OTDR 测试仪介绍

Fluke网络公司的OptiFiber光缆认证（OTDR）分析仪，是专为检测局域网和城域网光缆安装设计的。除保留传统OTDR设备的链路曲线分析功能外，还把光功率损耗测试、插入损耗和光缆长度测试、光缆连接头端接面洁净度检查和光缆链路信道图等功能集成在一起，能为用户提供更高级、更详细的光缆认证和故障诊断服务。

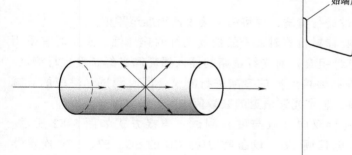

图 5-80　反向散射示意图

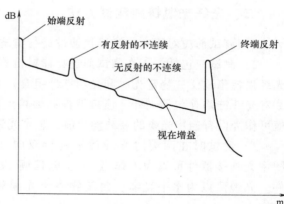

图 5-81　OTDR 的波形图

OptiFiber可以按照工业标准和用户指标对光缆链路进行认证测试，对短距离光缆进行故障诊断，并对所有测试结果进行文档备案。其主要特性如下：

（1）第二级光缆认证　TSB 140标准包括两个级别的测试：第一级是使用光损耗测试设备（OLTS）测试光功率损耗和光缆长度；第二级测试要求在第一级的基础上增加安装光缆的OTDR曲线要求。

（2）强大的故障诊断能力　OptiFiber集成了光缆局域网故障诊断所需的几乎全部功能，能即时、精确地进行故障诊断，快速得到通过（PASS）与否的测试结果。OTDR测试仪在850nm波长上测试死区可小至1m；独特的信道图形显示所有连接头的位置；自动OT-

DR 图形和事件分析；250 倍高分辨率视频端接面洁净度检查；使用 LinkWare 电缆测试管理软件可以对所有测试结果进行文档备案。

（3）自动 OTDR 分析　在自动 OTDR 模式下，分析仪可以优化光的发射条件从而得到最佳的结果；进行双波长 OTDR 测量；识别和标记光缆链路和事件（事件是指光缆链路中的每个连接情况，如一个转接头、一条跳线都为一个事件），将测试结果和用户预置的测试限进行比较，立即给出通过/失败的结果。

（4）损耗/长度认证　自动插入损耗测试，能立即提供链路基于标准的通过/失败结果。链路认证需要一对 OptiFibers，各在光缆链路的一端。

（5）光缆端接面洁净度检查　在光缆故障中，85% 以上是由于光缆端接面污染造成的。使用 OptiFiber 的 250 倍视频检查系统就可以方便地查看这些污染。

（6）信道图（Channel Map）　OptiFiber 的信道图功能将 OTDR 数据表示为简单的图表或图形，显示连接头的位置和数量，无需解释就可以看懂。可以快速验证链路结构，识别短至 1m 的跳线。

（7）光功率计　使用 OptiFiber 光功率计模块选件，可以：

1）直接进行光功率测量，验证光源和链路性能；

2）测量 850、1300/1310 和 1550nm 光功率；

3）以 dBm 或 μW 显示光功率；

4）保存测试结果并附加注释。

二、光纤光缆链路测试方法

1）测试前应对所有的光连接器件进行清洗，并将测试接收器校准至零位。

2）测试应包括：①在测试前进行器材检验时，一般检查光纤的连通性，必要时宜采用光纤损耗测试仪（稳定光源和光功率计组合）对光纤链路的插入损耗和光纤长度进行测试；②对光纤链路（包括光纤、连接器件和熔接点）的衰减进行测试，同时测试光跳线的衰减值可作为设备连接光缆的衰减参考值，整个光纤信道的衰减值应符合设计要求。

3）测试时在两端对光纤逐根进行双向（收与发）测试，连接方式如图 5-82 所示。图中光连接器件可以为工作区 TO、电信间 FD、设备间 BD、CD 的 SC、ST、SFF 连接器件。光缆可以为水平光缆、建筑物主干光缆和建筑群主干光缆。光纤链路中不包括光跳线在内。

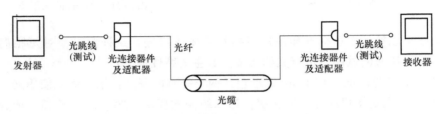

图 5-82　光纤光缆链路测试连接（单芯）

4）布线系统所采用光纤的性能指标及光纤信道指标应符合设计要求。不同类型的光缆在标称的波长，每公里的最大衰减值应符合表 5-37 的规定。

5）光缆布线信道在规定的传输窗口测量出的最大光衰减（介入损耗）应不超过表 5-38

的规定，该指标已包括接头与连接插座的衰减在内。

表 5-37　光缆衰减

项目	最大光缆衰减/dB·km^{-1}			
	OM1,OM2 及 OM3 多模		OS1 单模	
波长	850nm	1300nm	1310nm	1550nm
衰减	3.5	1.5	1.0	1.0

表 5-38　光缆信道衰减范围

级别	最大信道衰减/dB			
	单模		多模	
	1310nm	1550nm	850nm	1300nm
OF-300	1.80	1.80	2.55	1.95
OF-500	2.00	2.00	3.25	2.25
OF-2000	3.50	3.50	8.50	4.50

注：每个连接处的衰减值最大为 1.5dB。

6）光纤链路的插入损耗极限值可用以下公式计算：

$$光纤链路损耗 = 光纤损耗 + 连接器件损耗 + 光纤连接点损耗$$
$$光纤损耗 = 光纤损耗系数(dB/km) × 光纤长度(km)$$
$$连接器件损耗 = 每个连接器件损耗 × 连接器件个数$$
$$光纤连接点损耗 = 每个光纤连接点损耗 × 光纤连接点个数$$

光纤链路损耗参考值如表 5-39 所示。

表 5-39　光纤链路损耗参考值

种类	工作波长/nm	衰减系数/dB·km^{-1}
多模光纤	850	3.5
多模光纤	1300	1.5
单模室外光纤	1310	0.5
单模室外光纤	1550	0.5
单模室内光纤	1310	1.0
单模室内光纤	1550	1.0
连接器件衰减	0.75dB	
光纤连接点衰减	0.3dB	

7）所有光纤链路测试结果应有记录，记录在管理系统中并纳入文档管理。

 知识拓展

一、光纤链路现场认证测试

1. 光纤链路现场认证测试的目的

光纤链路现场认证测试是安装和维护光纤通信网络的必要部分，是确保电缆支持您计划采用的网络协议的一种重要方式。它的主要目的是遵循特定的标准检测光纤系统连接的质量，减少故障因素以及存在故障时找出光纤的故障点，从而进一步查找故障原因。

2. 光纤链路现场认证测试标准

目前光纤链路现场认证测试标准分为两大类：光纤系统标准和应用系统标准。

（1）光纤系统标准　光纤系统标准是独立于应用的光纤链路现场认证测试标准。对于不同光纤系统它的测试极限值是不固定的，它是基于电缆长度、适配器和接合点的可变标准。目前大多数光纤链路现场认证测试使用这种标准。世界范围内公认的标准主要有：北美地区的 EIA/TIA—568—B 标准和国际标准化组织的 ISO/IEC 11801 标准。EIA/TIA－568－B 和 ISO/IECIS 11801 推荐使用 $62.5/125\mu m$ 多模光缆、$50/125\mu m$ 多模光缆和 $8.3/125\mu m$ 多模光缆。

（2）光纤应用系统标准　光纤应用系统标准是基于安装光纤的特定应用的光纤链路现场认证测试标准。每种不同的光纤通信系统的测试标准是固定的，不同网络应用的测试标准如表 5-40 所示。

常用的光纤应用系统有：100BASE—FX、1000BASE—SX、1000BASE—LX、ATM 等等。

表 5-40　不同网络应用光纤链路测试标准

网络应用	波长/nm	对应光缆类型的 最长距离/m			对应光缆类型的 链路余量/dB		
		62.5	50	单模	62.5	50	单模
10Base-F	850	2000	2000	NS	12.5	7.8	NS
FOIRL	850	2000	NS	NS	8	NS	NS
Token Ring4/16	850	2000	2000	NS	13	8.3	NS
Demand Priority	850	500	500	NS	7.5	2.8	NS
（100VG—anyLAN）	1300	2000	2000	NS	7.0	2.3	NS
100Base—FX	1300	2000	2000	NS	11	6.3	NS
100Base—SX	850	300	300	NS	4.0	4.0	NS
FDDI	1300	2000	2000	40000	11.0	6.3	10—32
FDDI（low cost）	1300	500	500	NA	7.0	2.3	NA
ATM 52	1300	3000	3000	15000	10	5.3	7—12
ATM 155	1300	2000	2000	15000	10	5.3	7—12
ATM 155	850（Laser）	1000	1000	NA	7.2	7.2	NA
ATM 622	1300	500	500	15000	6.0	1.3	7—12
ATM 622	850（Laser）	300	300	NA	4.0	4.0	NA
Fiber Channel 266	1300	1500	1500	10000	6.0	5.5	6—14
Fiber Channel 266	850（Laser）	700	2000	NA	12.0	12.0	NA
Fiber Channel 1062	850（Laser）	300	500	NA	4.0	4.0	NA
Fiber Channel 1062	1300	NA	NA	10000	NA	NA	6—14
1000Base—SX	850（Laser）	220	550	NA	3.2	3.9	NA
1000Base—LX	1300	550	550	5000	4.0	3.5	4.7
ESCON	1300	3000	NS	20000	11	NS	16

注：NA＝不可用。NS＝未定义。大多数未定义在单模光纤上运行的局域网都有介质转换器来实现在单模光纤上的运行。

3. 光纤链路段

EIA/TIA—568—B 中定义的光纤链路段模型为两个光纤接线段——水平光纤段和基干光纤段。典型的水平链路段为自电信出口/连接器到水平交叉接线。

典型的基干链路段有三种：主交叉线至中间交叉线、主交叉线至水平交叉线和中间交叉线至水平交叉线。

二、光纤链路现场认证测试内容

对于光纤系统需要保证的是在接收端收到的信号应足够大，由于光纤传输数据时使用的是光信号，因此它不产生磁场，也就不会受到电磁干扰（EMI）和射频干扰（RFI），不需要对 NEXT 等参数进行测试，所以光纤系统的测试不同于铜导线系统的测试。

在光纤的应用中，虽然光纤本身的种类很多，但光纤及其系统的基本测试参数大致都是相同的。在光纤链路现场认证测试中，主要是对光纤的光学特性和传输特性进行测试。光纤的光学特性和传输特性对光纤通信系统的工作波长、传输速率、传输容量、传输距离、和信号质量等有着重大影响。但由于光纤的色散、截止波长、模场直径、基带响应、数值孔径、有效面积、微弯敏感性等特性不受安装方法的有害影响，它们应由光纤制造厂家进行测试，不需进行现场测试。在 EIA/TIA—568—B 中规定光纤通信链路现场测试所需的单一性能参数为链路损失（衰减）。

1. 光功率的测试

对光纤工程最基本的测试是在 EIA 的 FOTP—95 标准中定义的光功率测试，它确定了通过光纤传输的信号的强度，还是损失测试的基础。测试时把光功率计放在光纤的一端，把光源放在光纤的另一端。

2. 光学连通性的测试

光纤通信系统的光学连通性表示光纤通信系统传输光功率的能力。通过在光纤通信系统的一端连接光源，在另一端连接光功率计，通过检测到的输出光功率可以确定光纤通信系统的光学连通性。当输出端测到的光功率与输入端实际输入的光功率的比值小于一定的数值时，则认为这条链路光学不连通。

3. 光功率损失测试

光功率损失这一通用于光纤领域的术语代表了光纤通信链路的衰减。衰减是光纤通信链路的一个重要的传输参数，它的单位是分贝（dB），如图 5-83 所示。它表明了光纤通信链路对光能的传输损耗（传导特性），其对光纤质量的评定和确定光纤通信系统的中继距离起到决定性的作用。光信号在光纤中传播时，平均光功率延光纤长度方向成指数规律减少。在一根光纤网线中，从发送端到接收端之间存在的衰减越大，两者间可能传输的最大距离就越短。衰减对所有种类的网线系统在传输速度和传输距离上都产生负面的影响，但因为光纤传输中不存在串扰、EMI、RFI 等问题，所以光纤传输对衰减的反应特别敏感。

光功率损失测试实际上就是衰减的测试，它测试的是信号在通过光纤后的减弱。光纤比铜缆更能抵制衰减，但即使网络没有使用非常长的光纤传输，仍然存在着显著的损失，这不是光纤本身的问题，而是安装时所做的连接的问题。光功率损失测试验证了是否正确安装了光纤和连接器。

光功率损失测试的方法类似于光功率测试，只不过是使用一个标有刻度的光源产生信

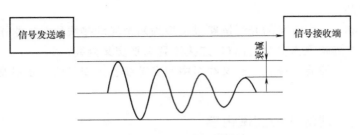

图 5-83 光纤通信链路的衰减

号，使用一个光功率计来测量实际到达光纤另一端的信号强度。光源和光功率计组合后称为光损失测试器 （OLTS）。

测试过程首先应将光源和光功率计分别连接到参照测试光纤的两端，以参照测试光纤作为一个基准，对照它来度量信号在安装的光纤路径上的损失。在参照测试光纤上测量了光源功率之后，取下光功率计，将参照测光纤连同光源连接到要测试的光纤的一端，而将光功率计连到另一端。测试完成后将两个测试结果相比较，就可以计算出实际链路的信号损失。这种测试有效的测量了在光纤中和参照测试光纤所连接的连接器上的损失量，如图 5-84 所示。

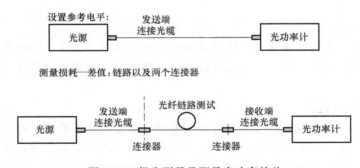

图 5-84 损失测量是测量光功率的差

对于水平光纤链路的测量仅需在一个波长上进行测试，这是因为由于光纤长度短（小于 90m），因波长变化而引起的衰减是不明显的，衰减测试结果应小于 2.0dB。对于基干光纤链路应以两个操作波长进行测试，即多模基干光纤链路使用 850nm 和 1300nm 波长进行测试，单模基干光纤链路使用 1310nm 和 1550nm 波长进行测量。1550nm 的测试能确定光纤是否支持波分复用，还能发现在 1310nm 测试中不能发现的由微小的弯曲所导致的损失。由于在基干光纤链路现场测试中基干长度和可能的接头数取决于现场条件，因此应使用光纤链路衰减方程式根据 EIA／TIA—568—B 中规定的部件衰减值来确定验收测试的极限值。

▶ 实训报告

1. 光缆布线系统安装完成之后，需要对光缆链路传输特性进行测试。请问 GB 50311—2007 《综合布线系统工程设计规范》 中规定的光缆链路的主要测试项目有哪些？

2. 对已完成的光缆链路及信道进行测试，记录测试结果，并填写表 5-41 光纤链路测试记录表。

表 5-41　光纤链路测试记录表

光缆链路编号	光纤长度/km	衰减/dB		光回波损耗/dB		光分光功率/dB
		1310nm	1550nm	1310nm	1550nm	

3. 根据教师随意设置 2 条故障链路，对照表 5-42 完成链路测试，进行链路故障分析和故障诊断以及故障维修，并填写表 5-43 综合布线系统故障检测分析表。

表 5-42　故障链路对照表

链　路	1	2
一层机柜内光纤配线架 ST 型耦合器	A1	A2
三层机柜内光纤配线架 ST 型耦合器	A1	A2

表 5-43　综合布线系统常见故障检测分析表

序号	链路名称	检测结果	主要故障类型	主要故障主要原因分析	维修结果
1	A1 链路				
2	A2 链路				

项目6 实现综合布线系统工程设计

 案例分析

一、项目背景资料

1. 项目总体资料

某商务大楼主体共 18 层由两个相对独立的单元 A 座和 B 座所组成；裙楼共 4 层（简称 C 座），第一层为公用大厅、通道和物业管理办公区以及各类机房，其余各层为开发商自用办公区。

电信网络进线间在 C 座第一层，并配置中心网络设备（CD），通过室内多模光缆和大对数电缆，分别接入大楼 A 座、B 座和 C 座各自独立的建筑物配线设备间（BD）。

大楼 A 座、B 座和 C 座的综合布线系统干线子系统的垂直桥架已分别安装完毕，A 座和 B 座干线子系统选用室内多模光缆和大对数电缆，沿弱电竖井中架设的金属桥架，分别连接数据网络和语音网络。

大楼 A 座、B 座和 C 座各楼层内均设有独立的弱电间（楼层管理间或电信间 FD），A 座和 B 座可根据各层实际情况，配置交换设备和配线设备，楼层分配线架连接用户水平电缆和数据主干光缆应采用相应的模块式铜缆配线架和光纤配线架，连接语音主干缆线应采用 110 系列配线架。

大楼综合布线系统配线子系统均采用超 5 类 4 对非屏蔽双绞线。将来可根据设备连接需要，随时将任一 UTP 信息点跳线连接成语音或数据应用。

大楼 A 座和 B 座的各楼层工作区信息点分布，可根据实际需求进行设计与配置。

在综合布线系统上缆线传输的信号种类可分为数据信息号、语音信息号、图像视频信号等。

2. 商务大楼 C 座资料

商务大楼 C 座为物业管理和开发商自用办公区。各楼层分布如图 6-1、图 6-2、图 6-3 所示。

商务大楼 C 座的设备间集中配置网络交换设备，并且数据信息点采用模块式配线架安装，语音信息点采用 110 配线架。

C 座干线子系统选用超 5 类 4 对非屏蔽双绞线和大对数电缆，沿弱电竖井中架设的金属桥架连接数据网络和语音网络。

水平线缆均采用超 5 类 4 对非屏蔽双绞线。

C 座的工作区信息点分布为：一层有数据信息点和语音信息点各 15 个；二、三层均为数据信息点 34 个和语音信息点 31 个；四层有数据信息点 20 个，语音信息点 18 个。

商务大楼 C 座第一层各房间功能及信息点需求见表 6-1。

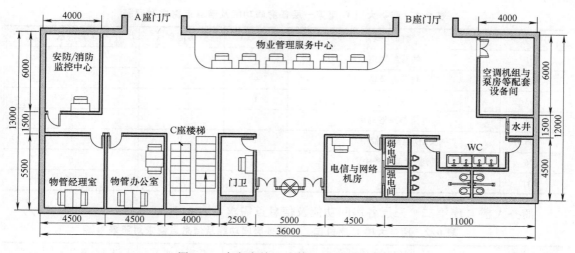

图 6-1　商务大楼 C 座第一层平面分布图

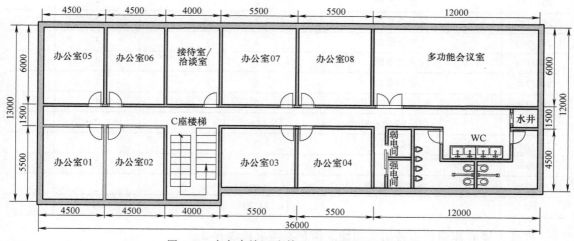

图 6-2　商务大楼 C 座第二、三层平面分布图

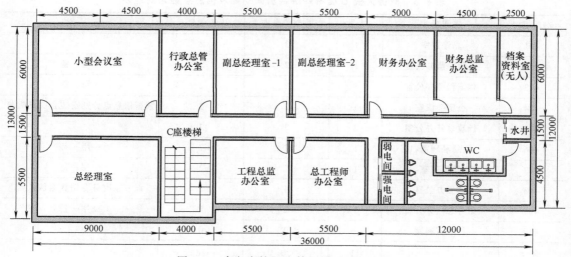

图 6-3　商务大楼 C 座第四层平面分布图

表 6-1 商务大楼 C 座第一层各房间功能及信息点需求对照表

房间编号	房间功能	人数	数据信息点	语音信息点
101	物管经理室	2	2	2
102	物管办公室	4	4	4
103	门卫	1	1	1
104	电信与网络机房	1	1	1
105	安防/消防监控中心	1	1	1
106	物业管理服务中心	6	6	6
合计		15	15	15

商务大楼 C 座第二、三层各房间功能及信息点需求见表 6-2。

表 6-2 商务大楼 C 座第二、三层各房间功能及信息点需求对照表

房间编号	房间功能	人数	数据信息点	语音信息点	备注
201/301	办公室 01	2	2	2	
202/302	办公室 02	2	2	2	
203/303	办公室 03	3	3	3	
204/304	办公室 04	3	3	3	
205/305	办公室 05	4	4	4	
206/306	办公室 06	4	4	4	
207/307	接待室/洽谈室	1/—	2	2	
208/308	办公室 07	5	5	5	
209/309	办公室 08	5	5	5	
210/310	多功能会议室	—	4	1	
合计		24/23	34	31	

商务大楼 C 座第四层各房间功能及信息点需求见表 6-3。

表 6-3 商务大楼 C 座第四层各房间功能及信息点需求对照表

房间编号	房间功能	人数	数据信息点	语音信息点	备 注
401	总经理室	1	2	2	
402	工程总监办公室	1	2	2	一用一备
403	总工程师办公室	1	2	2	一用一备
404	小型会议室	—	2	1	数据信息点分别安装会议桌两端
405	行政总管办公室	2	2	2	
406	副总经理室-1	1	2	2	一用一备
407	副总经理室-2	1	2	2	一用一备
408	财务办公室	3	4	3	设一条财务专用数据信息点
409	财务总监办公室	1	2	2	一用一备
410	档案资料室	—	0	0	
合计		11	20	18	

3. 项目局部资料

南京华泽科技有限公司，租用商务大楼的 A 座第六层作为公司办公场所。商务大楼 A 座第六层的建筑面积约为 500m^2，拟对该楼层进行办公环境重新布局和办公条件改善，该楼层平面布置图如图 6-4 所示。

根据华泽科技公司信息系统的整体规划和办公场所中各房间的不同功能需求，完成综合布线系统设计，按要求设置每个房间的工作区信息点数量，并为每个房间的各个工作区提供一个双口信息插座（提供数据信息点和语音信息点各一个），分别支持数据和语音信号传输。在大楼 A 座第六层的电信间完成系统配置，经由大楼提供的千兆光纤及大对数电缆接入大楼的信息化系统。

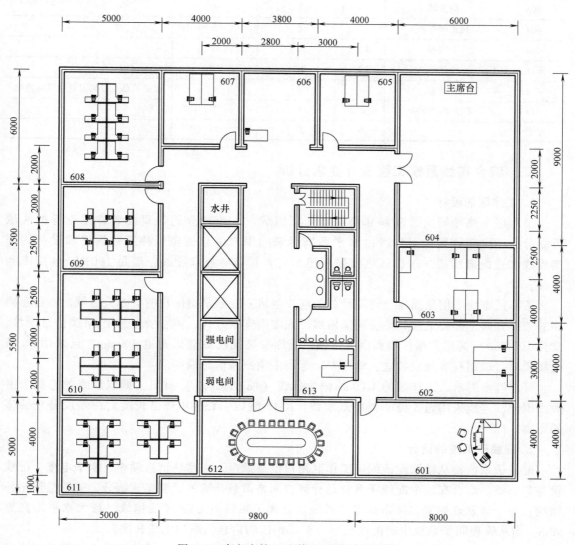

图 6-4　商务大楼 A 座第六层平面布置图

商务大楼 A 座第六层各房间用途及信息点数量要求见表 6-4。

表 6-4　商务大楼 A 座第六层各房间功能及信息点需求对照表

房间编号	房间功能	人数	数据信息点	语音信息点	备　注
601	总经理室	1	1	2	
602	副总经理室	2	2	2	
603	财务室	4	5	4	设一条财务专用数据信息点
604	多功能会议室	—	4	1	数据信息点安装在主席台下
605	总监办公室	2	2	2	
606	接待区	1	1	1	
607	总工程师办公室	3	3	3	
608	商务部	8	8	8	
609	维护服务部	6	6	6	
610	工程部	12	12	12	
611	设计部	10	10	10	
612	会议室	—	2	1	数据信息点分别安装会议桌两端
613	总经理助理室	1	1	2	
合计		50	57	54	

二、综合布线系统工程设计要求分析

1. 工作区的设计

工作区由终端转换适配器和信息点面板组成。一个独立的需要设置终端设备的区域可划分为一个工作区。工作区由水平系统而来的用户信息插座延伸至数据终端设备的连接缆线和适配器组成。工作区电缆采用超 5 类 4 对非屏蔽双绞线，满足 100Mbit/s 速率到桌面。

工作区布线由信息插座至终端设备的连接组成，一般是指用户的各办公区域。在信息插座的选择方面，办公室及其他房间采用墙面或地面安装方式，信息插座选用 5e 类信息模块，支持 100Mbit/s 高速数据传输和语音传输。墙面安装插座底盒边距地 300mm，且采用 86 型金属预埋盒或塑料墙面安装盒；地面安装选用多用户型信息插座。

针对客户需求，工作区的 UTP 跳线为软线（Patch Cable）材料，即双绞线的芯线为多股细铜丝，连线采用超 5 类非屏蔽双绞线，RJ45 跳线，T568B 规格长度为终端设备到插座的距离，2m 长。

2. 配线子系统的设计

配线子系统指从楼层配线间至工作区用户信息插座。由用户信息插座、水平电缆、配线设备等组成。综合布线中配线子系统是计算机网络信息传输的重要组成部分。采用星形拓扑结构，每个信息点均需连接到管理子系统。管理子系统由 UTP 缆线构成，最大水平距离为 90m，指从管理间子系统中的配线架端口至工作区的信息插座的电缆长度。

配线子系统的作用是将干线子系统缆线延伸到用户工作区，该系统从各个子配线间出发到达每个工作区的信息插座。水平缆线（包含语音和数据系统线路）采用超 5 类 4 对非屏蔽双绞线。它既可以在 100m 范围内保证 100Mbit/s 的传输速率，又可以做到语音和数据线路随意互换。过道和房间水平缆线沿房顶墙边的塑料线槽敷设。

电信间即楼层配线间（交接间）设置在楼层弱电间，是水平缆线端接的场所，也是主干系统电缆端接的场所，由大楼的楼层分配线架、跳线、转换插座等组成。用户可以在电信间中更改、增加、交接、扩展线缆，用于改变线缆路由。建议采用合适的线缆路由和调整连接器件组成楼层配线系统。

电信间提供了与其他子系统连接的手段，使整个布线系统与其连接的设备和器件构成一个有机的整体。调整电信间的交接则可安排或重新安排线路路由、因而传输线路能够延伸到建筑物内部各个工作区，是综合布线系统灵活性的集中体现。电信间中设置楼层分配线架，它由交连、互连配线架组成，交连、互连允许将通信线路定位或重新定位到建筑物的不同部分，以便能容易地管理通信线路，使要移动设备时能方便地进行跳接。楼层分配线架应采用相应的模块式铜缆配线架和光纤配线架，连接语音主干线缆应采用110系列配线架。

楼层分配线架连接水平电缆和垂直干线，是综合布线系统中关键的环节，常用设备包括快接式配线架、理线架、跳线和必要的网络设备。大楼A座、B座和C座各楼层内均设有独立的弱电间（楼层管理间或电信间FD），以A座第6层为例，在弱电间里安装标准的19in机柜，配置交换设备和配线设备，用于把各公共系统的不同设备分别互连起来。语音配线架用于垂直干线电缆与由程控交换机引入的电缆相连，选用110型配线架，即可满足电话通信的要求；数据信息传输选用光纤配线架与数据主干光缆相连，接入网络交换机和相应的模块式铜缆配线架，连接用户水平电缆。

3. 干线子系统的设计

干线子系统的作用是把各座的设备间主配线架与各楼层分配线架连接起来，干线电缆（包括双绞线和光缆）沿弱电竖井中架设的金属桥架接入大楼数据系统和语音系统。

干线子系统语音主干主要选用3类25对或100对大对数UTP电缆，该缆线对语音应用有着良好支持，并可保证主干容量为总信息点数量2倍的冗余要求，满足系统对余量的要求。语音主干的两端端接选用GCI 110型配线架。作为语音系统的干线，连接大楼语音系统，支持语音传输。

干线子系统数据主干主要选用多芯、多模室内光缆，对应在楼层配线间使用24口架装光纤配线架或48口架装光纤配线架端接。光纤连接选用多模SC耦合器和多模SC双芯跳线作为尾纤来熔接光纤，平均损耗为0.1dB。它可作为数据传输干线，连接大楼数据系统，支持高速数据传输。其优点是传输损耗小、抗干扰能力强、频带较宽，可适应将来信息技术发展的要求。

4. 设备间和主配线架的设计

由于设备统一放置在该房间内，所以该配线间同时又是设备间。设置设备子系统，且由设备间的电缆、连接器和相关支持硬件构成，并用于把各公共系统的不同设备分别互连起来。语音主配线架用于垂直干线电缆与由程控交换机引入的电缆相连，选用S110型机柜式配线架即可满足电话通信的要求，此配线架安装在标准的19in机柜中。计算机信息传输用配线架选用24口机柜式配线架安装在标准19in机柜中。为了使配线间/设备间内的设备正常运行，配线架/设备间室温应稳定保持在18~27℃，相对湿度保持在30%~50%之间，通风良好、亮度适宜并配备消防设备等。

5. 综合布线管理系统

综合布线系统工程的技术管理涉及综合布线系统的工作区、电信间、设备间、进线间、入口设施、缆线管道与传输介质、配线连接器件及接地等各方面，根据布线系统的复杂程度分为以下4级：

一级管理：针对单一电信间或设备间的系统。

二级管理：针对同一建筑物内多个电信间或设备间的系统。

三级管理：针对同一建筑群内多栋建筑物的系统，包括建筑物内部及外部系统。

四级管理：针对多个建筑群的系统。

管理系统的设计应使系统可在无需改变已有标识符和标签的情况下升级和扩充。应在需要管理的各个部位设置标签，分配由不同长度的编码和数字组成的标识符，以表示相关的管理信息。

1）标识符可由数字、英文字母、汉语拼音或其他字符组成，布线系统内各同类型的器件与缆线的标识符应具有同样特征（相同数量的字母和数字等）。

2）标签的选用应符合以下要求：

① 选用粘贴型标签时，缆线应采用环套型标签，标签在缆线上至少应缠绕一圈或一圈半，配线设备和其他设施应采用扁平型标签；

② 标签衬底应耐用，可适应各种恶劣环境；不可将民用标签应用于综合布线工程；插入型标签应设置在明显位置、固定牢固；

3）不同颜色的配线设备之间应采用相应的跳线进行连接，色标的规定及应用场合如图6-5所示：

① 橙色——用于分界点，连接入口设施与外部网络的配线设备。

② 绿色——用于建筑物分界点，连接入口设施与建筑群的配线设备。

③ 紫色——用于与信息通信设施（PBX、计算机网络、传输等设备）连接的配线设备。

④ 白色——用于连接建筑物内主干缆线的配线设备（一级主干）。

⑤ 灰色——用于连接建筑物内主干缆线的配线设备（二级主干）。

⑥ 棕色——用于连接建筑群主干缆线的配线设备。

⑦ 蓝色——用于连接水平缆线的配线设备。

⑧ 黄色——用于报警、安全等其他线路。

⑨ 红色——预留备用。

4）系统中所使用的区分不同服务的色标应保持一致，对于不同性能缆线级别所连接的配线设备，可用加强颜色或适当的标记加以区分。

6. 综合布线系统接地

配电间/设备间房内预留接地端子，接地线与建筑共用接地系统连成一体。

1）在电信间、设备间及进线间应设置楼层或局部等电位接地端子板。

2）综合布线系统应采用共用接地的接地系统，如单独设置接地体时，接地电阻不应大于4Ω。如布线系统的接地系统中存在两个不同的接地体时，其接地电位差不应大于1。

3）楼层安装的各个配线柜（架、箱）应采用适当截面的绝缘铜导线单独布线至就近的等电位接地装置，也可采用竖井内等电位接地铜排引到建筑物共用接地装置，铜导线的截面应符合设计要求。

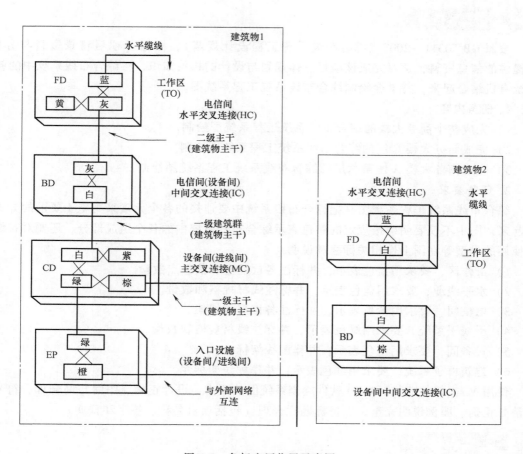

图 6-5　色标应用位置示意图

4）缆线在雷电防护区交界处，屏蔽电缆屏蔽层的两端应做等电位连接并接地。

5）综合布线的电缆采用金属线槽或钢管敷设时，线槽或钢管应保持连续的电气连接，并应有不少于两点的良好接地。

6）当缆线从建筑物外面进入建筑物时，电缆和光缆的金属护套或金属件应在入 E1 处就近与等电位接地端子板连接。

7）当电缆从建筑物外面进入建筑物时，应选用适配的信号线路浪涌保护器，信号线路浪涌保护器应符合设计要求。

任务1　完成综合布线系统总体设计

1. 能理解且记住综合布线系统设计的常见术语和常用图标。

2. 能表述综合布线系统工程的设计原则和设计等级。

3. 能看懂并学会绘制综合布线系统工程系统图。

 学习任务

按照 GB 50311—2007《综合布线系统工程设计规范》，根据【项目背景资料与分析】所提供的信息资料，学习完成该项目总体规划与设计的相关知识，将综合布线系统中的各子系统有机结合起来，并学会绘制综合布线系统工程系统图。

1. 任务内容

1）完成整个商务大楼的综合布线系统工程系统图绘制。

2）完成商务大楼 C 座的综合布线系统工程系统图绘制。

3）完成商务大楼 A 座第六层的综合布线系统工程系统图绘制。

2. 任务要求

综合布线系统工程系统图是把综合布线系统中要连接的各个元素采用施工要求的方式连接起来，图中不仅要明确按规定的颜色表示综合布线系统中的各个组成部分，还要对布线路由使用的类型等在图上作相关标注和说明。

1）工作区，要求用紫色表示，并标注各层插座和信息点数量。

2）水平线缆，要求用蓝色表示，并标注线材规格和数量。

3）电信间，要求用黄色表示，并标注各楼层配线架。

4）干线子系统，要求用绿色表示，并标注线材规格和数量。

5）设备间，要求用橙色表示，并作配线架标注。

6）建筑群子系统，要求用红色表示，并作配线架标注。

使用 Visio 软件或 AutoCAD 软件绘制系统图的要求：设计正确、图面布局合理、符号标记清楚正确、图例说明完整、图框标题栏合理（包括项目名称、签字和日期）。

▶ 实训指导

一、综合布线系统总体设计常用术语

（1）布线（cabling） 能够支持信息电子设备相连的各种缆线、跳线、接插软线和连接器件组成的系统。

（2）建筑物入口设施（building entrance facility） 提供符合相关规范机械与电气特性的连接器件，使得外部网络电缆和光缆引入建筑物内。

（3）建筑群子系统（campus subsystem） 由配线设备、建筑物之间的干线电缆或光缆、设备缆线、跳线等组成的系统。

（4）建筑群配线设备（Campus Distributor，CD） 终接建筑群主干缆线的配线设备。

（5）建筑群主干电缆、建筑群主干光缆（campus backbone cable） 用于在建筑群内连接建筑群配线架与建筑物配线架的电缆、光缆。

（6）建筑物配线设备（Building Distributor，BD） 为建筑物主干缆线或建筑群主干缆线终接的配线设备。

（7）建筑物主干缆线（building backbone cable） 连接建筑物配线设备至楼层配线设备及建筑物内楼层配线设备之间相连接的缆线，包括主干电缆和主干光缆。

（8）电信间（telecommunications room） 放置电信设备、电缆和光缆终端配线设备并进

行缆线交接的专用空间。

（9）设备电缆、设备光缆（equipment cable）　通信设备连接到配线设备的电缆、光缆。

（10）楼层配线设备（Floor Distributor，FD）　终接水平电缆、水平光缆和其他布线子系统缆线的配线设备。

（11）连接器件（connecting hardware）　用于连接电缆线对和光纤的一个器件或一组器件。

（12）水平缆线（horizontal cable）　楼层配线设备到信息点之间的连接缆线。

（13）跳线（jumper）　不带连接器件或带连接器件的电缆线对与带连接器件的光纤，用于配线设备之间进行连接。

（14）接插软线（patch calld）　一端或两端带有连接器件的软电缆或软光缆。

（15）工作区（work area）　需要设置终端设备的独立区域。

（16）信息点（Telecommunications Outlet，TO）　各类电缆或光缆终接的信息插座模块。

（17）多用户信息插座（muiti-user telecommunications outlet）　在某一地点，若干信息插座模块的组合。

（18）交接（交叉连接 cross-connect）　配线设备和信息通信设备之间采用接插软线或跳线上的连接器件相连的一种连接方式。

（19）互连（interconnect）　不用接插软线或跳线，使用连接器件把一端的电缆、光缆与另一端的电缆、光缆直接相连的一种连接方式。

二、综合布线系统设计常用图标

表 6-5　综合布线系统设计常用图标

图标	表示	图标	表示
CD	建筑群子系统配线设备	BD	建筑物子系统配线设备
FD	电信间（楼层管理间）配线设备	PABX	数字程控交换机
LIU	光缆配线架	SWITCH	网络交换机
□□	双孔信息插座	□	单孔信息插座
----·---	光缆	———	双绞线

三、建筑群子系统结构分析与工程设计

建筑群子系统结构如图 6-6 所示。

综合布线系统通常采用分层星形拓扑结构，如图6-7所示，可以支持语音、数据、图像、多媒体业务等信息的传递。

综合布线系统工程按照工作区、配线子系统、干线子系统、建筑群子系统、设备间、进线间、管理七个部分进行设计。

1. 综合布线系统的构成基本要求

1）综合布线系统基本构成应符合图6-8所示的要求。

2）综合布线子系统构成应符合图6-9所示的要求。图中的虚线表示BD与BD之间，FD与FD之间可以设置主干缆线。建筑物FD可以经过主干缆线直接连至CD，TO也可以经过水平缆线直接连至BD。配线子系统中可以设置集合点（CP点），也可不设置集合点。

3）综合布线系统入口设施及引入缆线构成应符合图6-10所示的要求。

注意：对设置了设备间的建筑物，设备间所在楼层的FD可以和设备中的BD/CD及入口设施安装在同一场地。

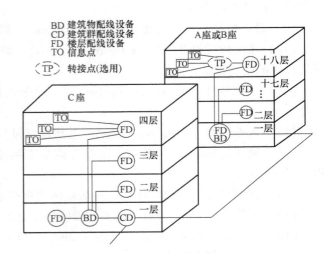

图6-6　建筑群子系统结构

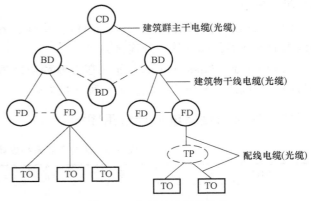

图6-7　分层星形拓扑结构

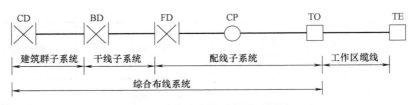

图6-8　综合布线系统基本构成

2. 商务大楼的综合布线系统工程系统图绘制

（1）整理【项目背景资料与分析】所提供的信息资料。

1）进线间在C座第一层，并配置中心网络设备（CD），通过室内多模光纤和大对数电缆，分别接入大楼A座、B座和C座各自独立的建筑物配线设备间（BD）。

2）A座和B座干线子系统选用室内多模光纤和大对数电缆，C座干线子系统选用超5类4对非屏蔽双绞线和大对数电缆，沿弱电竖井中架设的金属桥架，分别连接数据网络和语音网络。

3）A座、B座和C座各楼层内均设有独立的弱电间（楼层管理间或电信间FD）。

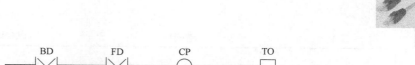

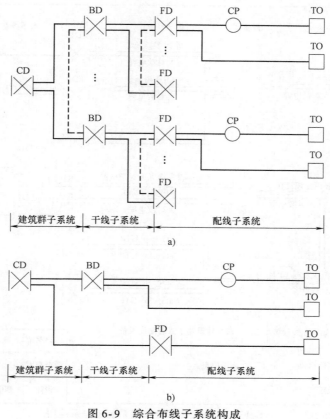

建筑群子系统 | 干线子系统 | 配线子系统

a)

建筑群子系统 | 干线子系统 | 配线子系统

b)

图 6-9　综合布线子系统构成

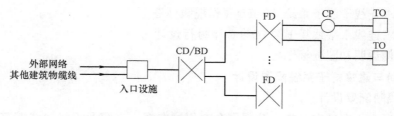

图 6-10　综合布线系统引入部分构成

4）水平线缆均采用超 5 类 4 对非屏蔽双绞线。

5）A 座和 B 座的各楼层工作区信息点分布，可根据实际需求进行设计与配置，A 座第六层有数据信息点 57 个和语音信息点 54 个，C 座的工作区信息点另行设计。

（2）使用 Visio 或 AutoCAD 软件，绘制商务大楼的综合布线系统工程系统图，如图 6-11 所示。

绘制步骤如下：

1）确定进线与 CD 位置。

2）确定 A、B、C 座的 BD 位置。

3）确定 A、B、C 座的 FD 位置。

4）确定 A、B、C 座的 TO 位置。

5）按要求连线建筑群子系统 CD-BD（光缆配光纤配线架）。

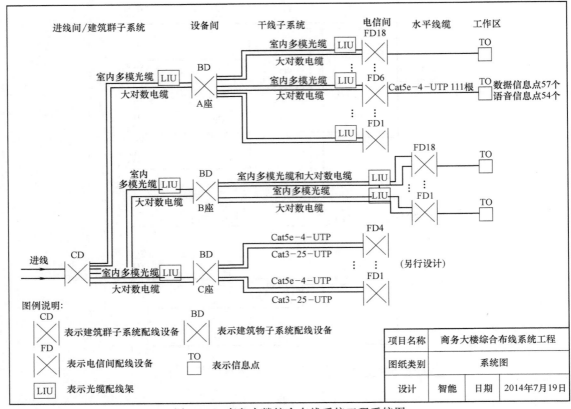

图 6-11　商务大楼综合布线系统工程系统图

6）按要求连线干线子系统 BD- FD（作缆线标注）。

7）按要求连线水平线缆 FD- TO（C 座另行设计）。

8）作图例说明和图框标题栏。

3. 进线间与建筑群子系统配置设计

（1）进线间配置设计

1）建筑群主干电缆和光缆、公用网和专用网电缆、光缆及天线馈线等室外缆线进入建筑物时，应在进线间成端转换成室内电缆、光缆，并在缆线的终端处可由多家电信业务经营者设置入口设施。入口设施中的配线设备应按引入的电缆、光缆容量配置。

2）电信业务经营者在进线间设置安装的入口配线设备应与 BD 或 CD 之间敷设的相应的连接电缆、光缆，实现路由互通。缆线类型与容量应与配线设备一致。

3）在进线间缆线入口处的管孔数量应满足建筑物之间、外部接入业务及多家电信业务经营者缆线接入的需求，并应留有 2～4 孔的余量。

（2）建筑群子系统配置设计

1）CD 宜安装在进线间或设备间，并可与入口设施或 BD 合用场地。

2）CD 配线设备内、外侧的容量应与建筑物内连接 BD 配线设备的建筑群主干缆线容量及建筑物外部引入的建筑群主干缆线容量一致。

3）建筑群配线设备处各类设备缆线和跳线的配备宜按计算机网络设备的使用端口容量

和电话交换机的实装容量、业务的实际需求或信息点总数的比例进行配置，比例范围为 25%～50%。

四、建筑物子系统结构分析与工程设计

（1）整理【项目背景资料与分析】所提供的商务大楼 C 座（建筑物）子系统信息资料。

1）商务大楼 C 座的设备间集中配置网络交换设备，干线子系统选用超 5 类 4 对非屏蔽双绞线和大对数电缆，沿弱电竖井中架设的金属桥架，连接数据网络和语音网络；数据信息点采用模块式配线架安装，语音信息点采用 110 配线架。

2）商务大楼 C 座的工作区信息点分布为：一层有数据信息点和语音信息点各 15 个；二、三层均有数据信息点 34 个和语音信息点 31 个；四层有数据信息点 20 个，语音信息点 18 个。

商务大楼 C 座（建筑物）子系统结构参照图 6-12。

（2）使用 Visio 软件，绘制商务大楼 C 座的综合布线系统工程系统图，如图 6-13 所示。

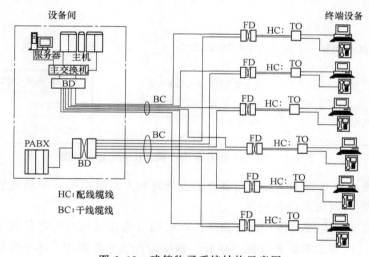

图 6-12　建筑物子系统结构示意图

绘制步骤如下：

1）确定 C 座的 BD 位置。

2）确定 C 座的 FD 位置（四层）。

3）配置 C 座 BD 的交换设备与配线设备。

4）确定 C 座的 TO 位置。

5）按要求连线干线子系统 BD—FD，作缆线标注。

6）按要求连线水平线缆 FD—TO，作缆线、信息点标注。

7）作图例说明和图框标题栏。

五、综合布线系统电信间结构分析与工程设计

（1）整理【项目背景资料与分析】所提供的 A 座第六层的信息资料。

1）电信网络进线间在商务大楼 C 座第一层，并配置中心网络设备 CD，通过室内多模光纤和大对数电缆，分别接入大楼 A 座。

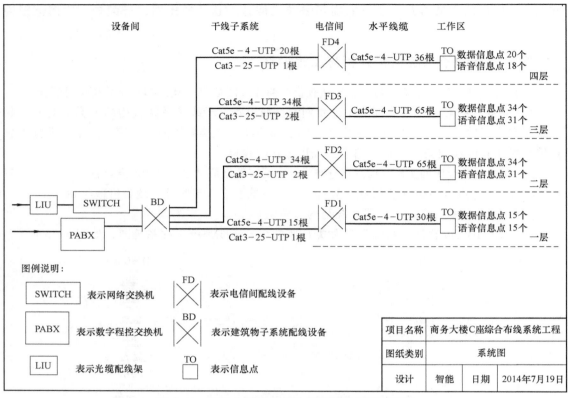

图 6-13　商务大楼 C 座综合布线系统工程系统图

2）商务大楼 A 座干线子系统选用室内多模光纤和大对数电缆，沿弱电竖井中架设的金属桥架分别连接数据网络和语音网络。

3）商务大楼 A 座各楼层内均设有独立的弱电间（楼层管理间或电信间 FD），A 座可根据各层实际情况，配置交换设备和配线设备，楼层分配线架连接用户水平电缆和数据主干光缆，采用相应的模块式铜缆配线架和光纤配线架，连接语音主干缆线采用 110 系列配线架。

4）大楼综合布线系统水平线缆均采用超 5 类 4 对非屏蔽双绞线。将来可根据设备连接需要，随时将任一 UTP 信息点跳线连接成语音或数据应用。

5）大楼 A 座第六层工作区信息点分布，可根据表 6-1 进行设计与配置。

（2）使用 Visio 软件或 AutoCAD 软件，绘制商务大楼 A 座第六层的综合布线系统工程系统图，如图 6-14 所示。

绘制步骤如下：

1）确定进线与 CD 和 A 座 BD 的位置。

2）确定 A 座第六层 FD 的位置。

3）配置 A 座及第六层 FD 的交换设备与配线设备。

4）按要求连线建筑群子系统 CD—BD，光缆配光纤配线架。

5）按要求连线干线子系统 BD—FD，作缆线标注。

6）按要求连线水平线缆 FD—TO，作缆线、信息点标注。

7）作图例说明和图框标题栏。

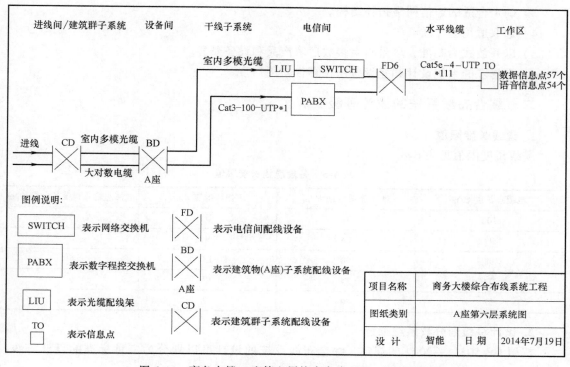

图 6-14　商务大楼 A 座第六层综合布线系统工程系统图

知识链接

一、综合布线系统设计原则

1. 系统设计的总体原则

1）树立长期规划思想，保证在较长时间内的适应性。

2）应将综合布线系统设施和管线建设纳入建筑建设的相应规划之中，配线（水平）布线尽量到位。

3）应根据建筑的性质、功能、环境条件和近、远期用户需求，并以技术可能和经济合理等要求进行设计。

4）必须选用符合技术标准的定型产品。

5）综合布线系统应与大楼办公自动化、通信自动化、楼宇自动化等设施一起考虑，分别实施。

6）应符合相关标准的规定：①GB 50311—2007；②TIA／EIA-568-B；③各省市的具体规定。

2. 系统设计的一般原则

系统设计应遵循以下原则：①兼容性；②开放性；③灵活性；④可靠性；⑤先进性；⑥可扩展性；⑦经济性；⑧标准化和规范化。

3. 系统设计的要点

1）尽量满足用户的通信要求。

2）熟悉建筑物、楼宇间的通信环境。

3）确定合适的通信网络拓扑结构。

4）选取适用的介质。

5）以开放式为基准，尽量与大多数厂家产品和设备兼容。

6）将初步的系统设计和建设费用预算告知用户。

二、综合布线系统的设计等级

1. 缆线长度限值

缆线长度限值见表6-6。

表6-6 各段缆线长度限值

电缆总长度 C/m	水平布线电缆 H/m	工作区电缆 W/m	电信间跳线和设备电缆 D/m
100	90	5	5
99	85	9	5
98	80	13	5
97	75	17	5
97	70	22	5

2. 设计等级划分与系统配置

按照GB 50311—2007的规定，综合布线系统的设计可以划分为三种标准的设计等级：最低型、基本型、综合型。

（1）最低型综合布线系统

1）最低型综合布线系统的基本配置：①每个工作区有1个信息插座；②每个信息插座的配线电缆为1条4对对绞电缆；③完全采用110A交叉连接硬件，并与未来的附加设备兼容；④干线电缆的配置，对计算机网络宜按24个信息插座配2对对绞线，或每一个集线器（HUB）或集线器群（HUB群）配4对对绞线；对电话至少每个信息插座配1对对绞线。

2）最低型综合布线系统有以下特性：①能够支持所有语音和数据传输应用；②支持语音、综合型语音/数据高速传输；③便于维护、管理；④能够支持众多厂家的产品设备和特殊信息的传输。

（2）基本型综合布线系统

1）基本型综合布线系统的基本配置为：①每个工作区有2个或2个以上信息插座；②每个信息插座的配线电缆为1条4对对绞电缆；③具有110A交叉连接硬件；④干线电缆的配置，对计算机网络按24个信息插座配置2对对绞线或每个HUB或HUB群配4对对绞线；对电话至少每个信息插座配1对对绞线。

2）基本型综合布线系统的特点为：①每个工作区有2个信息插座，灵活方便、功能齐全；②任何一个插座都可以提供语音和高速数据传输；③便于管理与维护；④能够为众多厂商提供服务环境的布线方案。

（3）综合型综合布线系统

1）综合型布线系统的基本配置为：①以基本配置的信息插座量作为基础配置。②垂直干线的配置：每48个信息插座宜配2芯光纤，适用于计算机网络；电话或部分计算机网络，选用对绞电缆，按信息插座所需线对的25%配置垂直干线电缆，或按用户要求进行配置，并考虑适当的备用量。③当楼层信息插座较少时，在规定的长度范围内，可几层合用 HUB，并合并计算光纤芯数，每一楼层计算所得的光纤芯数还应按光缆的标称容量和实际需要进行选取。④如有用户需要光纤到桌面（FTTD），光纤可经或不经 FD 直接从 BD 引至桌面，上述光纤芯数不包括 FTTD 的应用在内。⑤楼层之间原则上不敷设垂直干线电缆，但在每层的 FD 可适当预留一些接插件，需要时可临时布放合适的缆线。

2）综合型布线系统的特点为：①每个工作区有 2 个以上的信息插座，不仅灵活方便而且功能齐全；②任何一个信息插座都可供语音、视频和高速数据传输；③有一个很好的环境，为客户提供服务；④因为光缆的使用，可以提供很高的带宽。

三、综合布线系统工程设计步骤

1. 综合布线系统工程设计的一般步骤

（1）系统工程设计的流程图　综合布线系统工程的设计过程，可遵循系统设计流程图的描述，如图 6-15 所示。

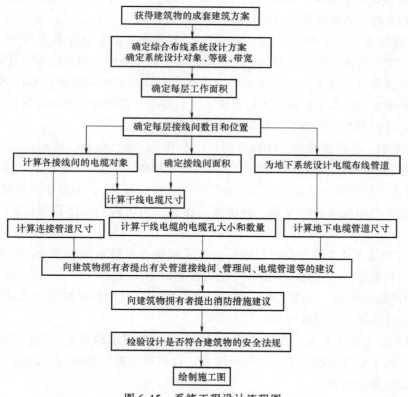

图 6-15　系统工程设计流程图

（2）系统工程设计的一般步骤　设计一个合理的综合布线系统工程一般包含 7 个主要步骤：

1）分析用户需求。

2）获取建筑物平面图。

3）系统结构设计，系统设计的流程图。

4）布线路由设计。

5）可行性论证。

6）绘制综合布线系统工程施工图。

7）编制综合布线系统工程用料清单。

2. 综合布线系统工程总体设计注意事项

（1）综合布线系统工程的设计依据

1）综合布线系统工程设计必须依据国家、行业、地方标准和相关规范。

2）综合布线系统工程设计必须满足用户需求，并对系统结构、产品选型及系统功能等方面的需求加以分析。

3）综合布线系统工程设计还应优先考虑保护人和设备不受电击和火灾损害。严格按照规范考虑照明电线、动力电线、通信线路、暖气管道、冷热空气管道、电梯之间的距离、绝缘线、裸线以及接地与焊接等问题，其次才能考虑线路的走向和美观程度。

（2）系统设计需要掌握的基本知识　网络工程的系统设计是为了确保工程的顺利进行，做一个成功的工程，需要掌握的基本知识如下：

1）了解地理布局。工程施工人员必须要到现场察看，其中要注意的要点有：①用户数量及其位置；②任何两个用户之间的最大距离；③在同一楼内，用户之间的从属关系；④楼与楼之间的布线走向，楼层内的布线走向；⑤有什么特殊要求或限制；⑥HUB或交换机的供电问题与解决方式；⑦与外部互连的需求；⑧设备间、管理间所在的位置；⑨水平干线与垂直干线的走向；⑩对工程施工的材料要有所要求。

2）通信类型：①数字信号；②视频信号；③语音信号（电话信号）。

3）网络拓扑结构。选用星形结构、总线结构或其他。

4）网络工程经费投资。包含：①设备投资（软件、硬件）；②网络工程材料费用投资；③网络工程施工费用投资；④安装、测试费用投资；⑤培训与运行费用投资；⑥维护费用投资。

（3）综合布线系统工程的分析与设计　在了解综合布线系统工程后，应对综合布线系统工程进行分析和设计。在这一步骤中一般应注意以下几点：

1）选用成熟的产品。选用成熟的产品的优点有：①减少开发时间；②用户能够得到长期的支持；③价格便宜；④有完备的技术资料。

2）选择厂家与施工单位。步骤如下：①制定出功能需求说明书；②按需求完成工程设计；③厂家、施工单位投标竞争；④评议标书（投标单位进行答辩）；⑤签订合同；⑥保证售后和施工后的服务支持。

一、综合布线系统接口

位于每个综合布线子系统的端部，如图6-16所示，用以连接有关设备。其连接方式有：互连（即线对互相连接）或交接（即线对交叉连接）。

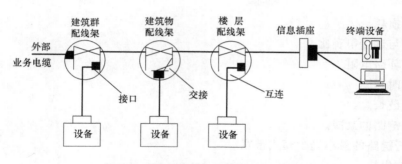

图 6-16　综合布线子系统接口示意图

二、常见 FD-BD 配置结构图

常见 FD-BD 配置结构如图 6-17 所示。

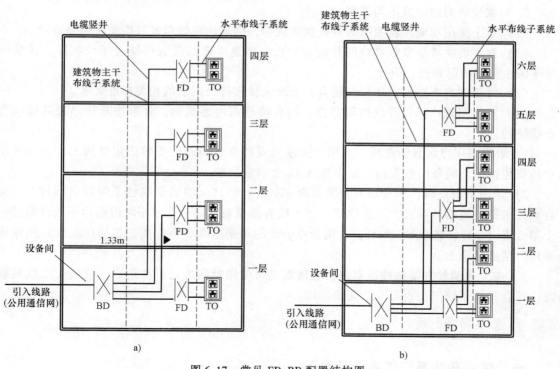

a)　　　　　　　　　　　　　　　　　b)

图 6-17　常见 FD-BD 配置结构图

a）建筑物标准 FD-BD 结构　b）公用楼层配线架 FD-BD 结构

三、综合布线系统指标

1. 基于链路的 5 类系统技术指标

1）链路最大衰减。

2）近端串音衰减。

3）桥接分岔或多组合电缆，以及连接到多重信息插座的电缆，任一对称电缆单元之间的近端串音衰减至少要比单一组合的 4 对电缆的近端串音衰减提高一个数值。

4）回波损耗。

5）衰减与近端串音比。

6）直流环路电阻。

7）传播时延。

8）光缆波长。

9）光缆链路的衰减。

10）光纤链路的最小光学模式带宽。

11）光波损耗。

12）阻抗匹配。

2. 6 类系统中基于信道的技术指标

信道长度是综合布线系统中极为重要的指标。它是根据传输媒介的性能要求（如对称电缆的串音或光缆的带宽）与不同应用系统的允许衰减等因素来制定的。

3. 系统设计时的对象不同原则

（1）对于使用功能比较明确的专业性建筑物，信息插座的布置可按实际需要确定。

（2）对于机关或企事业单位的普通办公楼，信息插座的配置可结合单位实际，按照设计等级中规定的原则进行设计。

（3）对于具有电磁干扰环境的场合，系统设计应符合国家的相关标准要求。

（4）对于房地产部门开发的写字楼、综合楼等商用建筑物，宜采用开放办公环境综合布线结构。

1）采用多用户信息插座时，多用户插座宜安装在墙面或柱子等固定结构上，每一多用户插座包括适当的备用量在内，最多包含 12 个信息插座。

2）采用集合点时，集合点宜安装在离 FD 不小于 15m 的墙面或柱子等固定结构上。集合点是水平电缆的转接点，不设跳线，也不接有源设备；同一个水平电缆路由不允许超过一个集合点（CP）、转接点（TP）；从集合点引出的水平电缆必须终接于工作区的信息插座或多用户信息插座上。

3）在上述两种方案都难以实施，且建筑交付使用时间推迟，在用户入住进行二次装修时，综合布线系统工程也可与之同步实施。

 实训报告

一、综合布线系统工程设计步骤

1. 系统工程设计的一般步骤

写出设计一个合理的综合布线系统工程一般包含的 7 个主要步骤。

2. 系统工程设计的流程图

绘制综合布线系统工程的流程图。

二、综合布线系统工程系统图

根据【项目背景资料与分析】所提供的信息资料，使用 AutoCAD 软件绘制系统图。工作区用紫色表示，水平线缆用蓝色表示，电信间用黄色表示，干线子系统用绿色表示，设备

间用橙色表示，建筑群子系统用红色表示，图中不仅要明确按规定的颜色表示综合布线系统中的各个组成部分，还要明确在图上作相关标注和说明。

1. 商务大楼的综合布线系统工程系统图

1）整理商务大楼综合布线系统各个组成部分相关信息资料。

2）写出绘制系统图的步骤。

3）绘制商务大楼的综合布线系统工程系统图。

2. 建筑物子系统工程系统图

1）整理商务大楼 C 座相关信息资料。

2）写出绘制系统图的步骤。

3）绘制商务大楼 C 座的综合布线系统工程系统图。

3. 电信间子系统工程系统图

1）整理商务大楼 A 座第六层相关信息资料。

2）写出绘制系统图的步骤。

3）绘制商务大楼 A 座第六层的综合布线系统工程系统图。

任务2　完成工作区的设计

学习目标

1. 能表述工作区的概念和划分原则。

2. 理解工作区适配器的选用原则和工作区的设计要点。

3. 学会绘制施工平面布点图和编制信息点点数统计表。

学习任务

按照 GB 50311—2007《综合布线系统工程设计规范》，根据【项目背景资料与分析】所提供的信息资料，学习完成该项目工作区设计的相关知识，并学会绘制工作区信息点平面布点图和编制信息点点数统计表。

1. 任务内容

1）完成商务大楼 C 座工作区平面布点图的绘制并进行工作区信息点编号。

2）完成商务大楼 A 座第六层的工作区平面布点图的绘制并进行工作区信息点编号。

3）完成商务大楼 C 座的各层工作区信息点点数统计表的编制。

2. 任务要求

根据商务大楼 C 座各楼层、各房间的用途及信息点数量要求和常见工作区信息点的配置原则，进行如下操作。

1）使用 Visio 软件或 AutoCAD 软件，完成综合布线系统工程各工作区施工平面布点图的设计。通常普通办公室按每个位置或每个人配 1 只语音信息点、1 只数据信息点布置。要求设计合理且便于施工，图面布局合理，图例说明清楚。

2）使用 Microsoft Excel 工作表软件，根据各工作区平面布点图和工作区信息点编号，完成信息点点数统计表，包括数据信息点和语音信息点。要求信息点点数统计表格式合理，信息点点数统计正确。

 **实训指导**

一、工作区信息点的配置

一个独立的需要设置终端设备的区域宜划分为一个工作区，每个工作区需要设置一个计算机网络数据点或者语音电话点，或按用户需要设置。

1. 常见工作区信息点的配置原则

每个工作区信息点数量可按用户的性质、网络构成和需求来确定。常见工作区信息点的配置原则见表6-7。

表6-7　常见工作区信息点的配置原则

工作区类型及功能	安装位置	安装数量	
		数据	语音
网管中心、呼叫中心、信息中心等终端设备较为密集的场地	工作台处墙面或者地面	1~2 个/工作台	2 个/工作台 调整为 1 个/工作台
集中办公区域的写字楼、开放式工作区等人员密集场所	工作台处墙面或者地面	1~2 个/工作台	2 个/工作台 调整为 1 个/工作台
董事长、经理、主管等独立办公室	工作台处墙面或者地面	2 个/间	2 个/间
小型会议室/商务洽谈室	主席台处地面或者台面会议桌地面或者台面	2~4 个/间	2 个/间 调整为 1 个/间
大型会议室，多功能厅	主席台处地面或者台面会议桌地面或者台面	5~10 个/间	2 个/间 调整为 1 个/间
面积超过 5000m² 的大型超市或者卖场	收银区和管理区	1 个/100m²	1 个/100m²
2000~3000m² 中小型卖场	收银区和管理区	1 个/30~50m²	1 个/30~50m²
餐厅、商场等服务业	收银区和管理区	1 个/50m²	1 个/50m²
宾馆标准间	床头、写字台或浴室	1 个/间,写字台	1~3 个/间
学生公寓(4 人间)	写字台处墙面	4 个/间	4 个/间
公寓管理室、门卫室	写字台处墙面	1 个/间	1 个/间
教学楼教室	讲台附近	1~2 个/间	
住宅楼	书房	1 个/套	2~3 个/套

2. 工作区信息点平面布点设计的图例选用

工作区信息点平面布点设计的图例选用，参见表6-8。

二、工作区信息点命名和编号

工作区信息点命名和编号是非常重要的一项工作，命名首先必须准确表达信息点的位置或者用途，要与工作区的名称相对应，这个名称从项目设计开始到竣工验收及后续维护最好一致。如果出现项目投入使用后用户改变了工作区名称或者编号时，必须及时制作名称变更对应表，作为竣工资料保存。

工作区信息点命名和编号的一般格式如图 6-18 所示。

表 6-8　工作区图例符号与表示的含义对照表

图例符号	表示的含义	图例符号	表示的含义
TO	信息点	TO	信息点
TD	数据信息点	TD	数据信息点
TP	语音信息点	TP	语音信息点
⊥TO	墙面安装的单孔信息插座	■	墙面安装的单孔信息插座
⊥TD	墙面安装的单孔数据信息插座	⊥TP	墙面安装的单孔语音信息插座
2TO	墙面安装的双孔信息插座	■■	墙面安装的双孔信息插座
⊤TD⊥TP	墙面安装的双孔信息插座（1 个数据和 1 个语音信息点）	2TO	墙面安装的双孔信息插座（不确定数据/语音信息点）
■■	地面安装的信息插座	●●	地面安装的信息插座
⬭ TD	地面安装的单孔数据信息插座	⬭ TP	地面安装的单孔语音信息插座
■ TO	地面安装的单孔信息插座	■■ 2TO	地面安装的双孔信息插座（不确定数据/语音信息点）
■■ 2TD	地面安装的双孔信息插座（2 个数据信息点）	●● TD TP	地面安装的双孔信息插座（1 个数据和 1 个语音信息点）
▪▪▪	墙面安装的多用户信息插座	▦	地面安装的多用户信息插座
CP	集合点	CT	转接点

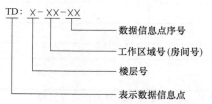

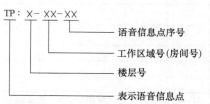

图 6-18　工作区信息点命名和编号

项目 6　实现综合布线系统工程设计

如果工作区信息点没有明确语音与数据时，通常用"TO"表示。

三、工作区信息点点数统计表

1. 工作区信息点点数统计表

工作区信息点点数统计表简称点数表，是设计和统计信息点数量的基本工具和手段。

（1）工作区信息点点数统计表的行

第一行为设计项目或者对象名称；

第二行为房间或者区域名称；

第三行为房间号；

第四行为数据或者语音类别；

其余行填写每个房间的数据或者语音点数量，为了清楚和方便统计，一般每个房间有两行，一行数据，一行语音；

最后一行为合计数量。

在点数表填写中，房间编号由小到大按照从左到右顺序填写。

（2）工作区信息点点数统计表的列

第一列为楼层编号，填写对应的楼层编号；

中间列为该楼层的房间号，为了清楚和方便统计，一般每个房间有两列，一列数据，一列语音；

最后一列为合计数量。

在点数表填写中，楼层编号由大到小按照从上往下的顺序填写。

2. 工作区信息点点数统计表

常见的工作区信息点点数统计表见表6-9。

表6-9 建筑物综合布线系统工作区信息点数量统计表

项目名称：

楼层编号	房间或者区域编号								数据点数合计	语音点数合计	信息点数合计
	X01		X02		...		X0n				
	数据	语音	数据	语音	数据	语音	数据	语音			
n层											
⋮											
二层											
一层											
合计											

说明：X01—表示房间或者区域编号，X—表示楼层号。例如：402—表示四层02号房间（区域）。

编制人（签名）：　　　　　　　　　　编制日期：　　年　　月　　日

四、案例综合实训（范例与练习）

使用 Visio 软件或 AutoCAD 软件，完成综合布线系统工程各工作区平面布点图的设计。

1. 工作区平面图的绘制

范例：使用 Visio 软件，以商务大楼 C 座第四层为例，绘制工作区平面图。

Visio 软件的使用要点：

1）打开视图中的标尺、绘图工具等。

2）设定比例，作标准线。

3）平面图绘制时，注意线的使用。

如图 6-19 所示。

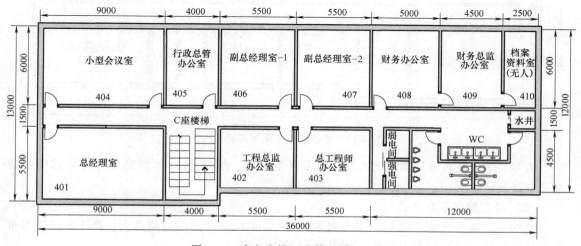

图 6-19　商务大楼 C 座第四层平面图

练习：使用 Visio 软件，参照商务大楼 C 座的背景资料中的图例，学习绘制以下平面图。

1）商务大楼 C 座第一层工作区平面图。

2）商务大楼 C 座第二/三层工作区平面图。

3）商务大楼 A 座第六层的工作区平面图。

提示：使用 Visio 软件的绘图技巧：

1）纵向与横向基准线的合理使用，可提高绘图速度。

2）比例尺的运用与标注。

2. 工作区信息点平面布点图的绘制

综合布线系统工作区平面布点图的绘制步骤与要点如下：①熟悉规范，了解用户需求；②列出工作区各房间功能用途与信息点需求对照表；③根据对照表，运用图例符号，合理布点设计；④对工作区信息点命名和编号；⑤对布点图上的图例符号进行说明；⑥作图框和标题栏，完成综合布线系统工作区平面布点图的绘制。

（1）工作区信息点的布点设计

范例：根据商务大楼 C 座背景资料，各房间功能用途与信息点需求对照表以及工作区信息点平面布点设计的图例选用对照表，使用 Visio 软件，以商务大楼 C 座第四层为例，进行工作区平面布点设计。

1）先在 C 座第四层平面图的下面空白处，画出墙插与地插图例符号，组合备用。

2）根据 401、402、404 等房间的不同用途，在 C 座第四层平面图上标注布点图标，完成第四层的信息点布点设计，如图 6-20 所示。

提示：注意布点设计的合理性、布点设计的现场性。

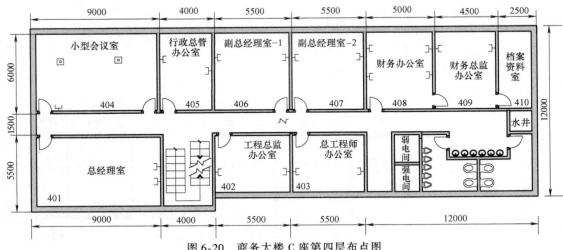

图 6-20　商务大楼 C 座第四层布点图

练习：学生在各自计算机的 C 座第四层平面图上，使用 Visio 软件完成 C 座第四层的信息点布点设计。

（2）对工作区信息点进行编号

范例：以商务大楼 C 座第四层为例根据 401、402、404 房间的信息点，在工作区平面布点设计的基础上进行信息点编号，如图 6-21 所示。

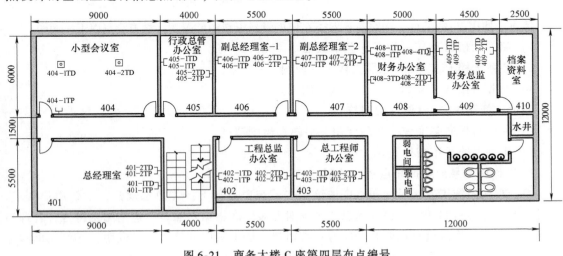

图 6-21　商务大楼 C 座第四层布点编号

练习：学生在各自计算机的 C 座第四层信息点布点设计基础上，进行信息点编号。

（3）图例说明与图框设计

范例：以商务大楼 C 座第四层为例，在工作区平面布点设计图的左下角，对布点图上的图标符号进行说明，并作简单的图框和标题栏，完成综合布线系统工作区平面布点图的绘制，如图6-22所示。

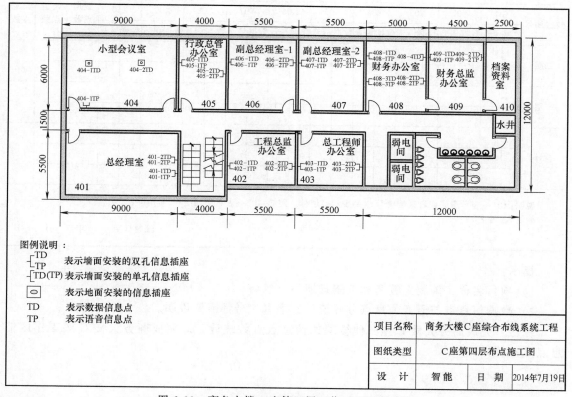

图例说明：
- ⌐TD⌐TP　表示墙面安装的双孔信息插座
- ⌐TD(TP)　表示墙面安装的单孔信息插座
- ⊡　表示地面安装的信息插座
- TD　表示数据信息点
- TP　表示语音信息点

项目名称	商务大楼C座综合布线系统工程
图纸类型	C座第四层布点施工图
设　计	智能	日　期	2014年7月19日

图 6-22　商务大楼 C 座第四层工作区平面布点图

练习：学生在各自计算机的 C 座第四层信息点布点图上，对布点图上的图例符号进行说明，并作图框和标题栏，完成综合布线系统工作区平面布点图的绘制。

3. 工作区信息点点数统计表的编制

使用 Microsoft Excel 工作表软件，根据各工作区平面布点图和信息点编号，完成信息点点数统计。

范例：参照表6-9，编制商务大楼 C 座工作区信息点点数统计表。并以商务大楼 C 座第四层为例，完成商务大楼 C 座第四层的工作区信息点点数统计，见表6-10。

表 6-10　信息点数量统计表

项目名称：商务大楼 C 座综合布线系统工程																						
房间或者区域编号																						
楼层编号	X01		X02		X03		X04		X05		X06		X07		X08		X09		X10		数据点数合计	语音点数合计	信息点数合计
	数据	语音	数据	语音	数据	语音	数据	语音	数据	语音	数据	语音	数据	语音	数据	语音	数据	语音	数据	语音			
四层	2		2		2		2		2		2		2		4		2		/		20		38
		2		2		2		1		2		2		2		3		2		/		18	
三层																							

（续）

楼层编号	房间或者区域编号																				数据点数合计	语音点数合计	信息点数合计
	X01		X02		X03		X04		X05		X06		X07		X08		X09		X10				
	数据	语音	数据	语音	数据	语音	数据	语音	数据	语音	数据	语音	数据	语音	数据	语音	数据	语音	数据	语音			
二层																							
一层																							
合计																							

说明：X01—表示房间或者区域编号，X—表示楼层号。例如：402—表示第四层02号房间（区域）。

编制人（签名）：

编制日期：　　年　　月　　日

提示：

1）项目名称、编制人签名和编制日期不要忽略。

2）数据信息点与语音信息点分开统计，字母代号都需要说明。

练习：完成商务大楼C座其他楼层的信息点点数统计，即完成商务大楼C座工作区信息点点数统计表。

 知识链接

一、工作区设计要点

工作区由配线子系统的信息插座模块（TO）延伸到终端设备的连接电缆和适配器组成，连线都不是永久的，设计时要考虑灵活性。

工作区的终端设备可以是电话、计算机、电视机，也可以是检测仪表、测量传感器等。一般来说一个独立的工作区，通常是一部电话机和一台计算机终端设备。

工作区可以按 $5 \sim 10m^2$ 的服务面积来配置，也可以按应用场合的不同进行合理配置或者按用户要求进行配置。

1. 设计流程

工作区的设计一般为：首先了解用户需求，并与用户进行充分的技术交流和技术交底，其次要获取并熟悉建筑物设计图纸，再次进行初步规划和设计，最后进行概算和预算。通常按以下工作流程：

用户需求分析→技术交流与交底→获取并熟悉建筑物图纸（了解建筑物的功能与用途）→初步设计方案→概算→方案确认→正式设计（绘制施工图和编制材料清单等）→预算。

2. 设计要点

1）工作区内线槽的敷设要合理、美观。

2）信息座设计距离地面 30cm 以上。

3）信息座与计算机设备的距离保持在 5m 范围内。

4）网卡接口类型要与缆线接口类型保持一致。

5）所有工作区所需的信息模块、信息座、面板的数量要准确。

6）RJ45 水晶头所需的数量。RJ45 水晶头的需求量一般按下述方法计算：

$$m = n \times 4 + n \times 4 \times 15\% \ \text{或} \ m = n \times 4(1 + 15\%)$$

式中　　m——RJ45 的总需求量；

　　　　n——数据信息点的总量；

　　15%——富余量。

7）信息模块的需求量一般为

$$m = n + n \times 3\%$$

式中　　m——信息模块的总需求量；

　　　　n——信息点的总量；

　　3%——富余量。

3. 操作步骤

工作区设计时，具体操作可按以下步骤进行：

1）根据楼层平面图计算每层楼布线面积。

2）估算信息引出插座数量。

3）确定信息引出插座的类型。

4. 工作区面积的划分

工作区是包括办公室、写字间、作业间、技术室等所需要用的电话、计算机终端、电视机等设施的区域和相应设备的统称。

目前建筑物的功能类型较多，大体上可以分为商业、文化、媒体、体育、医院、学校、交通、住宅、通用工业等类型，因此，对工作区面积的划分应根据应用的场合作具体的分析后确定，根据 GB 50311—2007《综合布线系统工程设计规范》中的明确规定，工作区面积需求可参照表 6-11。

表 6-11　工作区面积划分表

建筑物类型及功能	工作区面积/m²
网管中心、呼叫中心、信息中心等终端设备较为密集的场地	3～5
办公区	5～10
会议、会展	10～60
商场、生产机房、娱乐场所	20～60
体育场馆、候机室、公共设施区	20～100
工业生产区	60～200

1）对于应用场合，终端设备的安装位置和数量无法确定时或使用场地为大客户租用并考虑自设置计算机网络时，工作区面积可按区域（租用场地）面积确定。

2）对于 IDC 机房（数据通信托管业务机房或数据中心机房），可按生产机房每个配线架的设置区域考虑工作区面积。对于此类项目，涉及数据通信设备的安装工程，应单独考虑实施方案。

二、工作区适配器的选用原则

选择适当的适配器，可使综合布线系统的输出与用户的终端设备保持完整的电器兼容。

1. 适配器的选用原则

1）在设备连接器采用不同于信息插座的连接器时，可使用专用电缆及适配器。

2）在单一信息插座上进行两项服务（如语音/数据）时，宜用"Y"形适配器。

3）在配线（水平）子系统中选用的电缆类别（介质）不同于设备所需的电缆类别（介质）时，宜采用适配器。

4）在连接使用不同信号的数模转换设备、数据速率转换设备等装置时，宜采用适配器。

5）为了特殊的应用而实现网络的兼容性时，也可用转换适配器。

6）根据工作区内不同的电信终端设备（例如 ISDN 终端）可配备相应的适配器。

2. 连接硬件

1）适配器是一种能使不同尺寸或不同类型的插头与信息插座相匹配，提供引线的重新排列，允许大对数电缆分成小对数，把电缆连接到应用系统设备的接口器件。

2）信息插座与计算机设备的距离应保持在 5m 范围内。

3）终端设备与信息插座之间最简单的连接方法是使用接插软线（跳线）。

4）接插软线（跳线）既可以订购，也可以现场压接。对于数据通信来说，一条链路需要两条跳线，一条用于从配线架到交换机的连接，一条用于从信息插座到计算机的连接。

3. 信息插座与连接器的接法

对于 RJ45 连接器与 RJ45 信息插座，与 4 对双绞线的接法主要有两种：一种是 TIA/EIA-568-A 标准，另一种是 TIA/EIA-568-B 的标准。在一个综合布线系统工程中，只能选择使用一种接线方式，常用 T568B 方式。

三、信息插座的设计

综合布线的信息插座大致可分为嵌入式安装插座、表面安装插座、多介质信息插座 3 类。信息插座的数量和类型确定的原则为：①根据已掌握的客户需要，确定信息插座的类别；②根据建筑平面图计算实际可用的空间，依据空间的大小来确定信息插座的数量；③信息插座与终端的连接形式。

1. 信息点数量配置

每一个工作区信息点数量的确定范围比较大，从现有的工程情况分析，从设置 1 个至 10 个信息点的现象都存在，并且会预留电缆和光缆备份的信息插座模块。因为建筑物用户性质不一样，功能要求和实际需求不一样，信息点数量不能仅按办公楼的模式确定，尤其是对于专用建筑（如电信、金融、体育场馆、博物馆等建筑）及计算机网络存在内、外网等多个网络时，更应加强需求分析，做出合理的配置。

每个工作区信息点数量可按用户的性质、网络构成和需求来确定。

2. 信息插座的配置

一个工作区至少要配置一个信息插座，每个工作区最好配置两个以上分离的信息插座。对于难以再增加信息插座的工作区，至少安装两个分离的信息插座。一般新建的建筑物采用嵌入式信息插座，而已有的建筑物宜采用明装式信息插座，也可以采用嵌入式信息插座。

信息插座是工作区终端设备与配线子系统连接的接口，其中最常用 RJ45 连接器，每条 4 对双绞线电缆必须终接在信息插座的 8 针信息模块上。8 针模块化信息插座是所有综合布线系统推荐的标准信息插座。光纤到桌面时，需使用光纤插座。

3. 信息插座的类型

5 类信息插座模块：支持 155Mbit/s 信息传输，适合语音、数据和视频应用。

超 5 类信息插座模块：支持 622Mbit/s 信息传输，适合语音、数据和视频应用。

6 类模块：支持 1000Mbit/s 信息传输，适合语音、数据和视频应用。

光纤插座（Fiber Jack，FJ）模块：支持 1000Mbit/s 信息传输，适合语音、数据和视频应用。

多媒体信息插座：支持 100Mbit/s 信息传输，适合语音、数据和视频应用。可安装 RJ45 型插座或 SC、ST 和 MIC 型耦合器。

4. 信息点安装位置

信息点的安装位置宜以工作台为中心进行设计，如果工作台靠墙布置时，信息点插座一般设计在工作台侧面的墙面，通过网络跳线直接与工作台上的计算机连接。

如果工作台布置在房间的中间位置或者没有靠墙时，信息点插座一般设计在工作台下面的地面，通过网络跳线直接与工作台上的计算机连接。

如果是集中或者开放办公区域，信息点的设计应该以每个工位的工作台和隔断为中心，将信息插座安装在地面或者隔断上。

在大门入口或者重要办公室门口宜设计门禁系统信息点插座。

在公司入口或者门厅宜设计指纹考勤机、电子屏幕用的信息点插座。

在会议室主席台、发言席、投影机位置宜设计信息点插座。

在各种大卖场的收银区、管理区、出入口宜设计信息点插座。

5. 信息点面板

地弹插座面板一般为黄铜制造，只适合在地面安装，地弹插座面板一般都具有防水、防尘、抗压功能，使用时打开盖板，不使用时，盖好盖板与地面高度相同。

墙面插座面板一般为塑料制造，只适合在墙面安装，具有防尘功能，使用时打开防尘盖，不使用时，防尘盖自动关闭。

桌面型面板一般为塑料制造，适合安装在桌面或者台面，在综合布线系统设计中很少应用。

信息点插座底盒常见的有两个规格，包括适合墙面安装和适合地面安装的。墙面安装底盒为长 86mm、宽 86mm 的正方形盒子，设置有 2 个 M4 螺孔，孔距为 60mm。墙面安装底盒又分为暗装和明装两种，暗装底盒的材料有塑料和金属材质两种，暗装底盒外观比较粗糙；明装底盒外观美观，一般由塑料注塑。

地面安装底盒比墙面安装底盒大，为长 100mm、宽 100mm 的正方形盒子，深度为 55mm（或 65mm），设置有 2 个 M4 螺孔，孔距为 84mm。地面安装底盒一般只有暗装底盒，由金属材质一次冲压成型，表面电镀处理。面板一般由黄铜材料制成，常见有方形和圆形面板两种，方形的长 120mm，宽 120mm。

6. 标准要求

GB 50311—2007《综合布线系统工程设计规范》对工作区的安装工艺提出了具体要求。安装在地面上的接线盒应防水、抗压，安装在墙面或柱子上的信息插座底盒、多用户信息插座盒及集合点配线箱体的底部离地面的高度宜为 300mm。工作区的电源每 1 个工作区至少应配置 1 个 220V 交流电源插座，电源插座应选用带保护接地的单相电源插座，保护接地与零线应严格分开。

 实训报告

一、工作区设计要点

写出工作区的设计要点。

二、综合布线系统工作区平面布点图的设计

按照 GB 50311—2007《综合布线系统工程设计规范》，根据【案例分析】所提供的信息资料，使用 Visio 软件或 AutoCAD 软件，学习完成该项目的工作区设计，并绘制工作区平面布点图和工作区信息点编号。

打开 Visio 软件中已绘制好的商务大楼 C 座和 A 座第六层平面布置图，完成以下任务：

1）完成商务大楼 C 座第一层的工作区平面布点图的绘制，并对布点的信息点进行编号。

2）完成商务大楼 C 座第二、三层的工作区平面布点图的绘制，并对布点的信息点进行编号。

3）完成商务大楼 A 座第六层的工作区平面布点图的绘制，并对布点的信息点进行编号。

三、编制信息点点数统计表

使用 Microsoft Excel 软件，按照表 6-10 的格式，完成商务大楼 C 座的工作区信息点点数统计表的编制。

任务**3** 完成配线子系统水平缆线的设计

 学习目标

1. 能理解配线子系统的概念。
2. 能表述配线子系统的电缆选择和设计步骤。
3. 掌握配线子系统缆线保护材料（管/槽/桥架）的选用与配置。
4. 能通过模仿，连贯地完成施工管线图的绘制、图例说明及施工说明编写。

 学习任务

按照 GB 50311—2007《综合布线系统工程设计规范》，根据【案例分析】所提供的信息资料，学习该项目配线子系统水平缆线的设计的相关知识，并学会绘制施工管线图、图例

说明及施工说明编写。

1. 任务内容

1）完成商务大楼 C 座的配线子系统水平缆线施工管线图的设计（绘制）并编写图例说明及施工说明。

2）完成商务大楼 A 座第六层的配线子系统水平缆线施工管线图的设计（绘制）并编写图例说明及施工说明。

2. 任务要求

根据商务大楼 C 座和 A 座第六层工作区信息点平面布点图，按照配线子系统水平线缆施工线管/线槽常用的敷设方式和常用线管/线槽/桥架规格型号以及容纳双绞线最多条数表，使用 Visio 软件或 AutoCAD 软件，合理配置，完成综合布线系统工程配线子系统水平线缆施工管线图的设计（绘制），并编写图例说明及施工说明。

要求设计合理且便于施工，图面布局路由清晰，标注图例和施工说明清楚。

一、常用线管（线槽）规格型号与容纳双绞线最多条数表

常用线管（线槽）规格型号与容纳双绞线最多条数见表 6-12、表 6-13。

表 6-12　常用线管规格型号与容纳双绞线最多条数表

线管类型	线管规格/mm	容纳双绞线最多条数	截面利用率（%）
PVC、金属	16	2	30
PVC	20	3	30
PVC、金属	25	5	30
PVC、金属	32	7	30
PVC	40	11	30
PVC、金属	50	15	30
PVC、金属	63	23	30
PVC	80	30	30
PVC	100	40	30

表 6-13　常用线槽规格型号与容纳双绞线最多条数表

线槽（桥架）类型	线槽（桥架）规格/mm	容纳双绞线最多条数	截面利用率（%）
PVC	20 × 12	2	30 ~ 50
PVC	25 × 12.5	4	30 ~ 50
PVC	30 × 16	7	30 ~ 50
PVC	39 × 19	12	30 ~ 50
金属、PVC	50 × 25	18	30 ~ 50
金属、PVC	60 × 30	23	30 ~ 50
金属、PVC	75 × 50	40	30 ~ 50
金属、PVC	80 × 50	50	30 ~ 50
金属、PVC	100 × 50	60	30 ~ 50
金属、PVC	100 × 80	80	30 ~ 50
金属、PVC	150 × 75	100	30 ~ 50
金属、PVC	200 × 100	150	30 ~ 50

二、常用敷设标注字母的注释

1. 敷设材料

MR：封闭式金属线槽敷设　　　　QR：铝合金线槽敷设

SC：薄电线管（金属管）敷设　　　CP：蛇皮管/金属软管敷设

PVC：聚氯乙烯阻燃塑料管（槽）敷设　PR：塑料线槽敷设

PC：硬制塑料管敷设　　　　　　　FPC：半硬制塑料管敷设

PL：阻燃半硬聚乙烯管敷设　　　　PCL：塑料夹敷设

2. 敷设方式

WC：暗敷设在墙内　　　　　　　　WE：沿墙面敷设

FC：暗敷设在地面　　　　　　　　FR：在地板下敷设

CLC：暗敷设在柱内　　　　　　　CLE：沿柱或跨柱敷设

CC：暗敷设在顶板内　　　　　　　BC：暗敷设在梁内

CE：沿顶棚面或顶板面敷设　　　　BE：沿屋架或跨屋架敷设

SCE：在吊顶内敷设；要穿金属管（JDG）

ACC：暗敷设在不能进入的吊顶内，要穿金属管

ACE：敷设在能进入的吊顶内

三、配线子系统水平线缆施工管线图的绘制

以商务大楼 C 座为例，使用 Visio 软件或 AutoCAD 软件，完成施工管线图的设计。

1. 用户需求

根据【项目背景资料与分析】所提供的信息资料，商务大楼 C 座的干线子系统选用超 5 类 4 对非屏蔽双绞线和大对数电缆，沿弱电竖井中架设的金属桥架连接数据网络和语音网络。配线子系统均采用超 5 类 4 对非屏蔽双绞线。C 座的工作区信息点分布为：一层有数据信息点和语音信息点各 15 个；二、三层均为数据信息点 34 个和语音信息点 31 个；四层有数据信息点 20 个，语音信息点 18 个，商务大楼 C 座共有数据信息点 103 个，语音信息点 95 个，信息点合计 198 个。

2. 施工管线图绘制的准备

1）打开 Visio 软件中已绘好的商务大楼 C 座各楼层信息点平面布点图。

2）配线子系统水平线缆管槽路由设计的材料配置与选用。

3）确定配线子系统水平线缆设计的引线位置，即 FD 的位置。

3. 设计步骤

（1）确定水平引线入口，即 FD 的位置　在商务大楼 C 座平面图上，确定楼层管理间（电信间）的位置，在弱电间配置壁挂式配线机柜。

（2）确定水平主干布线路由及缆线保护　水平主干路由，可选配金属桥架由 FD 延伸水平主干布线。

（3）确定各工作区管槽配置并作标注　各房间按照信息点的数量，选用不同规格的 PVC 线管（槽）与水平主干金属桥架相连布线。

（4）确定工作区各房间各路由段的缆线数量并作标注。

（5）确定 PVC 线管（槽）及金属桥架的安装敷设方式

金属桥架（如 MR200mm×100mm）可安装在各层的公共走廊吊顶上（SCE）。

线管（如 φ20mmPVC 或 φ25PVC）可采用暗敷设在墙内（WC）。

线槽（如 39mm×19mmPVC）可采用沿墙面敷设（WE）。

（6）绘制配线子系统水平线缆施工管线图，必须有图例说明和施工说明以及图框标题栏。

四、案例综合实训（范例与练习）

范例：使用 Visio 软件，以商务大楼 C 座第四层为例，完成平面管线图的设计（绘制）。

（1）在第四层弱电间，配置楼层配线设备（FD4），画出配线设备符号。

（2）在第四层公共走廊，画两根水平线作为水平主干路由及缆线保护设备，可选配 MR100×50 或 MR200×100 金属桥架，安装在走廊吊顶上。

（3）根据 401、402、404 等房间的信息点的不同位置，设计路由，画 1 根线，并引入水平主干金属桥架。

（4）标注：各路段的缆线数量标注，管槽及金属桥架配置标注，安装敷设方式的标注。

（5）图例说明和施工说明。编写施工说明（参考）：

1）该楼层共有信息点数量（38 个）。

2）水平布线由电信间进入走廊的 MR100×50 金属桥架（沿梁底 30cm 安装），桥架通过 CP 软管与 PVC 管贯通，PVC 管沿墙暗敷至信息点。

3）各信息点墙面安装时中心离地 30cm。

4）配线子系统均采用超 5 类 4 对非屏蔽双绞线，每个信息点（数据和语音）配置 1 根 UTP。

5）其余按照设计文件和 GB 50311—2007 规范规定。

（6）作图框填写标题栏，如图 6-23 所示。

练习：学生在各自的 C 座第四层平面布点图上完成第四层的施工管线图，并将学生练习的作品（管线设计）上传。

一、配线子系统概念

配线子系统由工作区用的信息插座、信息插座至楼层配线设备（FD）的配线电缆或光缆、楼层配线设备和跳线等组成，如图 6-24 所示。

二、缆线的选择

选择配线子系统水平缆线，要根据建筑物内具体信息点的类型、容量、带宽和传输速率来确定。

在配线子系统中推荐采用 4 对 100ΩUTP 电缆；对于电磁干扰严重的情况可以采用屏蔽双绞线电缆，也可以采用 62.5/125μm 多模光缆或 8.3/125μm 单模光缆，视距离而定。

配线电缆的最大长度为 90m。工作区电缆和设备电缆长度之和为 10m。在保证链路性能的情况下，水平光缆允许适当加长，可以超过 90m。

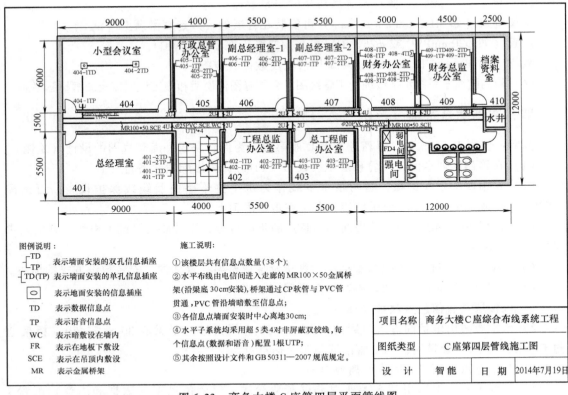

图例说明：

```
┌ TD
┤        表示墙面安装的双孔信息插座
└ TP

┌ TD(TP)  表示墙面安装的单孔信息插座

□        表示地面安装的信息插座
```

TD   表示数据信息点
TP   表示语音信息点
WC   表示暗敷设在墙内
FR   表示在地板下敷设
SCE   表示在吊顶内敷设
MR   表示金属桥架

施工说明：

① 该楼层共有信息点数量（38个）；

② 水平布线由电信间进入走廊的MR100×50金属桥架（沿梁底30cm安装），桥架通过CP软管与PVC管贯通，PVC管沿墙暗敷至信息点；

③ 各信息点墙面安装时中心离地30cm；

④ 水平子系统采用超5类4对非屏蔽双绞线，每个信息点（数据和语音）配置1根UTP；

⑤ 其余按照设计文件和GB 50311—2007规定。

项目名称	商务大楼C座综合布线系统工程		
图纸类型	C座第四层管线施工图		
设计	智能	日期	2014年7月19日

图 6-23　商务大楼 C 座第四层平面管线图

三、设计要点

1）确定信息插座的类型和规格，计算所需的信息模块、信息插座数量。

信息模块数量＝信息点数量；

信息插座面板的数量＝信息模块数÷信息插座面板所含的信息口数；

信息插座底盒的数量＝信息插座面板的数量。

2）确定缆线路由：如天花板内、地板下等。

3）确定平均电缆长度：$L = (F + N) \div 2 + 6m$

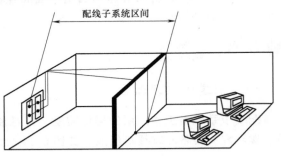

图 6-24　配线子系统示意图

式中　F——最远的信息插座离配线架的路由长度（m）；

　　　N——最近的信息插座离配线架的路由长度（m）；

　　6m 为端接容差。

4）计算总电缆用量：配线电缆总量 $W = Ln$。

5）订购电缆：

4 对 UTP 电缆一般以箱为单位订购，每箱 UTP 电缆长 305m。

每箱可用电缆数 = 每箱电缆长度 ÷ 平均电缆长度

须订购的电缆箱数 = 信息点总数 ÷ 每箱可用电缆数

【例 6-1】 已知某布线系统共有 140 个信息点，平均电缆长度为 24m，试计算需订购的电缆数量（箱数）。

解：每箱可用电缆数 =（305 ÷ 24）= 12.7 （取整数 12），

须订购的电缆箱数 = 140 ÷ 12 = 11.7 （应订 12 箱）

6) 确定槽、管的类型和数量。

7) 确定敷设缆线所需的其他部件（如吊杆、拖架等）的数量。

8) 确定楼层配线设备的类型、规格和数量，进行楼层配线设备设计。

四、配线子系统布线方法

1. 在天花板内

（1）管槽布线法 管槽布线法采用槽道和管道相结合的敷设方法，槽道安装在吊顶内或悬挂在天花板上，管道暗敷在墙壁内或墙柱中。在天花板内，槽道利用悬吊件挂放，以减轻吊顶负荷，配线缆线从交接间经主槽道和分支槽道到达各个房间，再经过房间内的暗敷管道至安装在墙壁或墙柱上的信息插座，并终结于此，如图 6-25 所示。

此方法适用于大型建筑物或布线系统非常复杂、需要额外支撑物的场合。

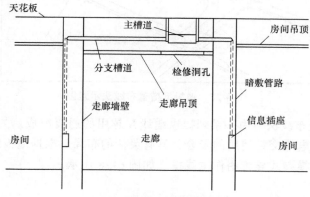

图 6-25 槽道布线法示意图

（2）分区布线法 分区布线法是针对大开间办公环境设计的水平布线方法。它将天花板内的空间分成若干个小区域来安装敷设缆线，大容量的缆线由交接间用管道穿放敷设或直接在天花板内敷设到每个分区中心。从分区中心分出的缆线经过墙壁或立柱引向房间的各个信息插座。也可在分区中心设置适配器，适配器将大容量的缆线（如 25 对 UTP 电缆）分成若干小容量缆线（如 4 对 UTP 电缆）再敷设到用户终端位置附近的信息插座上，如图 6-26 所示。

2. 在地板下

（1）地板下槽道布线法 如图 6-27 所示，由一系列金属布线通道（通常用混凝土密封）和金属线槽组成。

优点：对电缆提供很好的机械保护，减少电气干扰，提高安全性、隐蔽性，保持地板外观完好，减少安全风险。

缺点：费用高、结构复杂、增加地板重量。

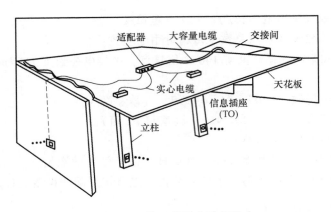

图 6-26　分区布线法示意图

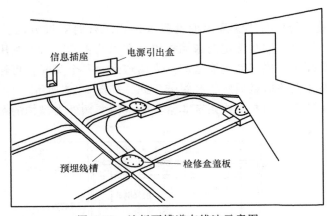

图 6-27　地板下槽道布线法示意图

（2）蜂窝状地板布线法　由一系列提供缆线穿越用的通道组成。如图 6-27 所示，一般用于电力电缆和通信电缆交替使用的场合，具有灵活的布局。根据地板结构，布线槽可以由钢材或混凝土制成。横梁式导管用作主线槽，如图 6-28 所示。

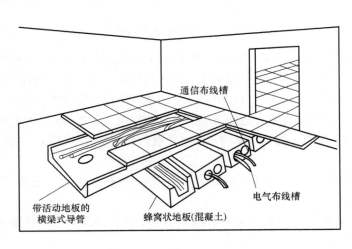

图 6-28　蜂窝状地板布线法示意图

该布线法具有地板下槽道布线法的优点，且容量更大；缺点与地板下槽道布线法相同。

（3）高架地板布线法　高架地板（也叫活动地板）布线系统由许多方块地板组成。这些活动地板搁置于固定在建筑物地板上的铝制或钢制锁定支架上，如图6-29所示。

这种布线方法非常灵活，而且容易安装，防火方便。缺点是在活动地板上走动会造成共鸣板效应，初期安装费用昂贵，缆线走向控制不方便，房间高度降低等。

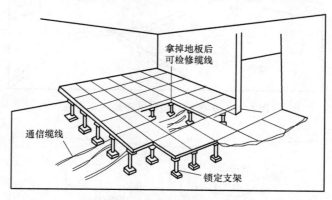

图6-29　高架地板布线法示意图

（4）地板下管道布线法　地板下管道布线系统由一系列密封在混凝土里的金属管道组成。这些金属管道从交接间向信息插座的位置辐射。该布线系统适用于有相对稳定位置的建筑物，如百货公司、银行和小型医院，如图6-30所示。

在地板下布线的优点是初期安装费用低，缺点是灵活性很差。

3. 在旧（或翻新）的建筑物中

（1）护壁板电缆槽道布线法　护壁板电缆槽道布线法由沿建筑物墙壁表面敷设的 PVC 线槽及其配套连接件组成，如图6-31所示。

这种布线结构有利于布放电缆，通常用于墙上装有较多信息插座的小楼层区。插座可以安装在沿槽道的任何位置上。如果电力电缆和通信电缆

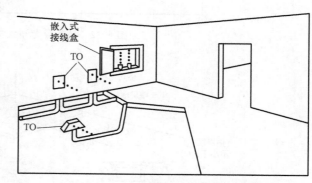

图6-30　地板下管道布线法示意图

同槽敷设，电力电缆和通信电缆需用接地的金属隔板隔开。

（2）地板导管布线法　地板导管布线系统如图6-32所示，将金属或 PVC 导管沿地板表面敷设。电缆被装在导管内，导管又固定在地板上，而盖板紧固在导管基座上，如图6-32所示。

地板导管布线系统具有快速和容易安装的优点，适用于通行量不大的区域（如各个办公室）。

（3）地面线槽布线法　对于建筑结构较好，楼层净空较高的建筑物，还可以采用地面线槽布线法。在原有地板表面加铺不小于7cm厚的垫层，将线槽铺放在垫层中，如图6-33所示。

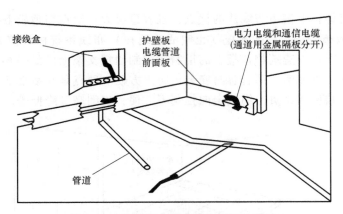

图 6-31 护壁板电缆槽道布线法示意图

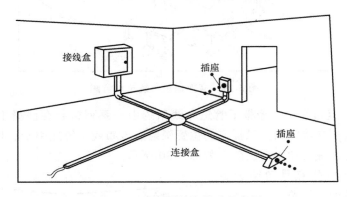

图 6-32 地板导管布线法示意图

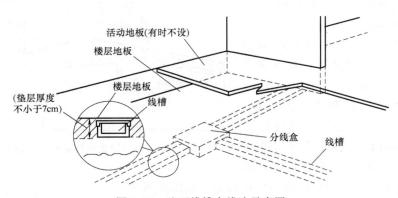

图 6-33 地面线槽布线法示意图

五、管槽设计

配线子系统电缆宜穿管或沿金属电缆桥架敷设。敷设暗管宜采用钢管或阻燃硬质 PVC 管。管槽大小的选择应符合下列要求:

管内穿大对数电缆时,直线管道的管径利用率应为 50% ~ 60%,弯管路的管径利用率应为 40% ~ 50%;暗管布放 4 对双绞线电缆或 4 芯以下光缆时,管道的截面利用率应为 25% ~ 30%;预埋线槽宜采用金属线槽,线槽的截面利用率不应超过 50%。计算公式为:

$$S_1/S_2 \leqslant 50\%$$

式中　S_1——缆线所占面积，它等于每根缆线截面积乘以缆线根数；

　　　　S_2——所选线槽的可用面积。

 实训报告

使用 Visio 软件，绘制配线子系统水平线缆施工管线图，并编写图例说明、施工说明以及图框标题栏。完成以下任务：

1）完成商务大楼 C 座第一层的配线子系统水平线缆施工管线图的设计（绘制）。

2）完成商务大楼 C 座第二、三层施工管线图的设计（绘制）。

3）完成商务大楼 A 座第六层的施工管线图的设计（绘制）。

任务4　完成配线子系统电信间的设计

学习目标

1. 能理解电信间（楼层管理间）的概念。

2. 掌握电信间（楼层管理间）的设计原则和设计要领。

3. 能通过模仿，完成机柜内网络配线设备配置安装图的绘制和信息点端口对应表的编制。

学习任务

按照 GB 50311—2007《综合布线系统工程设计规范》，根据【项目背景资料与分析】所提供的信息资料，学习完成该项目电信间（楼层管理间）设计的相关知识，并学会电信间机柜网络交换设备与配线设备配置安装图的绘制和信息点端口对应表的编制。

1. 任务内容

1）完成商务大楼 C 座各电信间（楼层管理间）的设计，并绘制机柜配线设备配置安装图（机柜配置大样图）和信息点端口对应表的编制。

2）完成商务大楼 A 座第六层电信间（楼层管理间）的设计，并绘制机柜内网络设备与配线设备配置安装图（机柜配置大样图）和信息点端口对应表的编制。

2. 任务要求

1）根据商务大楼 C 座各楼层工作区信息点点数统计表（数据信息点合计和语音信息点合计），首先计算各楼层电信间（楼层管理间）所需的各类网络配线设备（模块式配线架和 110 配线架）数量，并选配合适的机柜；使用 Microsoft Excel 工作表软件，编制信息点端口对应表；使用 Visio 软件或 AutoCAD 软件，绘制机柜内网络配线设备配置安装图（机柜配置大样图）。

2）根据商务大楼 A 座第六层工作区信息点点数统计表（数据信息点合计和语音信息点合计），计算各楼层电信间（楼层管理间）所需的各类网络配线设备（模块式配线架和 110 配线架）数量和网络交换设备的数量，并选配合适的机柜；使用 Microsoft Excel 工作表软件，编制信息点端口对应表；并使用 Visio 软件或 AutoCAD 软件，绘制机柜内网络交换设备与配线设备配置安装图（机柜配置大样图）。

要求机柜设计合理且便于安装，网络配线设备与网络交换设备配置合理且有冗余，信息点端口对应正确，大样图图面布局清晰。

电信间（楼层管理间）一般根据楼层信息点的总数量和分布密度情况进行设计：首先按照各个工作区需求，确定每个楼层工作区信息点总数量，然后确定水平缆线长度；其次选择连接方式，计算并确定各类网络设备（配线架）的需求量，包括干线缆线的配线与水平缆线的配线、数据配线与语音配线；最后根据网络应用设备与网络配线设备的需求量，选择且确定管理间标准机柜的配置以及安装位置，完成电信间的设计。

以商务大楼 C 座第四层为例，绘制配线设备安装配置图（机柜配置大样图），编制信息点端口对应表，完成 C 座第四层电信间（FD4）的设计。

1. 用户需求分析

电信间（楼层管理间）的需求分析围绕单个楼层或者附近楼层的信息点数量和布线距离进行，各个楼层的管理间最好安装在同一个位置，也可以考虑功能不同的楼层安装在不同的位置。根据点数统计表分析每个楼层的信息点总数，然后估算每个信息点的缆线长度，特别注意最远信息点的缆线长度，列出最远和最近信息点缆线的长度，电信间宜布置在信息点的中间位置，同时保证各个信息点双绞线的长度不要超过 90m。

根据【项目背景资料与分析】所提供的信息资料，商务大楼 C 座的设备间集中配置网络交换设备；各楼层内均设有独立的弱电间（楼层管理间或电信间 FD），楼层分配线架连接用户水平缆线和主干缆线，数据主干缆线采用相应的模块式铜缆配线架，语音主干缆线采用 110 系列配线架；水平线缆均采用超 5 类 4 对非屏蔽双绞线，缆线的长度均不超过 90m；商务大楼 C 座第四层工作区有数据信息点 20 个，语音信息点 18 个。

2. 设计思路与准备

1）根据用户需求，数据主干缆线采用相应的模块式铜缆配线架，语音主干缆线采用 110 系列配线架；水平线缆均采用超 5 类 4 对非屏蔽双绞线；拟采用交叉连接方式，通过跳线，选用模块式铜缆配线架连接工作区各信息点。

2）根据商务大楼 C 座第四层信息点平面布点图及信息点数量，配置网络配线设备（模块式配线架和 110 配线架）。

3）根据商务大楼 C 座第四层信息点平面布点图及各信息点编号，编制信息点端口对应表。

3. 设计要领

1）C 座第四层工作区有数据信息点 20 个，语音信息点 18 个，配线子系统均采用超 5 类 4 对非屏蔽双绞线。配置 24 口模块式配线架 2 个。

2）干线子系统选用超 5 类 4 对非屏蔽双绞线和大对数电缆，连接数据网络和语音网络。配置 24 口模块式配线架 1 个和 110 配线架 1 个。

3）C 座第四层电信间配线设备共有模块式配线架 3 个和 110 配线架 1 个，数据和语音信息点分区管理。可配置壁挂式 9U 标准机柜。

4）信息点端口对应表是把工作区信息点

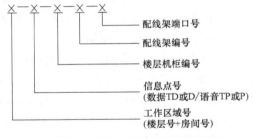

图 6-34　工作区信息点编号说明

与楼层管理间配线设备的各机柜、配线架以及配线架的端口相对应，按照统一格式进行编号，如图 6-34 所示。

例如："501-26TD-FD5-M2-02"表示第五层的第 01 号房间的第 26 个数据信息点，在第五层机柜的第 2 个配线架的第 2 端口。

其中，M2 表示第二个配线架；FD5 表示第五层机柜；26TD 表示第 26 个信息点（若 8TP 或 8P，则表示第 8 个语音点）。

▶ 案例综合实训（范例与练习）

一、使用 Visio 软件，绘制配线设备配置安装图（机柜配置大样图）

范例：

1. 创建 Visio 文件并命名保存

打开 Microsoft Visio2007 软件，并以文件名"配线设备安装配置图"保存在桌面上；在"形状"工具栏→"网络"→"机架式安装设备"中选择"机柜"，将"机柜"图标拖放至 Visio 工作页面内，并上下拖动调整到 9U，如图 6-35 所示。

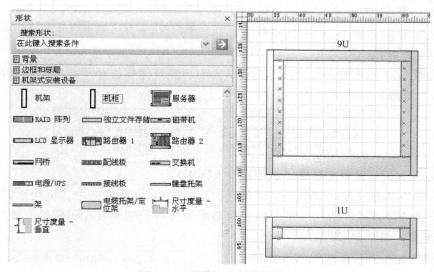

图 6-35　形状工具栏拖放机柜

2. 配线架的制作

因为在 Microsoft Visio2007 软件的形状模板库内没有配线设备的图标，所以需要自行制作，可选择"架"作为母板，添加模拟接口或文字进行组合处理后替代。

1）24 口 RJ45 模块式配线架的自行制作。先利用"绘图工具"绘制几个图形，并组合成 1 个 RJ45 端口的图标，如图 6-36 所示。

图 6-36　组合成 RJ45 端口的图标

将 1 个 RJ45 端口的图标复制后，连接组合成 1 个 6 端口模块，如图 6-37 所示。

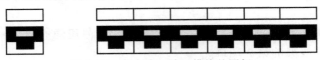

图 6-37　组合成 6 端口模块的图标

将 1 个 6 端口模块的图标复制，并叠加在"架"上，组合成 1 个 24 口 RJ45 模块式配线架，如图 6-38 所示。

图 6-38　组合成 24 口 RJ45 模块式配线架的图标

2）理线架的自行制作。在"架"上添加文字组合成理线架，如图 6-39 所示。

图 6-39　组合成理线架的图标

3）110 配线架的自行制作。可将 Visio 工作页面放大到 400%，利用"绘图工具"绘制并组合成 1 个 25 对模拟接口，如图 6-40 所示。

图 6-40　组合成 25 对模拟接口的图标

然后将图 6-39 图形缩小至"架"的 1/2 左右，复制并叠加在"架"上，组合成 110 对 110 配线架，如图 6-41 所示。

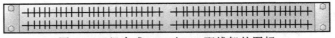

图 6-41　组合成 110 对 110 配线架的图标

3. 绘制配线设备配置安装图（机柜配置大样图）

1）将 RJ45 模块式配线架与理线架组合，添加到 9U"机柜"中，组建数据配线区域，因为采用交叉连接方式，所以可将干线缆线与水平缆线分别端接在不同的配线架上，选用 RJ45 跳线连接，如图 6-42 所示。

2）将 RJ45 模块式配线架和理线架与 110 配线架组合，添加到 9U"机柜"中，组建语音配线区域，干线缆线端接在 110 配线架上，水平缆线端接在 RJ45 模块式配线架上，选用模块化 IDC 跳插线连接。

模块化 IDC 跳插线俗称"鸭嘴跳线"，如 BIX-RJ45 跳插线、110-RJ45 跳插线，主要用于 110（语音）配线架与 RJ45 模块式配线架的跳接。

3）标注配线区域，数据与语音区域间空 1U，对各配线架进行命名和编号，机柜配线设备分布图，如图 6-43 所示。

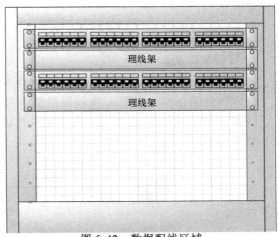

图 6-42　数据配线区域

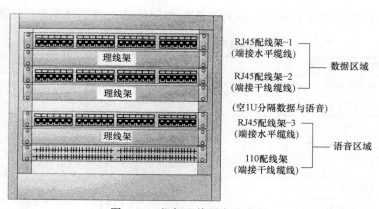

图 6-43　机柜配线设备分布图

4）添加图例说明和图框标题栏，完成商务大楼 C 座第四层配线设备配置安装图（机柜配置大样图）的绘制，如图 6-44 所示。

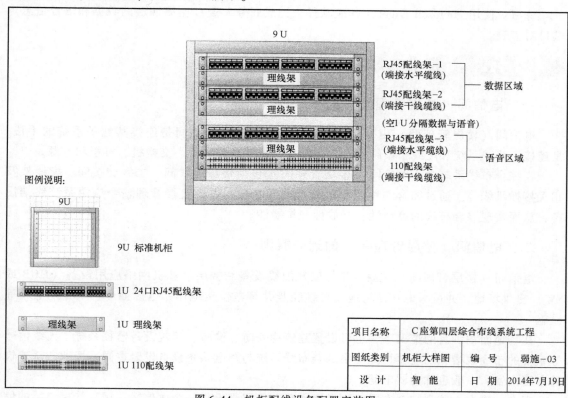

项目名称	C座第四层综合布线系统工程		
图纸类别	机柜大样图	编　号	弱施－03
设　计	智　能	日　期	2014年7月19日

图 6-44　机柜配线设备配置安装图

练习：使用 Visio 软件，学习绘制配线设备配置安装图（机柜配置大样图），完成商务大楼 C 座第四层的配线设备配置安装图（机柜配置大样图）的设计。

二、使用 Microsoft Excel 工作表软件，编制 C 座信息点端口对应表

根据【项目背景资料与分析】所提供的信息资料，统计商务大楼 C 座第四层平面布点图或工作区信息点点数，编制 C 座第四层信息点端口对应表。

范例：使用 Excel 工作表软件，编制 C 座第四层信息点端口对应表，见表6-14。

表 6-14　信息点端口对应表

项目名称：商务大楼 C 座综合布线系统工程

序号	信息点编号	区域号	信息点	机柜号	配线架号	配线架端口号
1	401-1D-FD4-M1-01	401	1D	FD4	M1	01
2	401-2D-FD4-M1-02	401	2D	FD4	M1	02
3	402-1D-FD4-M1-03	402	1D	FD4	M1	03
⋮	⋮	⋮	⋮	⋮	⋮	⋮
	401-1P-FD4-M3-01	401	1P	FD4	M3	01
	401-2P-FD4-M3-02	401	2P	FD4	M3	02
	⋮					

编制人：　　　　　　　　　　　　　　　日期：　年　月　日

练习：使用 Microsoft Excel 工作表软件，完成商务大楼 C 座第四层的数据和语音信息点端口对应表。

 知识链接

一、电信间（楼层管理间）的基本概念

电信间（楼层管理间）由交接、互连和 I/O 组成，管理间是连接其他子系统的手段，是连接干线子系统和配线子系统的设备，其主要设备是配线架、交换机、机柜和电源。

在综合布线系统中，电信间（楼层管理间）包括楼层配线间、二级交接间、配线架及相关接插跳线等。通过综合布线系统的管理间子系统，可以直接管理整个应用系统终端设备，从而实现综合布线的灵活性、开放性和扩展性。

二、电信间（楼层管理间）的划分原则

电信间（楼层管理间）主要为楼层安装配线设备和楼层计算机网络应用设备（HUB 或 SW）提供场地，并可考虑在该场地设置缆线竖井等电位接地体、电源插座、UPS 配电箱等设施。

在场地面积满足的情况下，也可设置建筑物安防、消防、建筑设备监控系统、无线信号等系统的布缆线槽和功能模块。如果综合布线系统与弱电系统设备设置在同一场地，从建筑的角度出发，一般也称为弱电间。

现在，许多大楼在综合布线时都考虑在每一楼层都设立一个电信间，用来管理该层的信息点，改变了以往几层共享一个电信间的做法，这也是综合布线的发展趋势。

电信间（楼层管理间）设置在楼层配线房间，是配线系统电缆端接的场所，也是主干系统电缆端接的场所。它由大楼主配线架、楼层分配线架、跳线、转换插座等组成。用户可以在电信间（楼层管理间）中更改、增加、交接、扩展缆线，从而改变缆线路由。

电信间（楼层管理间）房间面积的大小一般根据信息点多少安排和确定，如果信息点多，就应该考虑用一个单独的房间来放置；如果信息点很少时，可采取在墙面安装机柜的方式。

三、电信间（楼层管理间）的设计原则

1. 数量的确定

每个楼层一般宜至少设置 1 个电信间。特殊情况下，如每层信息点数量较少且水平缆线长度不大于 90m 的情况下，宜几个楼层合设一个电信间。

2. 数量的设置原则

如果该层信息点数量不大于 400 个，水平缆线长度在 90m 范围以内，宜设置一个电信间，当超出这个范围时宜设两个或多个电信间。

在实际工程应用中，为了方便管理和保证网络传输速度或者节约布线成本，也可以按照 100～200 个信息点设置一个电信间，将楼层管理的机柜明装在楼道。例如学生公寓中，信息点密集，使用时间集中，楼道很长，就宜采用这种方式。

3. 面积

GB 50311—2007 中规定电信间的使用面积不应小于 5m²，也可根据工程中配线管理和网络管理的容量进行调整。一般新建楼房都有专门的垂直竖井，楼层的管理间基本都设计在建筑物竖井内，面积在 3m² 左右。在一般小型网络综合布线系统工程中管理间也可能只是一个网络机柜。

一般旧楼增加网络综合布线系统时，可以将电信间选择在楼道中间位置的办公室，也可以采取壁挂式机柜直接明装在楼道，作为楼层管理间。

电信间安装落地式机柜时，机柜前面的净空不应小于 800mm，后面的净空不应小于 600mm，以方便施工和维修。安装壁挂式机柜时，一般在楼道安装高度不小于 1.8m。

四、电信间（楼层管理间）的配线设备

电信间（楼层管理间）的管理器件根据综合布线所用介质类型不同分为两大类管理器件，即铜缆管理器件和光纤管理器件。这些管理器件用于配线间和设备间的缆线端接，以构成一个完整的综合布线系统。

1. 标准机柜

电信间（楼层管理间）中以配线架为主要设备，配线设备可直接安装在标准（19in）机柜或者机架上。

根据 TIA/EIA 标准，能放置宽度 19in/高度以 1U（4.445cm）为基本单位标准布线产品（如标准配线架、标准理线环等）的机柜（架）称之为标准机柜（架），又称"19 英寸机架"。

标准规定的尺寸：宽度为 19 英寸（19in＝48.26cm）；

高度为 1U 的倍数（1U＝1.75 英寸＝4.445cm）。

标准机柜（架）根据其安装方式的不同，可分为立式机机柜（架）和壁挂式机柜。一般立式机机柜（架）的高度在 1m 以上（20U 以上），壁挂式机柜的高度在 1m 以下（20U 以下）。各种标准机柜（架）规格见表 6-15。

表 6-15 标准机柜的规格对照表

规格	高度/mm	宽度/mm	深度/mm	
42U	2000	600	800	650
37U（38U）	1800	600	800	650
32U	1600	600	800	650

（续）

规格	高度/mm	宽度/mm	深度/mm	
25U	1300	600	800	650
20U	1000	600	800	650
14U	700	600	450	
9U	550	600	450	
7U	400	600	450	
6U	350	600	420	
4U	200	600	420	

2. 铜缆管理器件

铜缆管理器件主要有配线架、机柜及缆线相关管理附件。铜缆布线系统的管理主要采用110配线架或BIX配线架作为语音系统的管理器件，采用模块数据配线架作为计算机网络系统的管理器件。

（1）110系列配线架 110系列配线架综合布线产品将110系列配线架分为两大类，即110A和110P。

110A配线架采用夹跳接线连接方式，可以垂直叠放便于扩展，比较适合于线路调整较少、线路管理规模较大的综合布线场合。110A配线架通常有100对和300对两种规格，可以根据系统安装要求使用这两种规格的配线架进行现场组合。

110P配线架采用接插软线连接方式，管理比较简单但不能垂直叠放，比较适合于线路管理规模较小的场合。110P配线架有300对和900对两种规格。

（2）BIX交叉连接系统 BIX交叉连接系统是IBDN智能化大厦解决方案中常用的管理器件，可以用于计算机网络、电话语音、安保等弱电布线系统。BIX交叉连接系统主要由以下配件组成：

1）50、250、300线对的BIX安装架，如图6-45所示。

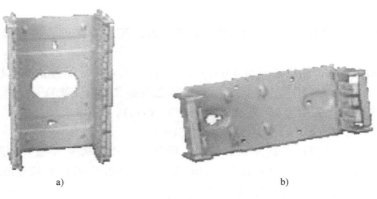

a)   b)

图6-45 BIX安装架

a）250对BIX安装架 b）50对BIX安装架

2）25对BIX连接器，如图6-46所示。

3）布线管理环，如图6-47所示。

图 6-46　25 对 BIX 连接器

图 6-47　布线管理环

4）标签条。

5）电缆绑扎带。

6）BIX 跳插线，如图 6-48 所示。

a)

b)

图 6-48　BIX 跳插线

a）BIX 跳插线 BIX-BIX 端口　b）BIX 跳插线 BIX-RJ45 端口

BIX 安装架可以水平或垂直叠加，可以很容易地根据布线现场要求进行扩展，适合于各种规模的综合布线系统。BIX 交叉连接系统既可以安装在墙面上，也可使用专用套件固定在 19in 的机柜上。图 6-49 为一个安装完整的 BIX 交叉连接系统。

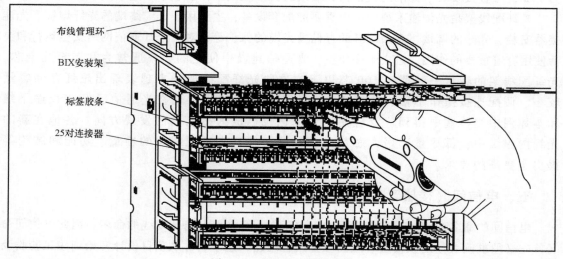

布线管理环

BIX安装架

标签胶条

25对连接器

图 6-49　BIX 交叉连接系统

（3）RJ45 模块化配线架　RJ45 模块化配线架主要用于网络综合布线系统，它根据传输性能的要求分为 5 类、超 5 类、6 类模块化配线架。

配线架一般宽度为 19in，高度为 1U～4U，主要安装于 19in 机柜中。配线架前端面板为

RJ45 接口，可通过 RJ45-RJ45 软跳线连接到计算机或交换机等网络设备。配线架后端为 BIX 或 110 连接器，可以端接配线子系统水平缆线或垂直干线缆线。

模块化配线架的规格一般由配线架根据传输性能、前端面板接口数量以及配线架高度决定。

3. 光纤管理器件

光纤管理器件根据光缆布线场合要求分为两类，即光纤配线架和光纤接线箱。光纤配线架适合于规模较小的光纤互连场合，如图 6-50 所示；而光纤接线箱适合于光纤互连较密集的场合，如图 6-51 所示。

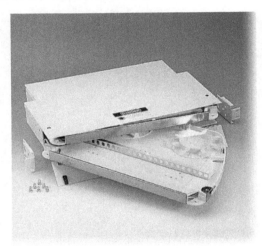

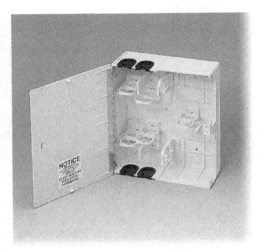

图 6-50　光纤配线架　　　　　　　　　　图 6-51　光纤接线箱

光纤配线架又分为机架式光纤配线架和墙装式光纤配线架两种。机架式光纤配线架宽度为 19in，可直接安装于标准的机柜内；墙装式光纤配线架体积较小，适合安装在楼道内。

光纤配线架是光传输系统中一个重要的配套设备，主要用于光缆终端的光纤熔接、光连接器安装、光路的调接、多余尾纤的存储及光缆的保护等，对于光纤通信网络安全运行和灵活使用有着重要的作用。过去十多年里，光通信建设中使用的光缆通常为几芯至几十芯，光纤配线架的容量一般都在 100 芯以下，这些光纤配线架越来越表现出尾纤存储容量较小、调配连接操作不便、功能较少、结构简单等缺点。现在光通信已经在长途干线和本地网中继传输中得到广泛应用，光纤化也已成为接入网的发展方向。各地在新的光纤网建设中，都尽量选用大芯数光缆，这样就对光纤配线架的容量、功能和结构等提出了更高的要求。

五、电信间（楼层管理间）的命名和编号

电信间的命名和编号是非常重要的一项工作，直接涉及每条缆线的命名，因此电信间命名首先必须准确表达出该楼层管理的位置或者用途，这个名称从项目设计开始到竣工验收及后续维护必须保持一致。如果出现项目投入使用后用户改变名称或者编号时，必须及时制作名称变更对应表并作为竣工资料保存。

1. 编号和标记

完整的标记应包含以下的信息：建筑物名称、位置、区号、起始点和功能。电信间

（楼层管理间）使用色标来区分配线设备的性质，标明端接区域、物理位置、编号、容量、规格等，以便维护人员在现场一目了然地加以识别。综合布线系统一般常用标记有电缆标记、场标记和插入标记，其中插入标记用途最广。

（1）电缆标记　电缆标记主要用于标明电缆来源和去处，在电缆连接设备前电缆的起始端和终端都应做好电缆标记。电缆标记由背面为不干胶的白色材料制成，可以直接贴到各种电缆表面上。其规格尺寸和形状根据需要而定。例如，1根电缆从三楼的311房的第1个计算机网络信息点拉至电信间，则该电缆的两端应标记上"311-01D"的标记，其中"D"表示数据信息点。

电缆和光缆的两端应采用不易脱落和磨损的不干胶条标明相同的编号。

（2）场标记　场标记又称为区域标记，一般用于设备间、配线间和二级交接间的管理器件上，以区别管理器件连接缆线的区域范围。它也是由背面为不干胶的材料制成，可贴在设备平整表面的醒目位置。

（3）插入标记　插入标记一般在管理器件上，如110配线架、BIX安装架等。

插入标记是硬纸片，可以插在1.27cm×20.32cm的透明塑料夹里，这些塑料夹可安装在两个110接线块或两根BIX条之间。

每个插入标记都用色标来指明所连接电缆的源发地，这些电缆端接于设备间和配线间（电信间）的管理场。

对于插入标记的色标，综合布线系统有较为统一的规定，见表6-16。通过不同色标可以很好地区别各个区域的电缆，方便管理子系统的线路管理工作。

表6-16　综合布线色标规定

色别	设备间	配线间	二级交接间
蓝	设备间至工作区或用户终端线路	连接配线间与工作区的线路	自交换间连接工作区线路
橙	网络接口、多路复用器引来的线路	来自配线间多路复用器的输出线路	来自配线间多路复用器的输出线路
绿	来自电信局的输入中继线或网络接口的设备侧		
黄	交换机的用户引出线或辅助装置的连接线路		
灰		至二级交接间的连接电缆	来自配线间的连接电缆端接
紫	来自系统公用设备（如程控交换机或网络设备）连接线路	来自系统公用设备（如程控交换机或网络设备）连接线路	来自系统公用设备（如程控交换机或网络设备）连接线路
白	干线电缆和建筑群间连接电缆	来自设备间干线电缆的端接点	来自设备间干线电缆的点到点端接

2. 标识编制原则

1）规模较大的综合布线系统应采用计算机进行标识管理，简单的综合布线系统应按图纸资料进行管理，并应做到记录准确、及时更新、便于查阅。

2）综合布线系统的每条电缆、光缆、配线设备、端接点、安装通道和安装空间均应给定唯一的标志。标志中可包括名称、颜色、编号、字符串或其他组合。

3）配线设备、缆线、信息插座等硬件均应设置不易脱落和磨损的标识，并应有详细的书面记录和图纸资料。

4) 同一条缆线或者永久链路的两端编号必须相同。

5) 设备间、交接间的配线设备宜采用统一的色标区别各类用途的配线区。

 实训报告

1. 使用 Visio 软件，绘制配线设备配置安装图（机柜配置大样图），完成以下任务：

1) 完成商务大楼 C 座第一层的配线设备配置安装图（机柜配置大样图）的设计。

2) 完成商务大楼 C 座第二、三层配线设备配置安装图（机柜配置大样图）的设计。

2. 编制商务大楼 C 座的信息点端口对应表（可使用 Excel 工作表软件编制）。

任务5　完成设备间的设计

 学习目标

1. 能理解设备间的概念。

2. 能熟悉设备间设计的标准要求和环境要求。

3. 能通过模仿完成机柜网络交换设备与配线设备安装配置图的绘制。

4. 学会编制综合布线系统工程材料统计表以及工程预算表。

 学习任务

按照 GB 50311—2007《综合布线系统工程设计规范》，根据【项目背景资料与分析】所提供的信息资料，学习完成该项目设备间（建筑物子系统）设计的相关知识，并学会绘制设备间机柜网络交换设备与配线设备配置安装图、编制综合布线系统工程材料统计表以及工程预算表。

1. 任务内容

完成商务大楼 C 座设备间的设计，并绘制机柜网络交换设备与配线设备配置安装图（机柜配置大样图）、编制综合布线系统工程材料统计表以及工程预算表。

2. 任务要求

1) 根据商务大楼 C 座各楼层电信间网络配线设备的配置情况，计算设备间所需的各类网络配线设备（模块式配线架和 110 配线架或 BIX 配线架）与网络交换设备相配套，并选配合适的机柜；使用 Visio 软件或 AutoCAD 软件，绘制机柜内网络交换设备与网络配线设备配置安装图（机柜配置大样图）。

2) 根据商务大楼 C 座设备器材配置情况，使用 Microsoft Excel 工作表软件，编制综合布线系统工程材料统计表；并根据目前市场价格，编制综合布线系统工程预算表。

要求机柜设计合理且便于安装，网络配线设备与网络交换设备配置合理且有冗余；材料统计正确，工程预算合理。

 实训指导

以商务大楼 C 座为例，绘制机柜内网络应用设备与网络配线设备配置安装图（机柜配置大样图）、编制综合布线系统工程材料统计表以及工程预算表，完成商务大楼 C 座设备间的设计。

1. 用户需求分析

根据【项目背景资料与分析】所提供的信息资料，列出商务大楼 C 座的用户需求，见表 6-17。

表 6-17　商务大楼 C 座的用户需求表

对比项目		商务大楼 C 座			
		第一层	第二层	第三层	第四层
群楼子系统（CD）与进线		室内多模光缆（数据） 大对数电缆（语音）			
设备间（BD）		独立的设备间，集中配置网络交换设备			
干线子系统		超 5 类 4 对 UTP（数据） 大对数电缆（语音）			
电信间（FD）		独立的弱电间，配置配线设备，采用跳线连接—交接方式			
	连接干线	RJ45 配线架 1 个 110 配线架 1 个	RJ45 配线架 2 个 110 配线架 1 个	RJ45 配线架 2 个 110 配线架 1 个	RJ45 配线架 1 个 110 配线架 1 个
	连接水平	RJ45 配线架 2 个	RJ45 配线架 4 个	RJ45 配线架 4 个	RJ45 配线架 2 个
水平缆线		均采用超 5 类 4 对非屏蔽双绞线（TD/TP 互换），缆线的长度不超过 90m			
工作区		数据信息点 15 个 语音信息点 15 个	数据信息点 34 个 语音信息点 31 个	数据信息点 34 个 语音信息点 31 个	数据信息点 20 个 语音信息点 18 个

2. 设计思路与要点

1）根据用户需求，由建筑群子系统（CD）连接 C 座设备间（BD），进线数据信息传输选用室内多模光缆，则需配置光纤终端设备（光纤配线架），接入网络交换机和相应的模块式铜缆配线架；进线语音信息传输采用大对数电缆，则选配 110 系列配线架或 BIX 交叉连接系统。

2）商务大楼 C 座干线子系统选用超 5 类 4 对非屏蔽双绞线和大对数电缆，连接数据网络和语音网络，则在设备间需要配置网络配线设备（模块式配线架和 110 配线架等），与各楼层弱电间（电信间）的网络配线设备相对应，可配置 1U 24 口模块式配线架 6 个和 1U 100 对 110 配线架 1 个（共有信息点 95 个）。

3）商务大楼 C 座在设备间集中配置网络交换设备，不仅需要配置网络配线设备，而且还要配置网络交换设备以及预留适当冗余，因此，可在设备间里配置立式 32U 标准的 19in 机柜 1 台，安装网络交换设备和网络配线设备。

一、使用 Visio 软件，绘制配线设备与交换设备配置安装图（机柜配置大样图）

范例：

（1）创建新的 Visio 工作页面。

项目 6　实现综合布线系统工程设计

（2）添加机柜并设置高度。

在"形状"工具栏→"网络"→"机架式安装设备"中选择"机柜"，将"机柜"图标拖放至 Visio 工作页面范围内。

设置机柜高度为 32U 的方法：

1）上下拖动机柜调整到 32U。

2）右键点击工作页面内的机柜图标→"属性"→在弹出的"形状数据-机柜"对话框的"单元高度"中输入"32"，其他数据保持系统默认值，关闭对话框，机柜高度即自动调整到 32U。

（3）绘制配线设备与交换设备配置安装图（机柜大样图），如图 6-52 所示。

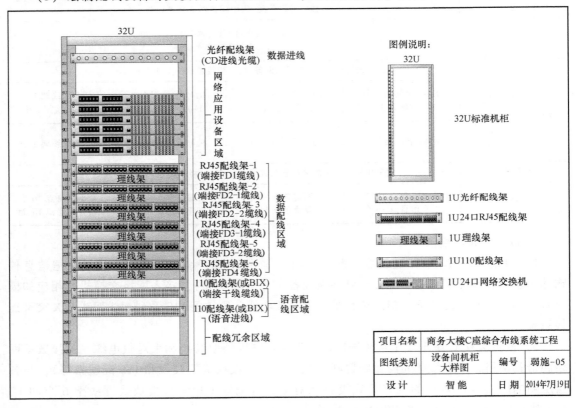

图 6-52　C座设备间交换设备与配线设备配置安装图

操作步骤如下：

1）将自行制作的 RJ45 模块式配线架、理线架、110 配线架和光纤配线架等图标，复制到该工作页面内备用。

2）在"32U 机柜"的第 29U～32U 处，预留作为配线设备冗余区域。

3）将 2 个 1U 的 100 对 110 配线架，添加到"32U 机柜"的第 26U 和 28U，中间可空 1U，组建语音配线区域。

4）将 RJ45 模块式配线架与理线架组合，添加到"32U 机柜"的第 13U～24U 中，组建数据配线区域；可在第 25U 空 1U，以分隔语音与数据配线区域。

5）将光纤配线架，添加到"32U 机柜"的第 2U 处，可在第 3U 处空 1U，以分隔光缆进线与设备间缆线区域。

6）在"32U 机柜"的第 12U 空 1U，分隔网络交换设备与配线设备。

7）在"32U 机柜"的第 4U ~ 11U 为网络应用设备区域，可添加网络交换机等设备。

8）标注说明各区域分布，对配线设备进行命名和编号，添加图例说明和图框标题栏，完成商务大楼 C 座设备间的交换设备与配线设备配置安装图（机柜配置大样图）的绘制。

练习：使用 Visio 软件，学习绘制商务大楼 C 座设备间的交换设备与配线设备配置安装图（机柜配置大样图）。

二、使用 Microsoft Excel 工作表软件，编制综合布线系统工程材料统计表

工程材料统计表是综合布线系统工程设计的基本工具和手段，是工程预算的前提。一般小型综合布线系统工程的材料统计表可参照表 6-18 所示的格式。

表 6-18　材料统计表

项目名称：

序号	材料名称	规格/型号	数量	单位	用途简述

编制人：　　　　　　　　　　　　　　　　　　　　　　　日期：　　年　月　日

而大型综合布线系统工程的材料统计表，通常按各子系统分别列出材料统计，参照表 6-19。

表 6-19　材料统计表

项目名称：

工作区					
序号	材料名称	材料型号/规格	数量	单位	用途说明
1	信息底盒	86 型			信息插座用
2	网络面板	单口			信息插座用
3		双口			信息插座用
4	网络模块	超 5 类 RJ45			信息插座用
配线子系统(水平线缆)					
序号	材料名称	材料型号/规格	数量	单位	用途说明
1	金属桥架	200 × 100			水平布线用
		金属桥架配件			金属桥架辅助用料
2	PVC 线管	φ20			水平布线用
3	网络双绞线	超 5 类 4-UTP			网络布线用
垂直子系统					
序号	材料名称	材料型号/规格	数量	单位	用途说明
1	金属桥架	200 × 100			垂直布线用
		金属桥架配件			金属桥架辅助用料
2	大对数电缆	25 对			语音传输
3	网络双绞线	超 5 类 4-UTP			数据传输

（续）

项目名称：

配线子系统（电信间）					
序号	材料名称	材料型号/规格	数量	单位	用途说明
1	网络机柜	19in 9U			管理间机柜
2	模块式配线架	19in 1U 24 口			网络配线
3	110 跳线架	19in 1U 100 对			网络配线
4	网络跳线	超 5 类 RJ45			连接网络设备
5	理线架	19in 1U			理线用
设备间					
序号	材料名称	材料型号/规格	数量	单位	用途说明
1	网络机柜	19in 32U			设备间机柜
2	模块式配线架	19in 1U 24 口			网络配线
3	110 跳线架	19in 1U 100 对			网络配线
4	光纤跳线				连接网络交换设备
5	光纤接线盒	12 口			光纤（数据）接入

编制人：　　　　　　　　　　　　　　　　　　　　日期：　　年　月　日

练习：

1. 参照表 6-18 格式，完成商务大楼 C 座第四层的综合布线系统工程材料统计表。

2. 参照表 6-19 格式，完成商务大楼 C 座综合布线系统工程材料统计表。

三、编制综合布线系统工程材料预算表

根据目前市场价格，参照表 6-20 格式，编制工程材料预算表。

表 6-20　工程材料预算表

项目名称：

序号	工程材料名称	规格型号	数量	单位	单价	总价	备注
1							
2							
⋮							
n							

工程材料合计：（1～n 总价合计）

练习：通过网络资源，搜索各类材料单价，参照表 6-20 格式，编制商务大楼 C 座综合布线系统工程材料预算表。

 知识链接

一、设备间（建筑物子系统）的相关概念

设备间（建筑物子系统）是一个集中化设备区，连接系统公共设备及通过干线子系统

连接至各楼层电信间，如局域网（LAN）、主机、建筑自动化和保安系统等。

设备间是大楼中数据、语音垂直主干缆线终接的场所，也是建筑群的缆线进入建筑物终接的场所，更是各种数据语音主机设备及保护设施的安装场所。

设备间一般设在建筑物中部或在建筑物的一、二层，应避免设在顶层或地下室，位置不应远离电梯，设置处应为以后的扩展留下余地。建筑群的缆线进入建筑物时应有相应的过电流、过电压保护设施。

设备间空间要按 ANSL/TLA/ELA-569 要求设计。设备间子系统空间用于安装电信设备、连接硬件、接头套管等，为接地、连接设施和保护装置提供控制环境，是系统进行管理、控制、维护的场所。设备间子系统所在的空间还有对门窗、天花板、电源、照明、接地的要求。

设备间是综合布线系统的精髓，设备间的需求分析围绕整个楼宇的信息点数量，设备的数量、规模、网络构成等进行，每幢建筑物内应至少设置 1 个设备间，如果电话交换机与计算机网络设备分别安装在不同的场地或根据安全需要，也可设置 2 个或 2 个以上的设备间，以满足不同业务的设备安装需要。

二、设备间的设计要求

设备间的设计主要考虑设备间的位置、面积以及环境要求。

1. 设备间的位置

根据用户方要求及现场情况具体确定设备间最终位置。只有确定了设备间位置后，才可以设计综合布线的其他子系统，因此确定设备间位置是一项重要的工作内容。

设备间的位置及大小应根据建筑物的结构、综合布线规模、管理方式以及应用系统设备的数量等方面综合考虑，择优选取。一般而言，设备间应尽量建在建筑平面及其综合布线干线综合体的中间位置。在高层建筑内，设备间也可以设置在一、二层。

确定设备间的位置可以参考以下设计规范：

1）应尽量建在综合布线干线子系统的中间位置，并尽可能靠近建筑物电缆引入区和网络接口，以方便干线缆线的进出。

2）应尽量避免设在建筑物的高层或地下室以及用水设备的下层。

3）应尽量远离强振动源和强噪声源。

4）应尽量避开强电磁场的干扰。

5）应尽量远离有害气体源以及易腐蚀、易燃、易爆物。

6）应便于接地装置的安装。

2. 设备间的面积

设备间的使用面积要考虑所有设备的安装面积，还要预留工作人员管理操作设备的地方。设备间的使用面积可按照下述两种方法之一确定。

方法一：已知 S_n 为与综合布线系统有关的并安装在设备间内的设备（包括网络应用设备与网络配线设备以及机柜等）所占面积；S 为设备间的使用总面积，则

$$S = (5 \sim 7)\Sigma S_n$$

方法二：当设备尚未选型时，设备间使用总面积 S 为

$$S = KA$$

式中　A——设备间的所有设备台（架）的总数；

　　　K——系数，取值（4.5～5.5）m^2/台（架）。

注意：通常设备间使用面积不得小于$20m^2$。

3. 设备间的设备管理

设备间内的设备种类繁多，而且线缆布设复杂。为了管理好各种设备及线缆，设备间内的设备应分类、分区安装，所有进出线装置或设备应采用不同色标，以区别各种用途的配线区，方便线路的维护和管理。

三、设备间内的缆线敷设

1. 活动地板方式

这种方式是缆线在活动地板下的空间敷设，由于地板下空间大，因此电缆容量和条数多，路由自由短捷，节省电缆费用，缆线敷设和拆除均简单方便，能适应线路增减变化，有较高的灵活性，便于维护管理。但这种方式造价较高，会减少房屋的净高，对地板表面材料也有一定要求，如耐冲击性、耐火性、抗静电、稳固性等。

2. 地板或墙壁内沟槽方式

这种方式是缆线在建筑中预先建成的墙壁或地板内沟槽中敷设，沟槽的断面尺寸大小根据缆线终期容量来设计，上面设置盖板保护。这种方式造价较活动地板低，便于施工和维护，也有利于扩建，但沟槽设计和施工必须与建筑设计和施工同时进行，在配合协调上较为复杂。沟槽方式由于是在建筑中预先制成，因此在使用中会受到限制，缆线路由不能自由选择和变动。

3. 预埋管路方式

这种方式是在建筑的墙壁或楼板内预埋管路，其管径和根数根据缆线需要来设计。穿放缆线比较容易，维护、检修和扩建均比较便利，造价低廉，技术要求不高，是一种最常用的方式。但预埋管路必须在建筑施工中进行，缆线路由受管路限制，不能变动，所以使用中会受到一些限制。

4. 机架走线架方式

这种方式是在设备（机架）上沿墙安装走线架（或槽道）的敷设方式，走线架和槽道的尺寸根据缆线需要设计，它不受建筑的设计和施工限制，可以在建成后安装，便于施工和维护，也有利于扩建。机架上安装走线架或槽道时，应结合设备的结构和布置来考虑，在层高较低的建筑中不宜使用。

四、设备间的工程技术

1. 设备间机柜的安装要求

设备间内机柜的安装要求标准见表6-21。

表 6-21　机柜的安装要求标准

项　目	标　　　　准
安装位置	应符合设计要求,机柜应离墙1m,便于安装和施工。所有安装螺钉不得有松动,保护橡皮垫应安装牢固
底　座	安装应牢固,应按设计图的防震要求进行施工

项目	标准
安 放	安放应竖直,柜面水平,垂直偏差≤1‰,水平偏差≤3mm,机柜之间缝隙≤1mm
表 面	完整,无损伤,螺钉坚固,每平方米表面凹凸度应<1mm
接 线	接线应符合设计要求,接线端子各种标志应齐全,保持良好
配线设备	接地体、保护接地、导线截面、颜色应符合设计要求
接 地	应设接地端子,并良好连接接入楼宇接地端排
缆线预留	1. 对于固定安装的机柜,在机柜内不应有预留线长,预留线应预留在可以隐蔽的地方,长度在1~1.5m之间 2. 对于可移动的机柜,连入机柜的全部缆线在连入机柜的入口处,应至少预留1m,同时各种缆线的预留长度相互之间的差别应不超过0.5m
布 线	机柜内走线应全部固定,并要求横平竖直

2. 设备间的标准要求

GB 50311—2007《综合布线系统工程设计规范》国家标准对设备间的设置要求如下:

每幢建筑物内应至少设置1个设备间,如果电话交换机与计算机网络设备分别安装在不同的场地或根据安全需要,也可设置2个或2个以上设备间,以满足不同业务的设备安装需要。

如果一个设备间以10m²计,大约能安装5个19in的机柜。在机柜中安装电话大对数电缆多对卡接式模块,数据主干缆线配线设备模块,大约能支持总量为6000个信息点所需(其中电话和数据信息点各占50%)的建筑物配线设备安装空间。

3. 配电要求

设备间供电由大楼市电提供电源进入设备间专用的配电柜。设备间设置设备专用的UPS地板下插座,为了便于维护,在墙面上安装维修插座。其他房间根据设备的数量安装相应的维修插座。

配电柜除了满足设备间设备的供电以外,留出一定的余量,以备以后的扩容。

4. 设备间安装防雷器

(1)防雷基本原理 所谓雷击防护就是通过合理、有效的手段将雷电流的能量尽可能地引入大地,防止其进入被保护的电子设备,防雷是疏导,而不是堵雷或消雷。

国际电工委员会的分区防雷理论:外部和内部的雷电保护已采用面向电磁兼容性(EMC)的雷电保护新概念。雷电保护区域的划分是采用标识数字0~3.0A,保护区域是直接受到雷击的地方,由这里辐射出未衰减的雷击电磁场;其次的0B区域是指没有直接受到雷击,但却处于强的电磁场。保护区域1已位于建筑物内,直接在外墙的屏蔽措施之后,如混凝土立面的钢护板后面,此处的电磁场要弱得多(一般为30dB)。在保护区域2中的终端电器可采用集中保护,例如通过保护共用线路而大大减弱电磁场。保护区域3是电子设备或装置内部需要保护的范围。

对于感应雷的防护,已经同直击雷的防护同等重要。

感应雷的防护就是在被保护设备前端并联一个参数匹配的防雷器。在雷电流的冲击下,防雷器在极短时间内与地网形成通路,使雷电流在到达设备之前,通过防雷器和地网泄放入地。当雷电流脉冲泄放完成后,防雷器自恢复为正常高阻状态,使被保护设备继续工作。

直击雷的防护已经是一个很早就被重视的问题。现在的直击雷防护基本采用有效的避雷针、避雷带或避雷网作为接闪器，通过引下线使直击雷能量泻放入地。

（2）防雷设计　依据有关规定，对计算机网络中心设备间电源系统采用三级防雷设计。

第一、二级电源防雷：防止从室外窜入的雷电过电压、防止开关操作过电压、感应过电压、反射波效应过电压。一般在设备间总配电处，选用电源防雷器分别在 L-N、N-PE 间进行保护，可最大限度地确保被保护对象不因雷击而损坏，更大限度地保护设备安全。

第三级电源防雷：防止开关操作过电压、感应过电压。主要考虑到设备间的重要设备（服务器、交换机、路由器等）多，必须在其前端安装电源防雷器，如图 6-53 所示。

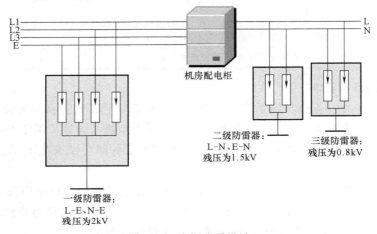

图 6-53　电源防雷设计

5. 设备间防静电措施

为了防止静电带来的危害，更好地保护机房设备、利用布线空间，应在中央机房等关键的房间内安装高架防静电地板。

设备间用防静电地板有钢结构和木结构两大类，其要求是既能提供防火、防水和防静电功能，又要轻、薄并具有较高的强度和适应性，且有微孔通风。防静电地板下面或防静电吊顶板上面的通风道应留有足够余地以作为机房敷设线槽、缆线的空间，这样既保证了大量线槽、缆线便于施工，同时也使机房整洁美观。

在设备间装修铺设抗静电地板安装时，同时安装静电泄漏系统。铺设静电泄漏地网，通过静电泄漏干线和机房安全保护地的接地端子封在一起，将静电泄漏掉。

中央机房、设备间的高架防静电地板的安装注意事项：

（1）清洁地面　用水冲洗或拖湿地面，等到地面完全干了以后才可施工。

（2）画地板网格线和缆线管槽路径标识线　这是确保地板横平竖直的必要步骤。先将每个支架的位置正确标注在地面坐标上，之后应当马上将地板下面集中的大量线槽缆线的出口、安放方向、距离等一同标注在地面上，并准确地画出定位螺钉的孔位再进行安放，而不能急于安放支架。

（3）敷设线槽缆线　先敷设防静电地板下面的线槽，这些线槽都是金属可锁闭和开启的，因而这一工序是将线槽位置全面固定，并同时安装接地引线，然后布放缆线。

（4）支架及线槽系统的接地保护　这一工序对于网络系统的安全至关重要。特别注意连接在地板支架上的接地铜带，作为防静电地板的接地保护。注意一定要等到所有支架安放完成后再统一校准支架高度。

一、设备间的环境与安全规范

1. 设备间的环境要求

设备间内安装了计算机、计算机网络设备、电话程控交换机、建筑物自动化控制设备等硬件设备。这些设备的运行需要相应的温度、湿度、供电、防尘等要求。设备间内的环境设置可以参照国家计算机用房设计标准《电子信息系统机房设计规范》（GB 50174—2008）、程控交换机的《工业企业程控用户交换机工程设计规范》（CECS09：89）等相关标准及规范。

（1）温湿度　综合布线系统有关设备的温/湿度的要求可分为 A，B，C 三级，设备间的温/湿度也可参照三个级别进行设计，三个级别具体要求见表 6-22。

表 6-22　设备间温湿度要求

项目	A 级	B 级	C 级
温度(0C)	夏季：22 ± 4 冬季：18 ± 4	12 ~ 30	8 ~ 35
相对湿度	40% ~65%	35% ~70%	20% ~80%

设备间的温/湿度控制可以通过安装降温或加温、加湿或除湿功能的空调设备来实现控制。选择空调设备时，南方地区主要考虑降温和除湿功能；北方地区要全面具有降温、升温、除湿、加湿功能。空调的功率主要根据设备间的大小及设备多少而定。

（2）尘埃　设备间内的电子设备对尘埃要求较高，尘埃过高会影响设备的正常工作，降低设备的工作寿命。设备间的尘埃指标一般可分为 A，B 二级，详见表 6-23。

表 6-23　设备间尘埃指标要求

项目	A 级	B 级
粒度/μm	>0.5	>0.5
个数(粒/dm³)	<10000	<18000

要降低设备间的尘埃度关键在于定期的清扫灰尘，工作人员进入设备间应更换干净的鞋具。

（3）空气　设备间内应保持空气洁净，有良好的防尘措施，并防止有害气体侵入。允许有害气体限值分别见表 6-24。

表 6-24　有害气体限值

有害气体/ (mg/m³)	二氧化硫(SO_2)	硫化氢(H_2S)	二氧化氮(NO_2)	氨(NH_3)	氯(Cl_2)
平均限值	0.2	0.006	0.04	0.05	0.01
最大限值	1.5	0.03	0.15	0.15	0.3

（4）照明　为了方便工作人员在设备间内操作设备和维护相关综合布线器件，设备间内必须安装足够照度的照明系统，并配置应急照明系统。设备间内距地面 0.8m 处，照明度不应低于 200lx。设备间配备的事故应急照明在距地面 0.8m 处，照明度不应低于 5lx。

（5）噪声　为了保证工作人员的身体健康，设备间内的噪声应小于 70dB。如果长时间在 70~80dB 噪声的环境下工作，不但影响人的身心健康和工作效率，还可能造成人为的噪声事故。

（6）电磁场干扰　根据综合布线系统的要求，设备间无线电干扰的频率应在 0.15~1000MHz 范围内，噪声不大于 120dB，磁场干扰场强不大于 800A/m。

（7）供电系统

设备间供电电源应满足以下要求：

1）频率：50Hz。

2）电压：220V/380V。

3）供电方式：三相五线制或三相四线制/单相三线制。

设备间供电电源允许变动范围详见表 6-25 所示。

表 6-25　设备间供电电源允许变动的范围

项目	A 级	B 级	C 级
电压变动	−5%~+5%	−10%~+7%	−15%~+10%
频率变动	−0.2%~+0.2%	−0.5%~+0.5%	−1%~+1%
波形失真率	<±5%	<±7%	<±10%

根据设备间内设备的使用要求，设备要求的供电方式分为 3 类：

1）需要建立不间断供电系统。

2）需建立带备用的供电系统。

3）按一般用途供电考虑。

2. 安全分类

设备间的安全分为 A、B、C 三个类别，具体规定详见表 6-26 所示。

表 6-26　设备间的安全要求

安全项目	A 类	B 类	C 类
场地选择	有要求或增加要求	有要求或增加要求	无要求
防火	有要求或增加要求	有要求或增加要求	有要求或增加要求
内部装修	要求	有要求或增加要求	无要求
供配电系统	要求	有要求或增加要求	有要求或增加要求
空调系统	要求	有要求或增加要求	有要求或增加要求
火灾报警及消防设施	要求	有要求或增加要求	有要求或增加要求
防水	要求	有要求或增加要求	无要求
防静电	要求	有要求或增加要求	无要求
防雷击	要求	有要求或增加要求	无要求
防鼠害	要求	有要求或增加要求	无要求
电磁波的防护	有要求或增加要求	有要求或增加要求	无要求

3. 结构防火

为了保证设备使用安全，设备间应安装相应的消防系统，配备防火防盗门。

安全级别为 A 类的设备间，其耐火等级必须符合 GB 50045—1995《高层民用建筑设计防火规范》中规定的一级耐火等级。

安全级别为 B 类的设备间，其耐火等级必须符合 GB 50045—1995《高层民用建筑设计防火规范》中规定的二级耐火等级。

安全级别为 C 类的设备间，其耐火等级要求应符合 GB 50016—2006《建筑设计防火规范》中规定的三级耐火等级。

与 C 类设备间相关的其余基本工作房间及辅助房间，其建筑物的耐火等级不应低于 TJ16 中规定的三级耐火等级。与 A、B 类安全设备间相关的其余基本工作房间及辅助房间，其建筑物的耐火等级不应低于 TJ16 中规定的二级耐火等级。

4. 火灾报警及灭火设施

安全级别为 A、B 类设备间内应设置火灾报警装置。在机房内、基本工作房间、活动地板下、吊顶上方及易燃物附近都应设置烟感和温感探测器。

A 类设备间内设置二氧化碳（CO_2）自动灭火系统，并备有手提式二氧化碳（CO_2）灭火器。

B 类设备间内在条件许可的情况下，应设置二氧化碳自动灭火系统，并备有手提式二氧化碳灭火器。

C 类设备间内应备有手提式二氧化碳灭火器。

A、B、C 类设备间除纸介质等易燃物质外，禁止使用水、干粉或泡沫等易产生二次破坏的灭火器。

为了在发生火灾或意外事故时方便设备间工作人员迅速向外疏散，对于规模较大的建筑物，在设备间或机房应设置直通室外的安全出口。

5. 接地要求

设备间设备安装过程中必须考虑设备的接地。根据综合布线相关规范要求，接地要求如下：

1）直流工作接地电阻一般要求不大于 4Ω，交流工作接地电阻也不应大于 4Ω，防雷保护接地电阻不应大于 10Ω。

2）建筑物内部应设有一套网状接地网络，保证所有设备共同的参考等电位。如果综合布线系统单独设置接地系统，且能保证与其他接地系统之间有足够的距离，则接地电阻值规定为小于等于 4Ω。

3）接地所使用的铜线电缆规格与接地的距离有直接关系，一般接地距离在 30m 以内，接地导线采用直径为 4mm 的带绝缘套的多股铜线缆。接地铜缆规格与接地距离的关系可以参见表 6-27 所示。

表 6-27　接地铜线电缆规格与接地距离的关系

接地距离/m	接地导线直径/mm	接地导线截面积/mm²
<30	4.0	12
30～48	4.5	16
48～76	5.6	25

（续）

接地距离/m	接地导线直径/mm	接地导线截面积/mm²
76~106	6.2	30
106~122	6.7	35
122~150	8.0	50
151~300	9.8	75

4）为了获得良好的接地，推荐采用联合接地方式。所谓联合接地方式就是将防雷接地、交流工作接地、直流工作接地等统一接到共用的接地装置上。当综合布线采用联合接地系统时，通常利用建筑钢筋作防雷接地引下线，而接地体一般利用建筑物基础内钢筋网作为自然接地体，使整幢建筑的接地系统组成一个笼式的均压整体。联合接地电阻要求小于或等于 1Ω。

6. 内部装饰

设备间装修材料使用符合 GB 50016—2006《建筑设计防火规范》中规定的难燃材料或阻燃材料，应能防潮、吸音、不起尘、抗静电等。

（1）地面　为了方便敷设电缆线和电源线，设备间的地面最好采用抗静电活动地板，其接地电阻应在 0.11MΩ~1000MΩ 之间。具体要求应符合 SJ/T 10796—2001《防静电活动地板通用规范》。

带有走线口的活动地板为异型地板。其走线口应光滑，防止损伤电线、电缆。设备间地面所需异形地板的块数由设备间所需引线的数量来确定。

设备间地面切忌铺毛制地毯，因为毛制地毯容易产生静电，而且容易产生积灰。放置活动地板的设备间的建筑地面应平整、光洁、防潮、防尘。

（2）墙面　墙面应选择不易产生灰尘，也不易吸附灰尘的材料。目前大多数是在平滑的墙壁上涂阻燃漆，或在墙面上覆盖耐火的胶合板。

（3）顶棚　为了吸音及布置照明灯具，一般在设备间顶棚下加装一层吊顶。吊顶材料应满足防火要求。目前，我国大多数采用铝合金或轻钢作龙骨，安装吸音铝合金板、阻燃铝塑板、喷塑石英板等。

（4）隔断　设备间放置的设备及工作需要，可用玻璃将设备间隔成若干个房间。隔断可以选用防火的铝合金或轻钢作龙骨，安装 10mm 厚玻璃。或在距地板面 1.2m 处安装难燃双塑板，1.2m 以上安装 10mm 厚玻璃。

二、综合布线工程管理系统验收

1. 综合布线管理系统的要求

1）管理系统级别的选择应符合设计要求。

2）需要管理的每个组成部分均设置标签，并由惟一的标识符进行表示，标识符与标签的设置应符合设计要求。

3）管理系统的记录文档应详细完整并汉化，包括每个标识符相关信息、记录、报告、图样等。

4）不同级别的管理系统可采用通用电子表格、专用管理软件或电子配线设备等进行维护管理。

2. 综合布线管理系统的标识符与标签的设置要求

1）标识符应包括安装场地、缆线终端位置、缆线管道、水平链路、主干缆线、连接器件、接地等类型的专用标识，系统中每一组件应指定一个惟一标识符。

2）电信间、设备间、进线间所设置配线设备及信息点处均应设置标签。

3）每根缆线应指定专用标识符，标在缆线的护套上或在距每一端护套300mm内设置标签，缆线的终接点应设置标签标记指定的专用标识符。

4）接地体和接地导线应指定专用标识符，标签应设置在靠近导线和接地体的连接处的明显部位。

5）根据设置的部位不同，可使用粘贴型、插入型或其他类型标签。标签表示内容应清晰，材质应符合工程应用环境要求，具有耐磨、抗恶劣环境、附着力强等性能。

6）终接色标应符合缆线的布放要求，缆线两端终接点的色标颜色应一致。

3. 综合布线系统各个组成部分的管理信息记录和报告内容

1）记录应包括管道、缆线、连接器件及连接位置、接地等内容，各部分记录中应包括相应的标识符、类型、状态、位置等信息。

2）报告应包括管道、安装场地、缆线、接地系统等内容，各部分报告中应包括相应的记录。

综合布线系统工程如采用布线工程管理软件和电子配线设备组成的系统进行管理和维护工作，应按专项系统工程进行验收。

三、综合布线系统工程验收

1）工程竣工后，施工单位应在工程验收以前，将工程竣工技术资料交给建设单位。

2）综合布线系统工程的竣工技术资料编制内容：

① 安装工程量。

② 工程说明。

③ 设备、器材明细表。

④ 竣工图纸。

⑤ 测试记录（宜采用中文表示）。

⑥ 工程变更、检查记录及施工过程中，需更改设计或采取相关措施，建设、设计、施工等单位之间的双方洽商记录。

⑦ 随工验收记录。.

⑧ 隐蔽工程签证。

⑨ 工程决算。

3）竣工技术文件要保证质量，做到外观整洁，内容齐全，数据准确。

四、综合布线系统工程信息的管理

记录信息包括所需信息和任选信息，各部位相互间接口信息应统一。

（1）管线记录　包括管道的标识符、类型、填充率、接地等内容。

（2）缆线记录　包括缆线标识符、缆线类型、连接状态、线对连接位置、缆线占用管道类型、缆线长度、接地等内容。

（3）连接器件及连接位置记录　包括相应标识符、安装场地、连接器件类型、连接器件位置、连接方式、接地等内容。

（4）接地记录　包括接地体与接地导线标识符、接地电阻值、接地导线类型、接地体安装位置、接地体与接地导线连接状态、导线长度、接地体测量日期等内容。

报告可由一组记录或多组连续信息组成，以不同格式介绍记录中的信息。报告应包括相应记录、补充信息和其他信息等内容。

五、综合布线系统工程竣工图纸的管理

综合布线系统工程竣工图纸应包括说明及设计系统图、反映各部分设备安装情况的施工图。竣工图纸应表示以下内容：

1）安装场地和布线管道的位置、尺寸、标识符等。

2）设备间、电信间、进线间等安装场地的平面图或剖面图及信息插座模块安装位置。

3）缆线布放路径、弯曲半径、孔洞、连接方式及尺寸等。

▶ **实训报告**

1. 根据【项目背景资料与分析】所提供的信息资料，使用 Visio 软件或 AutoCAD 软件，完成商务大楼 C 座设备间子系统机柜网络交换设备与配线设备配置安装图（机柜配置大样图）的绘制。

2. 根据商务大楼 C 座设备器材配置情况，使用 Microsoft Excel 工作表软件，按各子系统分别列出材料统计，编制综合布线系统工程材料统计表。

3. 通过网络资源搜索，根据目前市场价格，使用 Microsoft Excel 工作表软件，编制商务大楼 C 座综合布线系统工程预算表。

附录

附录A：《综合布线系统工程技术》基础理论知识题库

项目一、认知智能建筑与综合布线系统

一、判断题

1. 智能建筑3A系统的支持平台主要包括建筑设备控制自动化系统（BAS）、通信自动化系统（CAS）和办公自动化系统（OAS），三者通过结构化综合布线系统（PDS）所构成。（　　）

2. 国际上，智能建筑的系统组成主要包括：建筑设备自动化系统、办公自动化系统、通信自动化系统。（　　）

3. 综合布线系统的最新国家标准有GB 50312—2007《综合布线系统工程设计规范》和GB 50311—2007《综合布线系统工程验收规范》。（　　）

4. 《综合布线系统工程设计规范》为国家标准，编号为GB 50312—2007。（　　）

5. 《综合布线系统工程验收规范》为国家标准，编号为GB 50312—2007。（　　）

6. 综合布线系统的最新国家标准《设计规范》和《验收规范》只适用于新建建筑与建筑群综合布线系统工程设计。（　　）

7. 在最新国家标准中，综合布线系统由工作区、配线子系统、干线子系统、设备间、建筑群子系统、进线间和管理7个部分所组成。（　　）

8. 在最新国家标准中，综合布线系统由工作区、配线子系统、电信间、干线子系统、设备间、建筑群子系统和进线间7个部分所组成。（　　）

9. 在最新国家标准中，综合布线系统由工作区子系统、水平（配线）子系统、电信间子系统、干线子系统、设备间子系统、建筑群子系统等六个子系统所组成。（　　）

10. 最新国家标准《综合布线系统工程设计规范》适用于新建、扩建、改建建筑与建筑群综合布线系统工程设计。（　　）

11. 综合布线系统一般逻辑性地分为5个子系统，它们相对独立，形成具有各自模块化功能的子系统，成为一个有机的整体布线系统。（　　）

12. 综合布线系统的特点有：综合性（兼容性）、灵活性、实用性、先进性（开放性）、经济性、标准化与模块化。（　　）

13. 综合布线系统的特点有：综合性（兼容性）、灵活性、先进性（开放性）、经济性、标准化、模块化。（　　）

14. 综合布线系统的特点有：综合性（兼容性）、实用性、先进性（开放性）、经济性、

标准化、模块化。（　　　）

15. 综合布线系统设计指标是指综合布线相对独立的通道、缆线、相关连接硬件的技术性能指标。（　　　）

16. 综合布线系统设计时，不可对用户业务的需求进行分析。（　　　）

17. TIA/EIA568B 是美洲的布线标准。（　　　）

18. 配线系统缆线的选用应依据建筑物信息的类型、容量、带宽和传输速率来确定，以满足话音、数据和图像等信息传输的要求。（　　　）

19. 综合布线系统只适用于企业、学校、团体，不适合家庭综合布线。（　　　）

20. 综合布线系统应为开放式网络拓扑结构，应能支持语音、数据、图像、多媒体业务等信息的传递。（　　　）

21. 综合布线系统为开放式网络拓扑结构，能支持语音、数据的传输，但不能支持图像、多媒体业务等信息的传递。（　　　）

22. 当工作区用户终端设备或某区域网络设备需直接与公用数据网进行互通时，宜将光缆从工作区直接布放至电信入口设施的光配线设备。（　　　）

23. 采用非屏蔽布线系统无法满足安装现场条件对缆线的间距要求时，宜采用屏蔽布线系统。（　　　）

24. 综合布线系统一般逻辑性地分为 5 个子系统，它们相对独立，形成具有各自模块化功能的子系统，成为一个有机的整体布线系统。（　　　）

25. 综合布线系统是按标准的、统一的和简单的结构化方式编制和布置各种建筑物（楼群）内各种系统的通信线路的系统。（　　　）

26. 综合布线系统是一种标准专用的信息传输系统。（　　　）

27. 综合布线结构只包括：网络系统、电话系统和电缆电视系统。（　　　）

28. 进线间建筑物外部通信和信息管线的入口部位，并可作为入口设施和建筑群配线设备的安装场地。（　　　）

29. 在进线间缆线入口处的管孔数量应满足建筑物之间、外部接入业务及多家电信业务经营者缆线接入的需求，不需要留有余量孔。（　　　）

30. 电信业务经营者在进线间设置安装的入口配线设备应与建筑物子系统（BD）或建筑群子系统（CD）之间敷设相应的连接电缆、光缆，实现路由互通。（　　　）

31. 进线间一般通过地埋管线进入建筑物内部，宜在土建工程完成以后实施。（　　　）

32. 综合布线系统的设备应选用经过国家认可的产品质量检验机构鉴定合格的、符合国家有关技术标准的定型产品。（　　　）

33. 综合布线系统的发展方向为集成布线系统、自动布线系统、智能住宅家居布线系统。（　　　）

34. 综合布线系统作为建筑物的公用通信配套设施，在工程设计中应确定电信业务经营者，不需要满足为多家电信业务经营者提供业务的需求。（　　　）

35. 通常综合布线系统是一个完全独立的系统，与应用系统相对无关，却可以适用于多种应用系统。（　　　）

二、单项选择题

1. 我国《智能建筑设计标准》（GB/T 50314—2000）是规范建筑智能化工程设计的准

则。其中对智能办公楼、智能小区等工程设计大体上分为 5 部分内容，包括建筑设备自动化系统、通信网络自动化系统、办公自动化系统、（　　　）和建筑智能化系统集成。

    A. 安全防范系统　　　　　　　　　B. 综合布线系统

    C. 消防联动控制系统　　　　　　　D. 火灾自动报警系统

2. 目前所讲的智能小区主要指住宅智能小区，根据国家建设部关于在全国建成一批智能化小区示范工程项目，将智能小区示范工程分为 3 种类型，其中错误的是（　　　）。

    A. 一星级　　　　　　B. 二星级　　　　　　C. 三星级　　　　　　D. 四星级

3. 以下标准中，不属于综合布线系统工程常用的标准的是（　　　）。

    A. 日本标准　　　　　B. 国际标准　　　　　C. 北美标准　　　　　D. 中国国家标准

4. 综合布线采用模块化的结构，按各模块的作用，可把综合布线划分为（　　　）。

    A. 4 个部分　　　　　B. 5 个部分　　　　　C. 6 个部分　　　　　D. 7 个部分

5. 国家标准 GB 50311—2007 中的术语和符号，其中英文缩写 TIA 的中文解释是（　　　）。

    A. 美国电子工业协会　　　　　　　B. 美国电信工业协会

    C. 国际电工技术委员会　　　　　　D. 国际标准化组织

6. 国家标准 GB 50311—2007 中的术语和符号，其中英文缩写 EIA 的中文解释是（　　　）。

    A. 美国电子工业协会　　　　　　　B. 美国电信工业协会

    C. 国际电工技术委员会　　　　　　D. 国际标准化组织

7. 国家标准 GB 50311—2007 中的术语和符号，其中英文缩写 ISO 的中文解释是（　　　）。

    A. 美国电子工业协会　　　　　　　B. 美国电信工业协会

    C. 国际电工技术委员会　　　　　　D. 国际标准化组织

8. 目前我国制定的《综合布线系统工程设计规范》为国家标准，编号为（　　　）。

    A. GB 50312—2007　　　　　　　　B. GB 50311—2007

    C. GB 53011—2008　　　　　　　　D. GB 53012—2008

9. 综合布线的标准中，属于中国的标准是（　　　）。

    A. TIA/EIA568　　　　　　　　　　B. GB 50311—2007

    C. EN50173　　　　　　　　　　　　D. ISO/IEC11801

10. 编号为 GB 50311—2007 和 GB 50312—2007 是综合布线系统工程最新的两个国家标准，该标准从（　　　）开始实行。

    A. 2007 年 1 月 1 日　　　　　　　B. 2007 年 5 月 1 日

    C. 2007 年 10 月 1 日　　　　　　　D. 2008 年 1 月 1 日

11. 放置电信设备、电缆和光缆终端配线设备并进行缆线交接的专用空间称为（　　　）。

    A. 设备间　　　　　　B. 进线间　　　　　　C. 电信间　　　　　　D. 工作区

12. 由于各信息系统均采用相同的传输介质、物理星形拓扑结构，因此所有的信息通道都是通用的，完全能满足应用的需求，体现了综合布线系统的（　　　）特点。

    A. 先进性（开放性）　　　　　　　B. 经济性

    C. 标准化与模块化　　　　　　　　D. 灵活性

13. 采用光纤与双绞线混合布线方式，构成了一套完整、合理的布线系统，应用极富弹性的布线概念可为将来的发展提供足够的容量，体现了综合布线系统的（　　）特点。

    A. 先进性（开放性）　　　　　　　　　　B. 经济性

    C. 标准化与模块化　　　　　　　　　　　D. 综合性（兼容性）

14. 按同一标准与各种设备匹配，最大限度地支持其在智能大厦中的应用，适应于系统的扩充、重置、搬迁，体现了综合布线系统的（　　）特点。

    A. 灵活性　　　　　　B. 实用性　　　　　C. 标准化与模块化　　D. 先进性（开放性）

15. 综合布线系统是一个完全独立的系统，与应用系统相对无关，却可以适用于多种应用系统，体现了综合布线系统的（　　）特点。

    A. 先进性（开放性）B. 实用性　　　　　C. 标准化与模块化　　D. 综合性（兼容性）

16. 由设备间至电信间的电缆和光缆、安装在设备间的建筑物配线设备（BD）及设备缆线和跳线组成，属综合布线系统的（　　）。

    A. 建筑群子系统　　　B. 干线子系统　　　C. 建筑物子系统　　　D. 配线子系统

17. 通常由主配线架及公共设备组成，其功能是将各种公共设备（包括计算机主机或服务器、数字程控交换机、各种监控系统设备、网络互联设备等）与主配线架连接，完成通信线路的调配、连接和测试以及与外网（公用通信网）互连，属综合布线系统的（　　）。

    A. 建筑群子系统　　　B. 干线子系统　　　C. 建筑物子系统　　　D. 配线子系统

18. 下列不属于综合布线产品选型原则的是（　　）。

    A. 满足功能和环境要求　　　　　　　　　B. 选用高性能产品

    C. 符合相关标准和高性价比要求　　　　　D. 售后服务保障

19. 新版国家标准 GB 50311—2007 中对以往综合布线的 6 个子系统结构增加了 1 个新的内容，称为（　　），从而构成了 7 个组成部分。

    A. 交接间　　　　　　B. 配线间　　　　　C. 管井　　　　　　　D. 进线间

20. 综合布线要求设计一个结构合理、技术先进、满足需求的综合布线系统方案，下列不属于综合布线系统的设计原则的是（　　）。

    A. 不必将综合布线系统纳入建筑物整体规划、设计和建设

    B. 综合考虑用户需求、建筑物功能、经济发展水平等因素

    C. 长远规划思想、保持一定的先进性

    D. 扩展性、标准化、灵活的管理方式

三、多项选择题

1. 建设智能大厦（建筑）的目标必须要满足的基本要求有（　　）。

    A. 对使用者来说，智能建筑应能提供安全、舒适、快捷的优质服务

    B. 对管理者来说，有一个有利于提高工作效率、激发人的创造性的环境

    C. 对使用者来说，智能建筑应当建立一套先进科学的综合管理机制

    D. 对管理者来说，不仅要求硬件设施先进，软件方面和管理人员（使用人员）素质也要相应配套，以达到节省能耗和降低人工成本的效果

2. 智能建筑是将结构、系统、服务、管理进行优化组合，综合布线系统针对计算机与通信的配线系统而设计时，以下属于综合布线系统功能的是（　　）。

    A. 传输数据与模拟语音

B. 传输建筑物安全报警与空调控制系统的信息

C. 传输电视会议与安全监视系统的信息

D. 传输传真、图形、图像资料

3. 综合布线系统应与信息设施系统、（　　　）等统筹规划，相互协调，并按照各系统信息的传输要求优化设计。

A. 信息化应用系统　　　　　　　　B. 公共安全系统

C. 物业管理系统　　　　　　　　　D. 建筑设备管理系统

4. 智能建筑是指运用系统工程的观点，将建筑物的结构（建筑环境结构）与（　　　）基本要素以及它们内在联系进行优化组合，以最优的设计，提供一个投资合理又拥有高效率的幽雅舒适、便利快捷、高度安全的环境空间。

A. 信息化应用系统　　　　　　　　B. 智能化系统

C. 用户需求服务　　　　　　　　　D. 物业运行管理

5. 作为智能建筑中的神经系统，综合布线系统是智能建筑的基础、是衡量智能建筑的智能化程度的重要标志，它们之间极为密切的关系还体现在（　　　）。

A. 综合布线系统是智能建筑内部联系和对外通信的传输网络

B. 综合布线系统是伴随着智能建筑的发展而崛起的

C. 综合布线系统必须与房屋建筑融为一体

D. 综合布线系统可以适应智能建筑今后发展的需要

6. 在建筑群子系统中，会遇到室外敷设电缆问题，一般有（　　　）室外敷设方式或者是组合敷设方式，具体情况应根据现场的环境来决定。

A. 架空电缆　　　　　　　　　　　B. 直埋电缆

C. 地上明敷电缆　　　　　　　　　D. 地下管道电缆

7. 目前在网络布线方面，主要有 3 种双绞线布线系统在应用，即（　　　）。

A. 5 类布线系统　　　　　　　　　B. 超 5 类布线系统

C. 6 类布线系统　　　　　　　　　D. 7 类布线系统

8. 干线子系统也称垂直干线子系统是由（　　　）组成。

A. 设备间至电信间的干线电缆和光缆　　B. 安装在设备间的建筑物配线设备

C. 安装在电信间的配线设备　　　　　　D. 设备缆线和跳线

9. 综合布线系统工程宜采用计算机进行文档记录与保存，简单且规模较小的综合布线系统工程可按图纸资料等纸质文档进行管理，并做到记录准确、及时更新、便于查阅；文档资料应实现汉化。综合布线系统的管理规定还包括（　　　）。

A. 综合布线的每一电缆、光缆、配线设备、端接点、接地装置、敷设管线等组成部分均应给定惟一的标识符，并设置标签。标识符应采用相同数量的字母和数字等标明

B. 电缆和光缆的两端均应标明相同的标识符

C. 设备间、电信间、进线间的配线设备宜采用统一的色标区别各类业务与用途的配线区

D. 电缆和光缆的两端采用不易脱落和磨损的不干胶条标明不同的编号

10. 下列英文缩写表示正确的是（　　　）。

A. 电信间配线设备（FD）　　　　　B. 建筑物配线设备（BD）

C. 建筑群配线设备（CD）　　　　　　D. 工作区（CP）

11. 设备间又称建筑物子系统，其功能有（　　　　）。

A. 与内网（专网）互连

B. 完成各楼层配线子系统之间通信线路的调配、连接和测试

C. 将各种公共设备与主配线架连接

D. 与外网（公用通信网）互连

12. 现代世界科技发展的一个主要标志是4C技术，是指：现代计算机技术和（　　　　）。

A. 现代网络技术　　　　　　　　　　B. 现代控制技术

C. 现代通信技术　　　　　　　　　　D. 现代图形技术

13. 综合布线系统按应用场合分类，除建筑与建筑群综合布线系统（PDS）外，还有（　　　　）布线系统，它们的原理和设计方法基本相同。

A. 智能小区布线（家居布线系统）　　B. 智能大楼布线系统（IBS）

C. 工业布线系统（IDS）　　　　　　D. 集成布线系统（TBIC）

14. 综合布线区别传统布线方法，结构清晰，采取标准化的统一材料，便于管理维护。还必须做到（　　　　）。

A. 统一设计　　　　B. 统一布线　　　　C. 统一安装施工　　　　D. 统一验收

15. 综合布线系统的技术是在不断发展的，新的技术正不断涌现，在选择综合布线系统技术的时候应该注意的是（　　　　）。

A. 根据本单位网络发展阶段的实际需要来确定布线技术

B. 选择成熟的先进的技术

C. 选择最高标准的专用布线技术

D. 选择当前最先进的技术

16. 建筑群子系统是由（　　　　）组成。

A. 连接多个建筑物之间的主干电缆和光缆　　B. 建筑物配线设备

C. 建筑群配线设备　　　　　　　　　　　　D. 设备缆线和跳线

17. 综合布线系统是一套单一的配线系统，综合（　　　　）及控制网络，可以使相互间的信号实现互联互通。

A. 公共网络　　　　B. 通信网络　　　　C. 信息网络　　　　D. 专用网络

18. 综合布线系统工程的工作目标在于布线手段（　　　　），可连接任一类型终端。

A. 标准化　　　　B. 信息化　　　　C. 简单化　　　　D. 系统化

19. 下列关于进线间的说法正确的是（　　　　）。

A. 进线间是建筑物外部通信和信息管线的入口部位

B. 进线间可作为入口设施和建筑群配线设备的安装场地

C. 进线间是在每幢建筑物的适当地点进行网络管理和信息交换的场地

D. 进线间应考虑满足多家电信业务经营者安装入口设施等设备的面积

20. 最新国家标准《综合布线系统工程设计规范》明确规定，综合布线系统工程宜按工作区、干线子系统、设备间、建筑群子系统和（　　　　）等部分进行设计。

A. 水平子系统　　　　B. 配线子系统　　　　C. 进线间　　　　D. 管理

项目二、实现工作区终端连接

一、判断题

1. 工作区终端设备的插座（插头）或缆线不匹配时，需要选择适当的适配器、平衡/非平衡转换器进行转换，使应用系统的终端设备与综合布线配线子系统缆线保护完整的电气兼容性。 （　　）

2. 工作区是指水平子系统到垂直主干的范围。 （　　）

3. 信息插座的接线方式 T568A 和 T568B 两种方式。 （　　）

4. 工作区应由配线子系统的信息插座模块（TO）延伸到终端设备处的连接缆线及适配器组成。 （　　）

5. 信息插座与计算机设备的距离应保持在 15m 范围内。 （　　）

6. 工作区的电源插座应选用带保护接地的单相电源插座，保护接地与零线可共用。 （　　）

7. RJ45 连接器是 8 针结构。 （　　）

8. 跳线是指不带连接器件或带连接器件的电缆线对与带连接器件的光纤，用于配线设备之间进行连接。 （　　）

9. 双绞电缆按其外部包缠可分为：非屏蔽双绞电缆 STP 和屏蔽双绞电缆 UTP。 （　　）

10. 在一个综合布线工程中，只允许一种连接方式，一般为 T568A 型标准连接。 （　　）

11. 按 T568B 接线标准传输数据信号的引脚是 1、2、3、6。 （　　）

12. 安装在墙面或柱子上的信息插座底盒、多用户信息插座盒及集合点配线箱体的底部离地面的高度宜为 200mm。 （　　）

13. T568A 和 T568B 配线的差别在于线对 2 和线对 3 的位置。 （　　）

14. 双绞线电缆施工过程中，可以混用 T568A 和 T568B 方式。 （　　）

15. 信息模块按照打线方式可以分为打线式和免打线式信息模块。 （　　）

16. 信息模块或水晶头与双绞线端接有两种结构标准：T568A 和 T568D。 （　　）

17. 在综合布线中，双绞线即可以用于数据通信，也可以用于语音通信。 （　　）

18. 信息插座的类型包括 3 类信息插座模块、5 类信息插座模块、超 5 类信息插座模块、千兆位插座模块、光纤插座模块。 （　　）

19. 电缆是高速、远距离数据传输的最重要的传输介质。 （　　）

20. 同轴电缆和 UTP 电缆的优点，STP 电缆都具备。 （　　）

21. 非屏蔽双绞线是不常用的网络连接传输介质。 （　　）

22. 网线的线芯有 4 对 8 芯，通常网络连接只用其中的 2 对。 （　　）

23. 双绞线内各线芯的电气指标相同，可以互换使用。 （　　）

24. 同轴电缆是目前局域网的主要传输介质。 （　　）

25. 光缆完全没有对外的电磁辐射，也不受任何外界电磁辐射的干扰。 （　　）

26. 双绞线电缆的每一条线都有色标以易于区分和连接。 （　　）

27. 无线通信是利用光缆来充当传输的。 （　　）

28. 信息插座的类型包括 3 类信息插座模块、5 类信息插座模块、超 5 类信息插座模块、

千兆位插座模块、光纤插座模块。 （　　）

29. 双绞线电缆根据是否有屏蔽层分为 STP 和 UTP。 （　　）

30. 双绞线扭绞的目的是降低成本。 （　　）

31. 光纤是一种可靠的传输介质。 （　　）

32. 有线通信是利用卫星来充当传输导的。 （　　）

33. 同轴电缆，是由一层层的绝缘线包裹着中央铜导体的电缆线。它的特点是抗干扰能力差，传输数据不稳定，价格也昂贵。 （　　）

34. 美国线缆标准中，AWG 衡量绝缘铜导线线芯的大小。 （　　）

35. RJ11 主要用于数据通信，RJ45 主要用于语音连接。 （　　）

36. 4 对 UTP 电缆颜色编码依次为蓝、橙、绿、棕。 （　　）

37. 按 T568B 接线标准传输语音信号的引脚是 1、2。 （　　）

38. 双绞线的传输速度最快是 100M，没有光纤的传输速度快。 （　　）

39. 工作区信息插座安装在地面上的接线盒应防水和抗压。 （　　）

40. 工作区的终端设备可以是电话、计算机，不可以是检测仪表、测量传感器等。
（　　）

二、单项选择题

1. 非屏蔽双绞线电缆用色标来区分不同的线对，计算机网络系统中常用的四对双绞线电缆有四种本色，它们是（　　）。

A. 蓝色、橙色、绿色、棕色　　　　　　　B. 蓝色、红色、绿色、棕色

C. 蓝色、绿色、橙色、紫色　　　　　　　D. 白色、橙色、绿色、棕色

2. 在综合布线中，一个独立的需要设置终端设备的区域称为一个（　　）。

A. 电信间　　　　　B. 设备间　　　　　C. 进线间　　　　　D. 工作区

3. 一种能将计算机内部信号格式和网络上传输的信号格式相互转化，并在工作站和网络之间传输数据的硬件设备。通常称为（　　）。

A. RJ45 接头　　　B. 网络适配器　　　C. 信息点插座　　　D. 跳线

4. 工作区应由配线子系统的信息插座模块延伸到终端设备处的（　　）组成。

A. 连接缆线及适配器　　　　　　　　　　B. 信息插座模块、连接缆线

C. 信息插座模块、适配器　　　　　　　　D. 信息插座模块、连接缆线及适配器

5. 根据 TIA/EIA568A 规定，信息插座引针 3、6 脚应接到（　　）。

A. 线对 1　　　　　B. 线对 2　　　　　C. 线对 3　　　　　D. 线对 4

6. 根据 TIA/EIA568B 规定，信息插座引针 3、6 脚应接到（　　）。

A. 线对 1　　　　　B. 线对 2　　　　　C. 线对 3　　　　　D. 线对 4

7. 根据 TIA/EIA568B 规定，信息插座引针 1、2 脚应接到（　　）。

A. 线对 1　　　　　B. 线对 2　　　　　C. 线对 3　　　　　D. 线对 4

8. 根据 TIA/EIA568A 规定，信息插座引针 1、2 脚应接到（　　）。

A. 线对 1　　　　　B. 线对 2　　　　　C. 线对 3　　　　　D. 线对 4

9. 根据 TIA/EIA568B 规定，信息插座引针 7、8 脚应接到（　　）。

A. 线对 1　　　　　B. 线对 2　　　　　C. 线对 3　　　　　D. 线对 4

10. 按照 TIA/EIA568B 规定，用于模拟语音传输的是（　　）。

A. 线对 1   B. 线对 2   C. 线对 3   D. 线对 4

11. 按照 TIA/EIA568A 规定，用于模拟语音传输的应接到是 (　　　)。

A. 信息插座引针 1、2 脚   B. 信息插座引针 3、6 脚

C. 信息插座引针 4、5 脚   D. 信息插座引针 7、8 脚

12. 按照 TIA/EIA568A 规定，留作配件电源之用（配件的远地电源线使用）的应接到 (　　　)。

A. 信息插座引针 1、2 脚   B. 信息插座引针 3、6 脚

C. 信息插座引针 4、5 脚   D. 信息插座引针 7、8 脚

13. 底盒数量应以插座盒面板设置的开口数确定，每一个底盒支持安装的信息点数量不宜大于 (　　　) 个。

A. 1   B. 2   C. 3   D. 4

14. 国家标准 GB 50311—2007 中的术语和符号，其中英文缩写 BD 的中文解释是 (　　　)。

A. 建筑群子系统   B. 建筑物子系统

C. 建筑群配线设备   D. 建筑物配线设备

15. 国家标准 GB 50311—2007 中的术语和符号，其中英文缩写 CD 的中文解释是 (　　　)。

A. 建筑群子系统   B. 建筑物子系统   C. 建筑群配线设备   D. 建筑物配线设备

16. 使用网络时，通信网络之间传输的介质，不可用 (　　　)。

A. 双绞线   B. 无线电波   C. 光纤   D. 化纤

17. 通常只用于模拟语音传输的连接器为 (　　　)。

A. RJ11   B. RJ23   C. RJ45   D. RJ49

18. 通常既可用于模拟语音传输又可用于数据传输的连接器为 (　　　)。

A. RJ11   B. RJ23   C. RJ45   D. RJ49

19. 在两个通信设备之间不使用任何物理连接，而是通过空间传输的一种技术是 (　　　)。

A. 双绞线   B. 光缆   C. 无线传输介质   D. 有线传输介质

20. 双绞线对由两条具有绝缘保护层的铜芯线按一定密度互相缠绕在一起组成，其缠绕的目的是 (　　　)。

A. 提高传输速度   B. 降低成本

C. 降低信号干扰的程度   D. 提高电缆的物理强度

21. 双绞线是一种综合布线工程中最常见的传输介质，以下哪个选项是它的英文简称 (　　　)。

A. TP   B. NEXT   C. ACR   D. FDDI

22. 双绞线分为 UTP 和 (　　　)。

A. TP   B. STP   C. ACR   D. FDDI

23. 安装在墙面或柱子上的信息插座底盒、多用户信息插座盒及集合点配线箱体的底部离地面的高度宜为 (　　　)。

A. 200mm   B. 300mm   C. 400mm   D. 500mm

24. EIA/TIA568A 线序 (　　　)。

A. 白橙/橙/白绿/绿/白蓝/蓝/白棕/棕   B. 白橙/橙/白绿/蓝/白蓝/绿/白棕/棕

C. 白绿/绿/白橙/橙/白蓝/蓝/白棕/棕   D. 白绿/绿/白橙/橙/白蓝/蓝/橙/白棕/棕

25. EIA/TIA568B 线序（　　　）。

A. 白橙/橙/白绿/绿/白蓝/蓝/白棕/棕　　　　B. 白橙/橙/白绿/蓝/白蓝/绿/白棕/棕

C. 白绿/绿/白橙/橙/白蓝/蓝/白棕/棕　　　　D. 白绿/绿/白橙/蓝/白蓝/橙/白棕/棕

26. 同轴电缆的柱体铜导线用（　　　）隔开，其频率特性比双绞线好，能进行较高速率的传输。

A. 塑料　　　　　　B. 玻璃　　　　　　C. 绝缘材料　　　　　D. 非绝缘材料

27. 用户在家使用 ADSL 上网的时候，使用的是（　　　）来连接 ADSL modem 和远端局端 DSLAM 设备。

A. 同轴电缆　　　　B. 5 类 UTP 双绞线　　C. 5 类 STP 双绞线　　D. 普通电话线

28. 通常 CAT5e – 4 – STP 表示为（　　　）

A. 5 类 4 对屏蔽双绞线　　　　　　　　　B. 5 类 4 对非屏蔽双绞线

C. 超 5 类 4 对非屏蔽双绞线　　　　　　　D. 超 5 类 4 对屏蔽双绞线

29. 通常 CAT5 – 25 – UTP 表示为（　　　）

A. 5 类 25 对屏蔽双绞线　　　　　　　　　B. 5 类 25 对非屏蔽双绞线

C. 超 5 类 25 对非屏蔽双绞线　　　　　　　D. 超 5 类 25 对屏蔽双绞线

30. 通常 6 类 4 对非屏蔽双绞线表示为（　　　）

A. CAT5e – 25 – UTP　　　　　　　　　　B. CAT6 – 4 – STP

C. CAT6 – 4 – UTP　　　　　　　　　　　D. CAT5e – 4 – UTP

31. 通常 5 类 100 对屏蔽双绞线表示为（　　　）

A. CAT5e – 100 – UTP　　　　　　　　　B. CAT5 – 100 – UTP

C. CAT5e – 100 – STP　　　　　　　　　D. CAT5 – 100 – STP

32. 对绞电缆终接时，每对对绞线应保持扭绞状态，扭绞松开长度，对于 3 类电缆不应大于（　　　），对于 6 类电缆应尽量保持扭绞状态，减小扭绞松开长度。

A. 75mm　　　　　　B. 50mm　　　　　　C. 30mm　　　　　　D. 15mm

33. 在工作区对绞电缆预留长度宜为（　　　），有特殊要求的应按设计要求预留长度。

A. 1 ~ 2cm　　　　　B. 3 ~ 6cm　　　　　C. 0.5 ~ 2m　　　　D. 1 ~ 2m

34. 信息插座在综合布线系统中主要用于连接（　　　）。

A. 工作区与水平缆线　　　　　　　　　　B. 水平缆线与电信间

C. 工作区与电信间　　　　　　　　　　　D. 水平缆线与垂直干线子系统

35. 对绞电缆终接时，每对对绞线应保持扭绞状态，扭绞松开长度，对于 5 类电缆不应大于（　　　），对于 6 类电缆尽量保持扭绞状态，减小扭绞松开长度。

A. 25mm　　　　　　B. 20mm　　　　　　C. 15mm　　　　　　D. 13mm

三、多项选择题

1. 按照 TIA/EIA568A 规定，用于数据传输的是（　　　）。

A. 线对 1　　　　　　B. 线对 2　　　　　　C. 线对 3　　　　　　D. 线对 4

2. 按照 TIA/EIA568B 规定，用于模拟语音传输和备用线对的是（　　　）。

A. 线对 1　　　　　　B. 线对 2　　　　　　C. 线对 3　　　　　　D. 线对 4

3. 通常工作区信息插座由（　　　）组成。

A. 面板　　　　　　　B. 跳线　　　　　　　C. 底盒　　　　　　　D. 模块

4. 下面设备属于工作区设备的是（　　　）。

A. PC 机　　　　　　　　B. 打印机　　　　　　C. 交换机　　　　　　D. 电话

5. 按照 TIA/EIA568A 规定，用于数据传输的应接到是（　　　）。

A. 信息插座引针 1、2 脚　　　　　　　　B. 信息插座引针 3、6 脚

C. 信息插座引针 4、5 脚　　　　　　　　D. 信息插座引针 7、8 脚

6. 按照 TIA/EIA568B 规定，用于模拟语音传输和备用线对的应接到是（　　　）。

A. 信息插座引针 1、2 脚　　　　　　　　B. 信息插座引针 3、6 脚

C. 信息插座引针 4、5 脚　　　　　　　　D. 信息插座引针 7、8 脚

7. 将双绞线制作成交叉线（一端按 EIA/TIA 568A 线序，另一端按 EIA/TLA 568B 线序），该双绞线可以连接的两个设备可为（　　　）。

A. 网卡与网卡　　　B. 网卡与交换机　　　C. 网卡与集线器　　　D. 交换机与交换机

8. 通常信息插座的安装类型可分为（　　　）。

A. 吸顶式　　　　　　　B. 嵌入式　　　　　　C. 壁挂式　　　　　　D. 表面式

9. 下列（　　　）情况下，宜采用屏蔽布线系统。

A. 综合布线区域内存在的电磁干扰场强高于 3V/m 时

B. 用户对电磁兼容性有较高的要求（电磁干扰和防信息泄漏）时

C. 采用非屏蔽布线系统无法满足安装现场条件对缆线的间距要求时

D. 网络安全不需要保密时

10. 同轴电缆可用于基带传输和宽带传输，常用同轴电缆的特性阻抗有（　　　）。

A. 100Ω　　　　　　B. 75 Ω　　　　　　C. 50 Ω　　　　　　D. 25Ω

11. 工作区适配器的选用宜符合规定的有（　　　）。

A. 设备的连接插座应与连接电缆的插头匹配，不同的插座与插头之间应加装适配器

B. 在连接使用信号的数模转换，光/电转换，数据传输速率转换等相应装置时，采用适配器

C. 每个工作区的服务面积，应按不同的应用功能确定

D. 各种不同的终端设备或适配器均安装在工作区的适当位置，并应考虑现场的电源与接地

12. 工作区的电源配置应符合的规定有（　　　）。

A. 每 1 个工作区至少应配置 1 个 380V 交流电源插座。

B. 每 1 个工作区至少应配置 1 个 220V 交流电源插座。

C. 工作区的电源插座应选用三相电源插座，保护接地与零线应严格分开。

D. 工作区的电源插座应选用带保护接地的单相电源插座，保护接地与零线应严格分开。

13. 根据信息插座所使用的面板可分为（　　　）类型。

A. 墙上型　　　　　　　B. 地上型　　　　　　C. 桌上型　　　　　　D. 桌下型

14. 一个独立的需要设置终端设备（TE）的区域宜划分为一个工作区，应由（　　　）组成。

A. 配线子系统的信息插座模块（TO）

B. 终端设备（TE）

C. 信息插座模块延伸到终端设备处的连接缆线

D. 相匹配的适配器

15. 工作区信息点端口通常选用（　　　）。

A. 当为电端口时，应采用 4 位模块通用插座（RJ11）

B. 当为电端口时，应采用 8 位模块通用插座（RJ45）

C. 当为光端口宜采用 SFF 小型光纤连接器件及适配器

D. 当为光端口宜采用 SFF 大型光纤连接器件及适配器

16. 信息模块所遵循的通信标准决定着信息插座的适用范围，根据信息插座所用的信息模块可分为（　　　）类型。

A. RJ45 信息模块　　　B. 语音信息模块　　　C. 光纤插座模块　　　D. 转换插座模块

17. 通常既可用于模拟语音传输又可用于数据传输的连接器，专业术语为（　　　）。

A. RJ11　　　　　　　B. BNC　　　　　　　C. RJ45　　　　　　　D. IDC

18. 缆线在终接前，必须核对缆线标识内容是否正确。此外缆线终接应的要求还有（　　　）。

A. 对于网络规程的兼容，采用协议转换适配器

B. 缆线终接处必须牢固、接触良好

C. 对绞电缆与连接器件连接应认准线号、线位色标，不得颠倒和错接

D. 缆线中间不应有接头

19. 同轴电缆由内导体与（　　　）部分组成且保持轴心重合。

A. 铜导体（内芯）　　　　　　　　　　B. 外导体（屏蔽层）

C. 绝缘体（介质）　　　　　　　　　　D. 保护层（护套）

20. 双绞线对信息模块压接时应注意的要点有（　　　）。

A. 在双绞线压处不能拧、撕开，并防止有断线的伤痕

B. 双绞线是成对相互拧在一处的，按一定距离拧起的导线可提高抗干扰的能力，减小信号的衰减，压接时一对一对的拧开，放入与信息模块相对的端口上

C. 双绞线任意开绞，长度根据需要自定

D. 使用压线工具压接时，要压实，不能有松动的地方

项目三、实现综合布线系统配线端接

一、判断题

1. 永久链路是信息点与楼层配线设备之间的传输线路。它一定不包括工作区缆线和连接楼层配线设备的设备缆线、跳线，但一定包括一个 CP 链路。　　　　　　　　　（　　　）

2. 永久链路是信息点与楼层配线设备之间的传输线路。它包括工作区缆线和连接楼层配线设备的设备缆线、跳线。　　　　　　　　　　　　　　　　　　　　　（　　　）

3. 永久链路是信息点与楼层配线设备之间的传输线路。它不包括工作区缆线和连接楼层配线设备的设备缆线、跳线，但可以包括一个 CP 链路。　　　　　　　　　（　　　）

4. 永久链路中水平缆线是指楼层配线设备到 CP 的连接缆线，如果链路中不存在 CP 点，为直接连至信息点的连接缆线。　　　　　　　　　　　　　　　　　　　（　　　）

5. 永久链路可以包括一个 CP 链路。　　　　　　　　　　　　　　　　　（　　　）

6. CP 链路是楼层配线设备（FD）与集合点（CP）之间，包括各端的连接器件在内的永久性链路。　　　　　　　　　　　　　　　　　　　　　　　　　　　（　　　）

7. 水平缆线是楼层配线设备到信息点之间的连接缆线。（　　）

8. 连接器件一般是指用于连接电缆线对和光纤的一个器件或一组器件。（　　）

9. 光纤适配器是指将两对或一对光纤连接器件进行连接的器件。（　　）

10. 配线子系统信道的最大长度不应小于 100m。（　　）

11. 同一布线信道及链路的缆线和连接器件应保持系统等级与阻抗的一致性。（　　）

12. 楼层配线设备（FD）跳线、设备缆线及工作区设备缆线各自的长度不应小于 5m。（　　）

13. 同一个水平电缆路由允许有多个集合点（CP）。（　　）

14. 集合点配线设备容量宜以满足 12 个工作区信息点需求设置。（　　）

15. 采用集合点时，集合点配线设备与 FD 之间水平线缆的长度应大于 15m。（　　）

16. 从集合点引出的 CP 线缆应终接于工作区的信息插座或多用户信息插座上。（　　）

17. 配线子系统中可以设置集合点（CP 点），也可不设置集合点。（　　）

18. 综合布线系统信道应由最长 90m 水平缆线、最长 10m 的跳线和设备缆线及最多 3 个连接器件组成。（　　）

19. 永久链路则由 90m 水平缆线及最多 4 个连接器件组成。（　　）

20. 楼层配线设备（FD）跳线、设备缆线及工作区设备缆线各自的长度不应小于 5m。（　　）

21. F 级的永久链路仅包括 90m 水平缆线和 2 个连接器件（不包括 CP 连接器件）。（　　）

22. F 级的永久链路仅包括 90m 水平缆线和 2 个连接器件（包括 CP 连接器件）。（　　）

23. 互连（互相连接）是配线设备和信息通信设备之间采用接插软线或跳线上的连接器件相连的一种连接方式。（　　）

24. 交接（交叉连接）是不用接插软线或跳线，使用连接器件把一端的电缆、光缆与另一端的电缆、光缆直接相连的一种连接方式。（　　）

25. 工作区设备缆线、电信间配线设备的跳线和设备缆线之和不应大于 10m，当大于 10m 时，水平缆线长度（90m）应适当减少。（　　）

26. 楼层配线设备（FD）跳线、设备缆线及工作区设备缆线各自的长度不应大于 6m。（　　）

27. CP 集合点安装的连接器件应选用卡接式配线模块或 8 位模块通用插座或各类光纤连接器件和适配器。（　　）

28. CP 集合点安装的连接器件应选用卡接式配线模块或 4 位模块通用插座或各类光纤连接器件和适配器。（　　）

29. 楼层配线架不一定要在每一楼层都要设置。（　　）

30. 电信间的使用面积不应小于 10m²，也可根据工程中配线设备和网络设备的容量进行调整。（　　）

31. 壁挂式配线设备底部离地面的高度不宜小于 400mm。（　　）

32. 工作区连接 RJ45 接口信息插座和计算机间的 UTP 跳线应小于 5m。（　　）

33. 110 型配线架只能端接数据信息点。（　　）

34. 电信间应与强电间分开设置，电信间内或其紧邻处应设置缆线竖井。　　（　　）

35. 每幢建筑物内只能设置 1 个设备间。　　（　　）

36. 终接时，每对对绞线应保持扭绞状态，扭绞松开长度，对于 3 类电缆不应大于 75mm。　　（　　）

37. 终接时，每对对绞线应保持扭绞状态，扭绞松开长度，对于 5 类电缆不应大于 15mm；对于 6 类电缆应尽量保持扭绞状态，减小扭绞松开长度。　　（　　）

38. 在综合布线中，常用的连接结构有互相连接方式（简称互连），互连是用接插软线或跳线，使用连接器件把一端的电缆、光缆与另一端的电缆、光缆直接相连的一种连接方式。　　（　　）

39. 在综合布线中，常用的连接结构有交叉连接方式（简称交连），交连是配线设备和信息通信设备之间采用连接器件直接相连的一种连接方式。　　（　　）

40. 配线架是电缆进行端接和连接的装置，在配线架上可进行互连或交接操作。电缆配线架系统分 RJ45 模块式配线架系统和 110 型通信配线架系统。　　（　　）

41. RJ45 模块化配线架又称数据配线架，用于端接电缆和通过跳线连接交换机等网络设备。　　（　　）

42. 110 型交接硬件（即 110 型配线架）通常可分为夹接式（即 110A 型）和插接式（即 110P 型）两大类。　　（　　）

43. 110A 与 110P 管理的线路数据相同，但其规模和所占用的墙空间（或面积大小）有所不同。一般 P 型配线架有 100 对、300 对两种，并可在现场随意组装。A 型配线架一般有 300 对、900 对两种。　　（　　）

44. 如果对线路不经常进行改动、移位或重新组合，可采用 110P 型配线架，在经常需要重组线路时，一般采用 110A 型配线架。　　（　　）

45. 大对数双绞线是由 25 对具有绝缘保护层的铜导线组成的，根据线对排序规律推算，第 17 对线色为黄-橙。　　（　　）

46. 大对数双绞线是由 25 对具有绝缘保护层的铜导线组成的，根据线对排序规律推算，第 22 对线色为紫-绿。　　（　　）

47. 100 对大对数双绞线的第 26 对线色为白橙相间色带组的白-蓝线对。　　（　　）

48. CP 缆线（cp cable）即连接集合点（CP）至楼层配线设备（FD）的缆线。（　　）

49. 在综合布线系统中，用来测试水平链路性能的测试模型有永久链路和信道。（　　）

50. 设计能放置到宽度 19in/高度以 1U 为基本单位的机柜内的产品一般被称为标准布线产品。　　（　　）

二、单项选择题

1. 综合布线系统信道应由（　　　）。

A. 最长 90m 水平缆线、最长 10m 的跳线和设备缆线及最多 4 个连接器件组成

B. 最长 100m 水平缆线、最长 10m 的跳线和设备缆线及最多 4 个连接器件组成

C. 最长 90m 水平缆线、最长 10m 的跳线和设备缆线及最多 3 个连接器件组成

D. 最长 100m 水平缆线、最长 10m 的跳线和设备缆线及最多 3 个连接器件组成

2. 双绞线电缆的长度从配线架开始到用户插座不能超过（　　　）。

A. 50m　　　　　　　B. 75m　　　　　　　C. 85m　　　　　　　D. 90m

3. 通道链路全长小于等于（　　　）。

A. 80m 　　　　　　　B. 90m 　　　　　　　C. 94m 　　　　　　　D. 100m

4. 永久链路由（　　　）。

A. 90m 水平缆线及 3 个连接器件组成 　　　　B. 100m 水平缆线及 3 个连接器件组成

C. 90m 水平缆线及 4 个连接器件组成 　　　　D. 100m 水平缆线及 4 个连接器件组成

5. 关于永久链路，以下说法正确的是（　　　）。

A. 不包括工作区缆线和连接楼层配线设备的设备缆线、跳线，但可以包括一个 CP 链路

B. 不包括工作区缆线，但可以包括连接楼层配线设备的设备缆线、跳线和一个 CP 链路

C. 包括工作区缆线和连接楼层配线设备的设备缆线、跳线，但不包括一个 CP 链路

D. 包括工作区缆线，但不包括连接楼层配线设备的设备缆线、跳线和一个 CP 链路

6. 配线子系统信道的最大长度不应大于（　　　）。

A. 100m 　　　　　　　B. 90m 　　　　　　　C. 99m 　　　　　　　D. 10m

7. CP 链路指（　　　）。

A. 楼层配线设备与集合点（CP）之间，包括各端的连接器件在内的永久性的链路

B. 楼层配线设备与集合点（CP）之间，不包括各端的连接器件在内的永久性的链路

C. 楼层配线设备与信息点（TO）之间，包括各端的连接器件在内的永久性的链路

D. 楼层配线设备与信息点（TO）之间，不包括各端的连接器件在内的永久性的链路

8. 工作区设备缆线、电信间配线设备的跳线和设备缆线之和不应大于（　　　）。

A. 5m 　　　　　　　B. 10m 　　　　　　　C. 15m 　　　　　　　D. 20m

9. 楼层配线设备（FD）跳线、设备缆线及工作区设备缆线各自的长度不应大于（　　　）。

A. 5m 　　　　　　　B. 10m 　　　　　　　C. 12m 　　　　　　　D. 15m

10. 永久链路全长小于等于（　　　）。

A. 90m 　　　　　　　B. 94m 　　　　　　　C. 99m 　　　　　　　D. 100m

11. 不是配线子系统组成部分的是（　　　）。

A. 工作区的信息插座模块

B. 信息插座模块至电信间配线设备（FD）的配线电缆和光缆

C. 电信间的配线设备及设备缆线和跳线

D. 工作区的连接终端设备的跳线

12. 连接两个应用设备的端到端的传输通道是（　　　）。

A. 信道 　　　　　　　B. 路由 　　　　　　　C. 链路 　　　　　　　D. 布线

13. 信息点与楼层配线设备之间的传输线路是（　　　）。

A. 永久链路 　　　　　B. 通道链路 　　　　　C. 基本链路 　　　　　D. 传输链路

14. 下列关于配线子系统布线距离的描述，正确的是（　　　）。

A. 水平电缆最大长度为 80m，配线架跳接至交换机、信息插座跳接至计算机总长度不超过 20m，通信通道总长度不超过 100m。

B. 水平电缆最大长度为 90m，配线架跳接至交换机、信息插座跳接至计算机总长度不超过 10m，通信通道总长度不超过 100m。

C. 水平电缆最大长度为 80m，配线架跳接至交换机、信息插座跳接至计算机总长度不

超过 10m，通信通道总长度不超过 90m。

    D. 水平电缆最大长度为 90m，配线架跳接至交换机、信息插座跳接至计算机总长度不超过 20m，通信通道总长度不超过 110m。

15. 布线系统的工作区，如果使用 4 对非屏蔽双绞线电缆作为传输介质，则信息插座与计算机终端设备的距离一般保持在（   ）以内。

    A. 100m   B. 90m   C. 5m   D. 2m

16. 标准机柜是指（   ）。

    A. 2m 高的机柜   B. 1.8m 高的机柜   C. 18in 机柜   D. 19in 机柜

17. 标准 6U 机柜高度是（   ）cm。

    A. 25   B. 35   C. 45   D. 55

18. 标准 32U 机柜高度是（   ）cm。

    A. 100   B. 120   C. 140   D. 160

19. 标准 42U 机柜高度是（   ）mm。

    A. 1600   B. 1800   C. 2000   D. 2400

20. 通常 180cm 的机柜最佳可以安装（   ）的标准产品。

    A. 38U   B. 18U   C. 30 U   D. 42U

21. 110 型配线架的选择，如果对线路不经常进行改动、移位或重新组合，可采用（   ）

    A. 110A 型配线架   B. 110P 型配线架   C. 110C 型配线架   D. 110D 型配线架

22. 110 型配线架的选择，如果对线路经常需要重组线路时，一般采用（   ）

    A. 110A 型配线架   B. 110P 型配线架   C. 110C 型配线架   D. 110D 型配线架

23. 根据线对排序规律，25 对大对数电缆的第 16 对线色为（   ）。

    A. 紫-灰   B. 红-棕   C. 黄-蓝   D. 黑-橙

24. 根据线对排序规律，25 对大对数电缆的第 22 对线色为（   ）。

    A. 黄-绿   B. 紫-橙   C. 黑-灰   D. 红-棕

25. 根据线对排序规律，25 对大对数电缆的第 5 对线色为（   ）。

    A. 白-灰   B. 红-蓝   C. 黄-橙   D. 黑-蓝

26. 大对数双绞线是由 25 对具有绝缘保护层的铜导线组成，其线对色序为（   ）。

    A. 蓝、绿、橙、棕、灰   B. 白、红、黑、黄、紫

    C. 蓝、橙、绿、棕、灰   D. 白、红、黄、黑、紫

27. 大对数双绞线是由 25 对具有绝缘保护层的铜导线组成，其配对色序为（   ）。

    A. 蓝、绿、橙、棕、灰   B. 白、红、黑、黄、紫

    C. 蓝、橙、绿、棕、灰   D. 白、红、黄、黑、紫

28. 配线子系统缆线划分中的 CP 缆线，是指（   ）。

    A. 楼层配线设备到信息点之间的连接缆线

    B. 楼层配线设备到集合点（CP）的连接缆线

    C. 连接集合点（CP）至工作区信息点的缆线

    D. 建筑物内楼层配线设备之间相连接的缆线

29. 25 对大对数双绞线中线色为黑-绿的是（   ）。

A. 第 9 线对   B. 第 11 线对   C. 第 12 线对   D. 第 13 线对

30. 25 对大对数双绞线中线色为红-棕的是（   ）。

A. 第 9 线对   B. 第 11 线对   C. 第 12 线对   D. 第 13 线对

31. 100 对大对数双绞线中白蓝相间色带组的黄-绿线对为（   ）

A. 第 18 线对   B. 第 43 线对   C. 第 68 线对   D. 第 93 线对

32. 100 对大对数双绞线中白绿相间色带组的白-蓝线对为（   ）

A. 第 26 线对   B. 第 51 线对   C. 第 76 线对   D. 第 81 线对

33. 100 对大对数双绞线的第 50 对线色为（   ）

A. 白橙相间色带组的黑-灰线对   B. 白橙相间色带组的红-灰线对

C. 白橙相间色带组的紫-灰线对   D. 白橙相间色带组的黄-灰线对

34. 100 对大对数双绞线的第 76 对线色为（   ）

A. 白蓝相间色带组的白-蓝线对   B. 白橙相间色带组的白-蓝线对

C. 白绿相间色带组的白-蓝线对   D. 白棕相间色带组的白-蓝线对

35. 同一个水平电缆路由不允许超过（   ）集合点（CP）。

A. 1 个   B. 2 个   C. 4 个   D. 8 个

36. 电信间（FD）采用的设备缆线和各类跳线宜按计算机网络设备的使用端口容量和电话交换机的实装容量、业务的实际需求或信息点总数的比例进行配置，比例范围为（   ）

A. 5% ~15%   B. 15% ~30%   C. 25% ~50%   D. 20% ~60%

37. 综合布线系统信道（通道）、永久链路与 CP 链路构成模型图正确的是（   ）

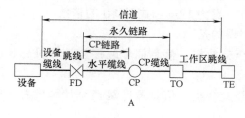
A

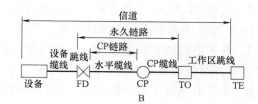
B

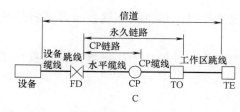
C

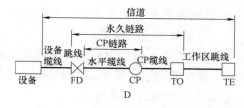
D

38. 电信间的使用面积不应小于（   ），也可根据工程中配线设备和网络设备的容量调整。

A. 5m²   B. 10m²   C. 20m²   D. 30m²

39. 缆线终接，每对对绞线应保持扭绞状态，扭绞松开长度对于 5 类电缆不应大于（   ）。

A. 75mm   B. 15mm   C. 23mm   D. 13mm

40. CP 集合点安装的连接器件不选用的是（   ）。

A. 卡接式配线模块   B. 8 位模块通用插座

C. 各类光纤连接器件和适配器   D. 4 位模块通用插座

三、多项选择题

1. 机柜（架）外形可分为（　　）。

A. 落地式（立式）　　　　　　　　　　B. 挂墙式（壁挂式）

C. 开放式　　　　　　　　　　　　　　D. 简易式

2. 下列有关认证测试模型的类型，正确的是（　　）。

A. 基本链路模型　　B. 永久链路模型　　C. 通道模型　　　D. CP 链路模型

3. 配线子系统应由（　　）等组成。

A. 工作区的信息插座模块

B. 信息插座模块至电信间配线设备（FD）的配线电缆和光缆

C. 工作区缆线和跳线

D. 电信间的配线设备及设备缆线和跳线

4. 永久链路是指信息点与楼层配线设备之间的传输线路，（　　）。

A. 它不包括工作区缆线和连接楼层配线设备的设备缆线、跳线

B. 它包括工作区缆线和连接楼层配线设备的设备缆线、跳线

C. 它一定包括一个 CP 链路

D. 它可以包括一个 CP 链路

5. 信道是指连接两个应用设备的端到端的传输通道。包括（　　）。

A. 网络交换设备　　B. 设备电缆/光缆　　C. 终端设备　　　　D. 工作区电缆/光缆

6. 国际上通用的综合布线系统标准产品，一般规定的尺寸为（　　）。

A. 宽为 19cm 的倍数与高是 1U 的倍数　　B. 宽为 19in 与高是 1.75in

C. 宽为 48.26cm 与高是 4.445cm 的倍数　　D. 宽为 19in 与高是 1U 的倍数

7. 下列关于水平子系统布线距离的描述，错误的是（　　）。

A. 水平电缆最大长度为 80m，配线架跳接至交换机、信息插座跳接至计算机总长度不超过 20m，通信通道总长度不超过 100m

B. 水平电缆最大长度为 90m，配线架跳接至交换机、信息插座跳接至计算机总长度不超过 10m，通信通道总长度不超过 100m

C. 水平电缆最大长度为 80m，配线架跳接至交换机、信息插座跳接至计算机总长度不超过 10m，通信通道总长度不超过 90m

D. 水平电缆最大长度为 90m，配线架跳接至交换机、信息插座跳接至计算机总长度不超过 20m，通信通道总长度不超过 110m

8. 配线子系统缆线可采用（　　）。

A. 非屏蔽 4 对对绞电缆　　　　　　　　B. 屏蔽 4 对对绞电缆

C. 室内多模光缆或单模光缆　　　　　　D. 同轴电缆

9. 100 对大对数双绞线的第 48 对线色组成为（　　）。

A. 白绿相间色带组　　B. 白橙相间色带组　　C. 紫-绿线对　　　　D. 紫-橙线对

10. 100 对大对数双绞线的第 24 对线色组成为（　　）。

A. 白蓝相间色带组　　B. 白橙相间色带组　　C. 紫-绿线对　　　　D. 紫-棕线对

11. 100 对大对数双绞线的第 54 对线色组成为（　　）。

A. 白绿相间色带组　　B. 白棕相间色带组　　C. 白-绿线对　　　　D. 白-棕线对

12. 100 对大对数双绞线的第 78 对线色组成为 （　　　）。

A. 白棕相间色带组　　B. 白绿相间色带组　　C. 白-绿线对　　　　　　D. 白-橙线对

13. 以下说法正确的有 （　　　）。

A. 永久链路不包括工作区缆线和连接楼层配线设备的设备缆线、跳线

B. 永久链路包括工作区缆线和连接楼层配线设备的设备缆线、跳线

C. 信道不包括工作区缆线和连接楼层配线设备的设备缆线、跳线

D. 信道包括工作区缆线和连接楼层配线设备的设备缆线、跳线

14. 综合布线系统中，用来测试水平链路性能的测试模型有 （　　　）。

A. 永久链路　　　　　　B. 基本链路　　　　　　C. 信道　　　　　　　D. CP 链路

15. 缆线终接常见的错误有 （　　　）。

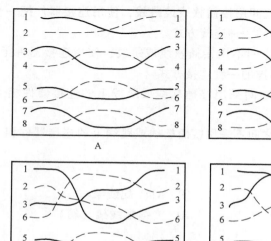

16. 电信间的数量应按所服务的楼层范围及工作区面积来确定。如果该层 （　　　），宜设置一个电信间。

A. 信息点数量不大于 400 个　　　　　　B. 水平缆线长度在 90m 范围以外

C. 信息点数量大于 400 个　　　　　　　D. 水平缆线长度在 90m 范围以内

17. 下列关于配线子系统永久链路的组成参数正确的是 （　　　）。

A. 水平缆线≤100m　　B. 水平缆线≤90m　　C. 连接器件≤4　　　　D. 连接器件≤3

18. 线缆管理器又称理线器，其作用有 （　　　）。

A. 将线缆托平，使线缆根本不对模块施力　　B. 减少线缆自身的信号辐射损耗

C. 对周围电缆的辐射干扰（串扰）　　　　　D. 线路扩充时不会引起大量电缆更动

19. 配线子系统各配线设备跳线的选择原则与配置正确的是 （　　　）。

A. 电话跳线按每根 1 对或 2 对对绞电缆容量配置，跳线两端连接插头采用 IDC 或 RJ45 型

B. 电话跳线按每根 4 对对绞电缆容量配置，跳线两端连接插头采用 IDC 或 RJ45 型

C. 数据跳线按每根 1 对或 2 对对绞电缆配置，跳线两端连接插头采用 IDC 或 RJ45 型

D. 数据跳线按每根4对对绞电缆配置，跳线两端连接插头采用 IDC 或 RJ45 型

20. 下列英文缩写表示正确的是（　　　）。

A. 电信间配线设备（FD）　　　　　　B. 建筑物配线设备（BD）

C. 建筑群配线设备（CD）　　　　　　D. 工作区（CP）

21. 缆线终接常见的故障有（　　　）。

A. 正接　　　　　　B. 反接　　　　　　C. 串接　　　　　　D. 跨接（交叉）

22. 在下列关于配线子系统的信道组成参数正确的是（　　　）。

A. 水平缆线≤100m　　　　　　　　　B. 水平缆线≤90m

C. 连接器件≤4　　　　　　　　　　　D. 连接器件≤3

23. 在综合布线中，常用的连接结构有（　　　）。

A. 配线设备和信息通信设备之间用接插软线或跳线，使用连接器件把一端的电缆、光缆与另一端的电缆、光缆直接相连的一种连接方式

B. 配线设备和信息通信设备之间不用接插软线或跳线，使用连接器件把一端的电缆、光缆与另一端的电缆、光缆直接相连的一种连接方式

C. 配线设备和信息通信设备之间采用接插软线或跳线上的连接器件相连的一种连接方式

D. 配线设备和信息通信设备之间不采用接插软线或跳线上的连接器件相连的一种连接方式

24. 常见的配线架有（　　　）。

A. 线缆管理器　　　　　　　　　　　B. RJ45 配线架

C. 110 通讯配线架　　　　　　　　　D. 光缆配线架（箱）

25. 信道中各组件定义包括（　　　）。

A. 一个信息插座/插头和一个转换节点

B. 两个连接块或接线面板组成的配线架

C. 100m 均衡非屏蔽双绞线（UTP）电缆和两端总长度不超过 10m 的跳线

D. 90m 均衡非屏蔽双绞线（UTP）电缆和两端总长度不超过 10m 的跳线

项目四、实现配线子系统布线与端接

一、判断题

1. 配线系统缆线的选用应依据建筑物信息的类型、容量、带宽和传输速率来确定，以满足话音、数据和图像等信息传输的要求。　　　　　　　　　　　　　　（　　　）

2. 每座建筑物安装进出设备进行综合布线及其应用系统管理和维护的场所叫管理间。
　　　　　　　　　　　　　　　　　　　　　　　　　　　　　　　　　　（　　　）

3. 集合点配线设备容量宜以满足 12 个工作区信息点需求设置。　　　　（　　　）

4. 电信间配线设备的跳线和设备缆线与工作区设备缆线之和不应大于 10m，当大于10m 时，水平缆线长度（90m）应适当减少，配线电缆总长度一定保持 100m。（　　　）

5. 建筑物的干线系统通道可采用电缆孔和电缆竖井两种方法。　　　　（　　　）

6. 连接至电信间（管理间）的每一根水平电缆应终接于相应的配线模块，配线模块与缆线容量相适应。　　　　　　　　　　　　　　　　　　　　　　　　（　　　）

7. 4 对非屏蔽电缆弯曲半径不小于电缆外径的 6 倍。　　　　　　　（　　）

8. 屏蔽 4 对对绞电缆的弯曲半径应至少为电缆外径的 8 倍。　　　（　　）

9. 主干对绞电缆的弯曲半径应至少为电缆外径的 10 倍。　　　　　（　　）

10. 2 芯或 4 芯水平光缆的弯曲半径应大于 20mm。　　　　　　　（　　）

11. 2 芯或 4 芯以上芯数的水平光缆、主干光缆和室外光缆的弯曲半径应至少为光缆外径的 10 倍。　　　　　　　　　　　　　　　　　　　　　（　　）

12. 管内穿放大对数电缆或 4 芯以上光缆时，直线管路的管径利用率应为 50% ~ 60%。
　　　　　　　　　　　　　　　　　　　　　　　　　　　　　　（　　）

13. 管内穿放大对数电缆或 4 芯以上光缆时，弯管路的管径利用率应为 50% ~ 60%。
　　　　　　　　　　　　　　　　　　　　　　　　　　　　　　（　　）

14. 管内穿放 4 对对绞电缆或 4 芯光缆时，截面利用率应为 25% ~ 30%。　（　　）

15. 当缆线采用电缆桥架布放时，桥架内侧的弯曲半径不应小于 300mm。　（　　）

16. 综合布线系统设计中所说的管理应具有连接水平/主干、连接主干布线系统和连接入楼设备这三大应用，包括管理交接方案、管理连接硬件、管理标记。　（　　）

17. 多用户信息插座和集合点的配线设备不应安装于墙体或柱子等建筑物固定的位置。
　　　　　　　　　　　　　　　　　　　　　　　　　　　　　　（　　）

18. 多用户信息插座就是在某一地点，若干信息插座模块的组合。　　　（　　）

19. 电信间组件把水平子系统的电信插座（TO）端与语音或数据设备连接起来。
　　　　　　　　　　　　　　　　　　　　　　　　　　　　　　（　　）

20. 通常电信间 FD 与计算机网络设备之间的连接方式只有经跳线连接方式。　（　　）

21. 互连（互相连接）是不用接插软线或跳线，使用连接器件把一端的电缆、光缆与另一端的电缆、光缆直接相连的一种连接方式。　　　　　　　　　　　（　　）

22. 交接（交叉连接，又简称交连）是配线设备和信息通信设备之间采用接插软线或跳线上的连接器件相连的一种连接方式。　　　　　　　　　　　　　（　　）

23. 双绞线电缆施工过程中，线缆两端必须进行标注。　　　　　　　（　　）

24. 综合布线采用的主要布线部件包括：建筑群配线架（CD）、建筑物配线架（BD）、楼层配线架（FD）、转接点（TO）、信息插座（CP）。　　　　　　（　　）

25. 在水平布线系统中采用区域布线法时，在电信接线间与转接点之间可以使用 4 对或 25 对电缆。　　　　　　　　　　　　　　　　　　　　　　　　（　　）

26. 设备间与管理间必须单独设置。　　　　　　　　　　　　　　　（　　）

27. 在楼层配线间和设备间分设时，从管理的角度看，都需要对其线缆和设备进行管理。
　　　　　　　　　　　　　　　　　　　　　　　　　　　　　　（　　）

28. 大开间办公室一般可采用多用户信息插座方案或转接点方案。其中前者适用于重新组合特别频繁的场合。　　　　　　　　　　　　　　　　　　　（　　）

29. 在综合布线系统中，必须安装完工作区才能安装管理区。　　　　（　　）

30. 通常电信间 FD 与计算机网络设备之间的连接方式有经跳线连接方式和经设备缆线连接方式两种。　　　　　　　　　　　　　　　　　　　　　（　　）

31. 塑料管就是指 PVC 阻燃导管，由树脂、稳定剂、润滑剂及添加剂配制挤塑成型的。
　　　　　　　　　　　　　　　　　　　　　　　　　　　　　　（　　）

32. 水平缆线明装线槽布线施工一般从安装信息点插座底盒开始，程序如下："安装底盒→钉线槽→布线→装线槽盖板→压接模块→标记"。 （　　）

33. 金属管的连接通常不采用短套管或带螺纹的管接头。 （　　）

34. 线槽制作，拐弯处可使用专用接头，例如阴角、阳角、拐角等。 （　　）

35. 安装线槽时，首先在墙面测量并且标出线槽的位置，在建工程以1m线为基准，保证水平安装的线槽与地面或楼板平行，垂直安装的线槽与地面或楼板垂直，没有可见的偏差。 （　·　）

36. 缆线的布放应自然平直，不应受外力的挤压和损伤，可适当产生扭绞、打圈、接头等现象。 （　　）

37. 为了保证水平电缆的传输性能及成束缆线在电缆线槽中或弯角处布放不会产生溢出的现象，故提出了线槽利用率在30%～50%的范围。 （　　）

38. 线明装线槽拐弯处宜使用90°弯头或者三通，线槽端头安装专门的堵头。 （　　）

39. 线槽制作，确定适当的尺寸、直角的45°拼接，两根线槽之间的接缝必须小于2mm，盖板接缝宜与线槽接缝错开。 （　　）

40. 配线子系统缆线应采用非屏蔽或屏蔽4对对绞电缆，在需要时也可采用室内多模或单模光缆。 （　　）

二、单项选择题

1. 在验收管槽安装时，不需要考虑的基本要求是（　　）。
 A. 走最短的路由　　　　　　　　　B. 管槽路由与建筑物基线保持一致
 C. 注意房间内的整体布置　　　　　D. "横平竖直"，弹线定位

2. 敷设暗管宜采用钢管或阻燃聚氯乙烯硬质管。布放大对数主干电缆及4芯以上光缆时，直线管道的管径利用率应为（　　）。
 A. 25%～30%　　　B. 50%～60%　　　C. 40%～50%　　　D. 30%～50%

3. 敷设暗管宜采用钢管或阻燃聚氯乙烯硬质管。布放大对数主干电缆及4芯以上光缆时，弯管道的管径利用率应为（　　）。
 A. 25%～30%　　　B. 50%～60%　　　C. 40%～50%　　　D. 30%～50%

4. 敷设暗管宜采用钢管或阻燃聚氯乙烯硬质管。暗管布放4对对绞电缆或4芯及以下光缆时，管道的截面利用率应为（　　）。
 A. 25%～30%　　　B. 50%～60%　　　C. 40%～50%　　　D. 30%～50%

5. 下列不属于水平缆线的验收内容的是（　　）。
 A. 布线路由设计　　B. 管槽设计　　　C. 设备安装与调试　　D. 线缆类型选择与布线材料计算

6. 每一个工作区信息插座模块数量不宜少于（　　）个，并满足各种业务的需求。
 A. 1　　　　　　　B. 2　　　　　　　C. 3　　　　　　　D. 4

7. 缆线应有余量以适应终接、检测和变更，在工作区对绞电缆预留长度宜为（　　）。
 A. 10～15cm　　　B. 3～6cm　　　　C. 10～15m　　　　D. 3～6m

8. 缆线应有余量以适应终接、检测和变更，在电信间对绞电缆预留长度宜为（　　）。
 A. 10～20cm　　　B. 3～6cm　　　　C. 50～200cm　　　D. 300～500cm

9. 缆线应有余量以适应终接、检测和变更，在设备间对绞电缆预留长度宜为（   ）。

   A. 50～200cm   B. 30～60cm   C. 1～2m   D. 3～5m

10. 光缆布放路由宜盘留，预留长度宜为（   ）。

   A. 1～2m   B. 3～6m   C. 3～5m   D. 5～10m

11. 39×18 规格的 PVC 线槽容纳双绞线最多条数为（   ）条。

   A. 10   B. 11   C. 12   D. 13

12. Φ20 规格的 PVC 线管容纳双绞线最多条数为（   ）条。

   A. 2   B. 3   C. 4   D. 5

13. 金属管明敷时，在距接线盒 300mm 处，弯头处的两端，每隔（   ）处应采用管卡固定。

   A. 1m   B. 2m   C. 3m   D. 4m

14. 预埋在墙体中间暗管的最大管外径不宜超过（   ）。

   A. 50mm   B. 40mm   C. 30mm   D. 25mm

15. 预埋暗管保护要求，楼板中暗管的最大管外径不宜超过（   ）。

   A. 50mm   B. 40mm   C. 30mm   D. 25mm

16. 室外管道进入建筑物的最大管外径不宜超过（   ）。

   A. 50mm   B. 100mm   C. 150mm   D. 200mm

17. 电缆转弯时弯曲半径应符合规定，非屏蔽 4 对对绞电缆弯曲半径至少为电缆外径（   ）。

   A. 2 倍   B. 4 倍   C. 6 倍   D. 8 倍

18. 电缆转弯时弯曲半径应符合规定，屏蔽 4 对对绞电缆的弯曲半径至少为电缆外径（   ）。

   A. 4 倍   B. 6 倍   C. 8 倍   D. 10 倍

19. 电缆转弯时弯曲半径应符合规定，主干对绞电缆的弯曲半径至少为电缆外径的（   ）。

   A. 4 倍   B. 6 倍   C. 8 倍   D. 10 倍

20. 安装在墙面或柱子上的信息插座底盒、多用户信息插座盒及集合点配线箱体的底部离地面的高度宜为（   ）。

   A. 100mm   B. 200mm   C. 300mm   D. 400mm

21. 布放缆线在线槽内的截面利用率应为（   ）。

   A. 25%～30%   B. 30%～50%   C. 40%～50%   D. 50%～60%

22. 在敷设管道时，应尽量减少弯头，每根管的弯头不应超过（   ）个，并不应有 S 形弯出现。

   A. 1   B. 2   C. 3   D. 4

23. 综合布线干线子系统宜布置在（   ）中。

   A. 电梯井   B. 供水/供暖竖井   C. 强电竖井   D. 弱电竖井

24. 在垂直干线子系统布线中，经常采用光缆传输加（   ）备份的方式。

   A. 同轴细电缆   B. 同轴粗电缆   C. 双绞线   D. 光缆

25. 暗管宜采用金属管，预埋在墙体中间的暗管内径不宜超过 (　　)。

    A. 30mm　　　　　　B. 50mm　　　　　　C. 80mm　　　　　　D. 100mm

26. 暗管宜采用金属管，楼板中的暗管内径宜为 (　　)。

    A. 15~25mm　　　　B. 15~30mm　　　　C. 20~30mm　　　　D. 20~50mm

27. 暗管转弯的曲率半径不应小于该管外径的 6 倍，如暗管外径大于 50mm 时，不应小于 (　　)。

    A. 4 倍　　　　　　B. 6 倍　　　　　　C. 8 倍　　　　　　D. 10 倍

28. 沿墙明装布线槽有以下步骤：①确定布线路由；②布线（布线时线槽容量为70%）；③线槽每隔 1m 要安装固定螺钉；④沿着路由方向放线槽（讲究直线美观）；⑤盖塑料槽盖，盖槽盖应错位盖。一般遵循的正确步骤是 (　　)。

    A. ①→②→③→④→⑤　　　　　　　　B. ①→③→④→②→⑤

    C. ①→④→②→③→⑤　　　　　　　　D. ①→④→③→②→⑤

29. 电缆桥架及线槽的安装要求正确的是 (　　)。

    A. 桥架及线槽的安装位置应符合施工图要求，左右偏差不应超过 100mm

    B. 桥架及线槽水平度每米偏差不应超过 5mm

    C. 采用吊顶支撑柱布放缆线时，支撑点宜选择地面沟槽和线槽位置

    D. 垂直桥架及线槽应与地面保持垂直，垂直度偏差不应超过 3mm

30. 安装线槽时，两根线槽之间的接缝必须小于 (　　)，盖板接缝宜与线槽接缝错开。

    A. 1mm　　　　　　B. 2mm　　　　　　C. 3mm　　　　　　D. 4mm

31. 下列配线子系统缆线不采用的是 (　　)。

    A. 非屏蔽 4 对对绞电缆　　　　　　　　B. 屏蔽 4 对对绞电缆

    C. 室内多模光缆或单模光缆　　　　　　D. 同轴电缆

32. 线槽内允许穿线的最大面积 70%，同时考虑线缆之间的间隙和拐弯等因素，考虑浪费空间为 50%；线槽壁厚 1mm，单根 4 对双绞线的缆线直径 6 mm，50×25 线槽容纳双绞线最多数量为 (　　)。

    A. 13　　　　　　　B. 14　　　　　　　C. 16　　　　　　　D. 20

33. 管径 32 mmPVC 线管，管壁厚 1.5 mm，截面利用率为 30%，单根 4 对双绞线的缆线直径 6 mm。试计算 Φ32 PVC 线管容纳双绞线最多数量 (　　)。

    A. 9　　　　　　　　B. 8　　　　　　　　C. 7　　　　　　　　D. 6

34. 金属线槽内的截面利用率为 30%，线槽壁厚 1mm，单根 4 对双绞线的缆线直径 6 mm，试计算 75×50 线槽容纳双绞线理论数量为 (　　)

    A. 124　　　　　　　B. 87　　　　　　　C. 40　　　　　　　D. 37

35. 使用弯管器，制作 PVC 线管两个垂直弯面的操作，弯曲 90°，且固定弯管半径（R = 125mm），试计算 PVC 线管弯面的两个切点间的弧长为 (　　)。

    A. 196.25mm　　　　B. 98.125mm　　　　C. 235.5mm　　　　D. 785mm

36. 水平缆线明装线管布线施工一般从安装信息点插座底盒开始，程序正确的是 (　　)。

    A. 安装底盒→布管→安装管卡→线上标记→穿线→压接模块→配线架端接→对应标记

    B. 安装底盒→压接模块→安装管卡→布管→穿线→线上标记→配线架端接→对应标记

    C. 安装底盒→安装管卡→布管→穿线→线上标记→压接模块→配线架端接→对应标记

D. 安装底盒→安装管卡→布管→线上标记→穿线→压接模块→配线架端接→对应标记

37. 线管规格型号与容纳双绞线最多数量填写下表：

线管类型	线管（直径）规格/mm	容纳双绞线最多条数	截面利用率
PVC、金属	16	（　）	30%
PVC	20	（　）	30%
PVC、金属	25	（　）	30%

A. 3　　　　　　　B. 2　　　　　　　C. 7　　　　　　　D. 5

三、多项选择题

1. 缆线敷设时，缆线的弯曲半径符合规定是（　　）。

A. 非屏蔽 4 对对绞电缆的弯曲半径应至少为电缆外径的 4 倍

B. 屏蔽 4 对对绞电缆的弯曲半径应至少为电缆外径的 6 倍

C. 主干对绞电缆的弯曲半径应至少为电缆外径的 10 倍

D. 当缆线采用电缆桥架布放时，桥架内侧的弯曲半径不应小于 300mm

2. 在《综合布线系统工程设计规范》的术语和符号中，表示配线设备的有（　　）。

A. CD　　　　　　B. BD　　　　　　C. FD　　　　　　D. TO

3. 计算机网络设备（数据系统）连接方式通常有（　　）。

A. 经电话交换配线连接　　　　　　B. 经跳线连接

C. 经网络设备之间的连接　　　　　　D. 经设备缆线连接

4. 由于通信电缆的特殊结构，电缆在布放过程中承受的拉力不要超过电缆允许张力的 80%。下面关于电缆最大允许拉力值正确的有（　　）。

A. 一根 4 对线电缆，拉力为 100N

B. n 根线电缆，拉力为 $(n \times 50 + 50)$N

C. 2 根 4 对线电缆，拉力为 200N

D. 不管多少根线对电缆，最大拉力不能超过 400N

5. 对于办公楼、综合楼等商用建筑物或公共区域大开间的场地，由于其使用对象数量的不确定性和流动性等因素，宜按开放办公室综合布线系统要求进行设计。大开间水平布线设计方案通常有（　　）。

A. 多用户信息插座设计方案　　　　　　B. 协议转换适配器设计方案

C. 集合点设计方案　　　　　　D. 屏蔽布线系统设计方案

6. 配线子系统各缆线长度符合要求的有（　　）。

A. CP 缆线最大长度不大于 15m

B. 配线子系统信道的最大长度不应大于 100m

C. 工作区设备缆线、电信间配线设备的跳线和设备缆线之和不应大于 10m，当大于 10m 时，水平缆线长度（90m）应适当减少

D. 楼层配线设备（FD）跳线、设备缆线及工作区设备缆线各自的长度不应大于 5m。

7. 对于办公楼、综合楼等商用建筑物或公共区域大开间的场地，由于其使用对象数量的不确定性和流动性等因素，宜按开放办公室综合布线系统要求进行设计，可（　　）方式。

A. 采用多用户信息插座　　　　　　　B. 采用经跳线连接

C. 采用集合点　　　　　　　　　　　D. 采用经设备缆线连接

8. 在综合布线中，常用的连接结构说法错误的有（　　　）。

A. 互相连接是配线设备和信息通信设备之间用接插软线或跳线，使用连接器件把一端的电缆、光缆与另一端的电缆、光缆直接相连的一种连接方式。

B. 互连是配线设备和信息通信设备之间不用接插软线或跳线，使用连接器件把一端的电缆、光缆与另一端的电缆、光缆直接相连的一种连接方式。

C. 交叉连接是配线设备和信息通信设备之间采用接插软线或跳线上的连接器件相连的一种连接方式。

D. 交叉连接是配线设备和信息通信设备之间不采用接插软线或跳线上的连接器件相连的一种连接方式。

9. 缆线应有余量以适应终接、检测和变更。对绞电缆预留长度，符合规定的是（　　　）。

A. 在工作区宜为 10～15cm

B. 光缆布放路由宜盘留，预留长度宜为 3～5m

C. 设备间宜为 3～5m

D. 有特殊要求的应按设计要求预留长度

10. 设置缆线桥架和线槽保护要求正确的是（　　　）。

A. 缆线桥架底部应高于地面 2.2m 及以上

B. 缆线桥架与梁及其他障碍物交叉处间的距离不宜小于 50mm

C. 缆线桥架顶部距建筑物楼板不宜小于 300mm

D. 缆线桥架水平敷设时，支撑间距宜为 3～5m

11. 配线子系统应由（　　　）等组成。

A. 工作区的信息插座模块

B. 信息插座模块至电信间配线设备（FD）的配线电缆和光缆

C. 工作区缆线和跳线

D. 电信间的配线设备及设备缆线和跳线

12. 下列管线弯曲半径正确的是（　　　）。

A. 2 芯或 4 芯水平光缆的弯曲半径应大于 25mm

B. 4 对屏蔽电缆弯曲半径不小于电缆外径的 10 倍

C. 室外光缆、电缆弯曲半径不小于电缆外径的 10 倍

D. 大对数主干电缆弯曲半径不小于电缆外径的 10 倍

13. 信道总长不得大于 100m，其中包括（　　　）。

A. 网络交换机和工作区电脑　　　　　B. 工作区信息插座模块和跳线

C. 最长 90m 的水平缆线　　　　　　D. 电信间的配线设备及设备缆线和跳线

14. 电缆桥架及线槽的安装要求正确的是（　　　）。

A. 金属桥架、线槽及金属管各段之间应保持连接良好，安装牢固

B. 线槽截断处及两线槽拼接处应平滑、无毛刺。

C. 吊架和支架安装应保持垂直，整齐牢固，无歪斜现象

D. 桥架及线槽水平度每米偏差应超过 2mm。

15. 电信间的数量应按所服务的楼层范围及工作区面积来确定。如果该层（　　　），宜设两个或多个电信间。

A. 信息点数量不大于 400 个

B. 水平缆线长度在 90m 范围以外

C. 信息点数量大于 400 个

D. 水平缆线长度在 90m 范围以内

项目五　实现综合布线系统工程测试

一、判断题

1. 信道测试一般指从交换机端口上设备跳线的 RJ45 水晶头算起，到服务器网卡前用户跳线的 RJ-45 水晶头结束，对这段链路进行的物理性能测试。（　　　）

2. 分贝 dB，是一种标准信号强度的度量单位，他可以用来衡量两个信号之间的比例或差别。（　　　）

3. 建筑物入口设施是提供符合相关规范机械与电气特性的连接器件，使得外部网络电缆和光缆引入建筑物内。（　　　）

4. 配线子系统信道的最大长度不应大于 100m。（　　　）

5. 水平布线的最大水平距离为 100m，在实现最大距离时，从通信口到工作区允许有 3m 公差。（　　　）

6. 在对一条信道进行测试时，发现永久链路的长度为 88m，工作区缆线的长度为 10m，管理间的跳线为 3m，此信道可以通过测试。（　　　）

7. 在综合布线施工中，由于端接技巧和放线穿线技术差错等原因，会产生开路、短路、反接/交叉、跨接/错对和串扰等接线错误。（　　　）

8. 电缆是链路衰减的一个主要因素，电缆越长，链路的衰减就会越明显。与电缆链路的衰减相比，其他布线部件所造成的衰减要小得多。（　　　）

9. 回波损耗（Return Loss，RL）多指电缆与接插件连接处的阻抗突变（不匹配）导致的一部分信号能量的反射值。（　　　）

10. 测试仪的稳定性主要表现在仪器主体的稳定性、测试适配器的稳定性。（　　　）

11. 设备电缆、设备光缆是指通信设备连接到配线设备的电缆、光缆。（　　　）

12. 回波损耗是衡量连通性的参数。（　　　）

13. 综合布线的测试从工程角度可分为两类，即认证测试与验证测试。（　　　）

14. HDTDR 技术主要针对有衰减变化的故障进行精确定位。（　　　）

15. 接线图错误包含有潮湿的错误。（　　　）

16. EIA/TIA 568B.3 规定光纤连接器（适配器）的衰减极限为 0.3dB。（　　　）

17. 综合布线的认证测试一般是在施工的过程中由施工人员边施工边测试，以保证所完成的每一个连接的正确性。（　　　）

18. 信号沿链路传输损失的量度称为衰减。（　　　）

19. 近端串扰是指在一条双绞电缆链路某侧的发送线对向同侧其他线对通过电磁感应造成的信号耦合，它是决定链路传输能力的最重要的参数。（　　　）

20. 衰减近端串扰比（ACR）是以 dB 表示的近串扰与衰减的差值，它不是一个独立的测量而是近串扰减去衰减的计算结果。（　　　）

21. 光功率计是用来测量光功率大小、线路损耗，系统冗余度以及拉收灵敏度的仪表。
（　　）

22. 串扰是指当一个线对中的两条导线，相互交接的时候就发生了串扰，串扰常见于配线架和电缆连接器的错接。 （　　）

23. 如果回波损耗测试未通过，这是因为电缆链路中有阻抗不匹配的现象。 （　　）

24. 综合布线测试参数包括接线图、长度、衰减、ACR。 （　　）

25. 通道链路的总衰减是布线电缆的衰减和连接件的衰减之和。 （　　）

26. 在测试近端串扰时，采用频率点步长，步长越大，测试就越准确。 （　　）

27. 双绞线电缆的测试方法与光缆测试思路是完全不同的。 （　　）

28. NEXT 是指近端串音，FEXT 是远端串音。 （　　）

29. 使用 Fluke DSP 4000 测线应先对抽测网线类型进行定义　在对采用六类网线为线材的综合布线检测中　应将测试标准选择为 TIA Cat 6 Perm. Link。 （　　）

30. 使用 Fluke DSP 4000 测线当所测线路通过测试后会在显示屏下显示该线路余量那么余量是越低越好。 （　　）

31. 线缆传输的衰减量会随着线缆的长度的增加而增大。 （　　）

32. FLUKE DTX-LT 系列线缆测试仪可以认证测试电缆和光缆。 （　　）

33. 衰减与近端串扰比 ACR 表示了信号强度与串扰产生的噪声强度的相对大小，其值越小，电缆传输的性能就越好。 （　　）

34. TSB-67 标准定义了两种电缆测试模型，即通道链路模型和基本链模型。 （　　）

35. 测试完成后，应使用 LINKWARE 电缆管理软件导入测试数据并生产测试报告。
（　　）

36. 回波损耗测量反映的是电缆的阻抗一致性。 （　　）

37. 双绞线电缆如果按照信道链路模型进行测试，理论长度最大不能超过 90m。 （　　）

38. 平衡电缆指由一个或多个金属导体线对组成的不对称电缆。 （　　）

39. 光缆线路长度测试结果与 OTDR 设置的测试波长有关。 （　　）

40. OTDR 测试条件参数设置时，被测光缆距离短，选择脉冲宽度大。 （　　）

二、单项选择题

1. 我国综合布线工程验收规范标准指的是（　　）。

A. GB 50312—2007　　B. GB 50311—2007　　C. YD/T 926　　　　D. EIA/TIA 568

2. 当前主要的综合布线技术标准之一的 TIA/EIA 568B 为（　　）。

A. 国际标准　　　　　B. 中国标准　　　　C. 北美标准　　　　D. 欧洲标准

3. IEEE（Institute of Electrical and Electronics Engineers）指的是（　　）。

A. 美国国家标准协会　　　　　　　　B. 国际建筑也咨询服务

C. 美国电气与电子工程师协会　　　　D. 绝缘电缆工程师协会

4. 在超 5 类和 6 类综合布线系统测试的标准中，以下（　　）是属于 6 类线的频率范围。

A. 1～250MHz　　　B. 1～1000MHz　　　C. 1～100MHz　　　D. 1～260MHz

5. 在认证测试的模型中包括原件级测试模型，而原件级测试某型比较简单，基本上就是测试（　　）3 种。

A. 电缆、跳线、模块   B. 基本链路、跳线、电缆

C. 信道、模块、永久链路   D. 基本链路、信道、永久链路

6. 信道测试属于链路级测试模型，以下关于信道的说法，错误的是：（   ）。

A. 信道是指从网络设备跳线到工作区跳线间端到端的连接。

B. 它包括了最长为 90m 的建筑物中固定的水平电缆。

C. 它包括了总长最多为 5m 的两段网络跳线。

D. 信道的最大长度为 100m。

7. 在网络综合布线测试中，通常采用（   ）方法来较为精确的测试双绞线的长度。

A. 采用卷尺测量

B. 按照施工图纸测量

C. 采用双绞线上的长度标示测量

D. 采用 TDK（Time Domain Reflection，时域反射计）测试技术

8. 布线链路长度是指布线链路端到端之间电缆芯线的实际物理长度，其（   ）布线所用的双绞线长度。

A. 小于   B. 等于   C. 大于   D. 不确定

9. 以下哪个选项的名词不是双绞线的测试参数。（   ）

A. 电磁干扰、品牌质量   B. 线序图、长度

C. 衰减、近端串扰   D. 衰减串扰比、等效远端串扰

10. 目前较为常用的综合布线测试工具为 DSP-4000 系列，它是哪个公司的产品。（   ）

A. TCL   B. AMP   C. CISCO   D. FLUCK

11. 对于以下综合布线系统测试所涉及到的英文名词的解释，错误的是（   ）

A. TCL（Transverse conversion loss）横向转换损耗

B. RL（Return loss）回波损耗

C. IL（Insertion loss）远端损耗

D. ACR（Attenuation to crosstalk ratio）衰减串音比

12. 综合布线工程测试中的永久链路测试一般是指：（   ）

A. 从计算机的网卡算起，到墙面信息点位置，这段链路进行的物理性能测试。

B. 从信息点插座，到中心机房交换机端口，这段链路进行的物理性性能测试。

C. 层配线架上的跳线插座算起，到工作区墙面板插座位置，对这段链路的物理性能测试。

D. 从 CP 算起，到信息点插座的位置，这段链路进行的物理性能测试。

13. 以下哪个选项不是网络综合布线技术常用的测试标准。（   ）

A. TIA568B   B. IEEE802.3   C. ISO 11801   D. GB 50312—2007

14. 以下标准中，不属于综合布线系统工程常用的标准的是（   ）

A. 日本标准   B. 国际标准   C. 北美标准   D. 中国国家标准

15. 综合布线的标准中，属于中国的标准是（   ）

A. TIA/EIA 568   B. GB 50311—2007   C. EN 50173   D. ISO/IEC 11801

16. 定义 6 类双绞线布线标准的是（   ）

A. ANSI/TIA/EIA 568-B.1   B. ANSI/TIA/EIA 568-B.2

C. ANSI/TIA/EIA 568-B.3　　　　　　　　D. ANSI/TIA/EIA 568 A

17. 以下关于综合布线系统水平缆线与建筑物主干缆线及建筑群主干缆线之和所构成信道的总长度，哪个选项无法通过测试验收。（　　　）

A. 2200m　　　　　　B. 1500m　　　　　　C. 20m　　　　　　D. 300m

18. 在端接施工时，为减少串扰，打开绞接的长度不能超过（　　　）mm

A. 11　　　　　　　　B. 12　　　　　　　　C. 13　　　　　　　D. 14

19. 下列有关电缆认证测试的描述，不正确的是（　　　）

A. 认证测试主要是确定电缆及相关连接硬件和安装工艺是否达到规范和设计要求。

B. 认证测试是对通道性能进行确认。

C. 认证测试需要使用能满足特定要求的测试仪器并按照一定的测试方法进行测试。

D. 认证测试不能检测电缆链路或通道中连接的连通性。

20. 下列有关电缆链路故障的描述，不正确的（　　　）。

A. 在电缆材质合格的前提下，衰减过大多与电缆超长有关

B. 串扰不仅仅发生在接插件部位，一段不合格的电缆同样会导致串扰的不合格

C. 回波损耗故障可以利用 HDTDX 技术进行精确定位

D. 回波损耗故障不仅发生在连接器部位，也发生于电缆中特性阻抗发生变化的地方

21. 将同一线对的两端针位接反的故障，属于（　　　）故障。

A. 交叉　　　　　B. 反接　　　　　　C. 错对　　　　　　D. 串扰

22. 下列有关衰减测试的描述，不正确的是（　　　）。

A. 在 TIA/EIA 568B 中，衰减已被定义为插入损耗

B. 通常布线电缆的衰减还是频率和温度的连续函数

C. 通道链路的总衰减是布线电缆的衰减和连接件的衰减之和

D. 测量衰减的常用方法是使用扫描仪在不同频率上发送 0dB 信号，用选频表在链路远端测试各特定频率点接收的电平值

23. 下列有关近端串扰测试的描述中，不正确的是（　　　）。

A. 近端串扰损耗是一条 UTP 链路中从一对线到另一对线的信号耦合

B. 在测试近端串扰时，采用频率点步长，步长越小，测试就越准确

C. 近端串扰表示在近端产生的串扰

D. 对于 4 对 UTP 电缆来说，近端串扰有 6 个测试值

24. 回波损耗是衡量（　　　）参数。

A. 阻抗一致性的　　B. 抗干扰特性的　　　C. 连通性的　　　　D. 物理长度的

25. HDTDX 技术主要针对（　　　）故障进行精确定位。

A. 有阻抗变化的　　B. 有衰减变化的　　　C. 回波损耗　　　　D. 各种导致串扰的

26. 接线图（Wire Map）错误不包括（　　　）。

A. 反接、错对　　　B. 开路、短路　　　　C. 超时　　　　　　D. 串绕

27. 下列不属于光缆测试参数的是（　　　）。

A. 回波损耗　　　　B. 近端串扰　　　　　C. 衰减　　　　　　D. 插入损耗

28. 当信号在一个线对上传输时，会同时将一小部分信号感应到其他线对上，这种信号感应就是（　　　）。

A. 串扰　　　　　　　B. 衰减　　　　　　　C. 回波损耗　　　　　D. 特性阻抗

29.（　　）是线缆对通过信号的阻碍能力。它是受直流电阻，电容和电感的影响，要求在整条电缆中必须保持是一个常数串扰。

A. 衰减　　　　　　　B. 回波损耗　　　　　C. 特性阻抗　　　　　D. 以上三个都不对

30. 对健康运行的网络进行测试和记录，建立一个基准，以便当网络发生异常时可以进行参数比较，知道什么是正常或异常。这就是（　　）。

A. 电缆的验证测试　　B. 网络听证　　　　　C. 电缆的认证测试　　D. 电缆的连通测试

31. 下列有关认证测试模型的类型，错误的是（　　）。

A. 基本链路模型　　　B. 永久链路模型　　　C. 通道模型　　　　　D. 虚拟链路模型

32. 双绞线的电气特性"FEXT"表示（　　）。

A. 衰减　　　　　　　B. 衰减串扰比　　　　C. 近端串扰　　　　　D. 远端串扰

33. 串扰分近端串扰和远端串扰，测试仪主要是测量（　　）。

A. FEXT　　　　　　　B. NEXT　　　　　　　C. ACR　　　　　　　D. SNR

34. 光纤产生损耗的原因很多，下列哪一项不是其主要类型（　　）。

A. 固有损耗　　　　　B. 外部损耗　　　　　C. 传输损耗　　　　　D. 应用损耗

35. 要用（　　）来进行尾纤的核对。

A. 光源、光功率计　　B. OTDR　　　　　　　C. 传输分析仪　　　　D. 电缆测通器

36. OTDR 的工作特性中（　　）决定了 OTDR 所能测量的最远距离。

A. 盲区　　　　　　　B. 发射功率　　　　　C. 分辨率　　　　　　D. 动态范围

37. 可以用（　　）测量光纤的长度及故障点的位置。

A. 光源　　　　　　　B. OTDR　　　　　　　C. 光功率计　　　　　D. 光纤识别仪

38. 不能用（　　）仪表来测试或监测光纤的接头损耗。

A. 光源和光功率计　　　　　　　　　　　B. 光纤熔接机

C. 光纤识别仪　　　　　　　　　　　　　D. 光时域反射仪

39. 下列参数中，（　　）不是描述光纤通道传输性能的指标参数。

A. 光缆衰减　　　　　　　　　　　　　　B. 光缆波长窗口参数

C. 回波损耗　　　　　　　　　　　　　　D. 光缆芯数

40.（　　）是沿链路的信号损失度量。

A. 衰减　　　　　　　B. 回波损耗　　　　　C. 串扰　　　　　　　D. 传输延迟

三、多项选择题

1. 综合布线系统工程测试按照测试的难易程度一般分为：（　　）。

A. 验证测试　　　　　B. 鉴定测试　　　　　C. 认证测试　　　　　D. 多方测试

2. 综合布线测试中的近端串扰参数的大小与以下哪些因素有关：（　　）。

A. 电缆类别　　　　　B. 连接方式　　　　　C. 线缆长度　　　　　D. 信号频率

3. 综合布线系统工程中，永久链路的指标参数值包括哪些内容：（　　）。

A. 最小回波损耗值　　B. 最大插入损耗值　　C. 最小近端串扰值　　D. 最小近端串音功率

4. 下列有关电缆认证测试的描述，正确的是（　　）。

A. 认证测试主要是确定电缆及相关链接硬件和安装工艺是否达到规范和设计要求

B. 认证测试是对通道性能进行确认

C. 认证测试需要使用能满足特定要求的测试仪器并按照一定的测试方法进行测试

D. 认证测试不能检测电缆链路或通道中连接的连通性

5. 将同一线对的两端针位接反的故障，不属于（　　）故障。

A. 交叉　　　　　　　B. 反接　　　　　　　C. 错对　　　　　　　D. 短接

6. 下列有关串扰故障的描述，正确的是：（　　）。

A. 出现串扰故障时端与端的连通性不正常

B. 串绕就是将原来的线对分别拆开重新组成新的线对

C. 用一般的万用表或简单电缆测试仪"如能手"就可以检测出串扰故障

D. 串扰故障需要使用专门的电缆认证测试仪才能检测出来

7. 下列有关衰减测试的描述，正确的是（　　）。

A. 在 TIA/EIA 568B 中，衰减已被定义为插入损耗

B. 通常布线电缆的衰减不是连续函数

C. 通道链路的总衰减是布线的衰减和连接件的衰减之和

D. 测量衰减的常用方法是使用扫描仪在不同频率上发送 0dB 信号，用选频表在链路远端测试各特定频率点接收的电平值

8. 下列有关长度测试的描述，正确的是（　　）。

A. 长度测量采用时域反射原理（TDR）

B. NVP 为电缆的标称传播速率，典型 UTP 电缆的 NVP 值是 62% ~ 72%

C. 矫正 NVP 值得方法是使用一段已知长度的（必须在 15m 以上）同批号电缆来校正测试仪的长度值至已知长度

D. 长度 L 值得计算公式为：$L = T * NVP * C$

9. 下列关于近端串扰测试的描述中，正确的是（　　）。

A. 近端串扰的 dB 值越高越好

B. 在测试近端串扰时，采用频率点步长，步长越小，测试就越准确

C. 近端串扰表示在近端产生的串扰

D. 对于 4 对 UTP 电缆来说，近端串扰有 6 个测试值

10. 下列有关电缆链路故障的描述，正确的是（　　）。

A. 在电缆材质合格的前提下，衰减过大多与电缆超长有没有关系

B. 串扰不仅仅发生在接插件部位，一段不合格的电缆同样会导致串扰的不合格

C. 回波损耗故障可以利用 HDTDX 技术进行精确定位

D. 回波损耗故障不仅发生在连接器部位，也发生于电缆中特性阻抗发生变化的地方

11. 属于光缆测试的参数是（　　）。

A. 回波损耗　　　　　B. 近端串扰　　　　　C. 衰减　　　　　　　D. 插入损耗

12. 下列有关认证测试模型的类型，正确的是（　　）。

A. 基本链路模型　　　B. 永久链路模型　　　C. 通道模型　　　　　D. 虚拟链路模型

13. 双绞线测试过程中发现衰减未通过，可能原因有（　　）。

A. 外部噪声

B. 长度过长

C. 链路线缆和接插件性能有问题或不兼容

D. 线缆的端接有问题

14. 表征双绞线性能指标的参数下面哪些是正确的（   ）。

A. 衰减   B. 近端串扰   C. 阻抗特性   D. 分布电容

15. 在以下参数中，属于光缆测试的参数是（   ）。

A. 回波损耗   B. 近端串扰   C. 衰减   D. 插入损耗

16. 下列有关电缆认证测试的描述，正确的是（   ）。

A. 认证测试主要是确定电缆及相关连接硬件和安装工艺是否达到规范和设计要求

B. 认证测试是对通道性能进行确认

C. 认证测试需要使用能满足特定要求的测试仪器并按照一定的测试方法进行测试

D. 认证测试不能检测电缆链路或通道中连接的连通性

17. 目前中继段光纤损耗测量所采取的方法一般是（   ）相结合的方法。

A. 光源、光功率计   B. PMD 测试仪   C. ODF 架

D. 熔接机   E. 光时域反射仪

18. OTDR（光时域反射仪）可以测试出光纤的（   ）。

A. 色散   B. 衰耗   C. 带宽   D. 长度

19. 下列参数中（   ）是测试值越小越好的参数。

A. 衰减   B. 近端串音   C. 远端串音   D. 衰减串音比

20. 双绞线的护套工序是指在缆线的缆线外统一包一层保护套，并在上面喷印生产厂家的产品信息及相关内容，其主要的检测项目包括：（   ）。

A. 外观检测   B. 最小护套厚度

C. 电缆外径   D. 偏心和记米长度误差

附录 B：《综合布线系统工程技术》基础理论知识题库参考答案

项目一、认知智能建筑与综合布线系统

一、判断题

1. (×) 2. (√) 3. (×) 4. (×) 5. (√) 6. (×) 7. (√) 8. (×) 9. (×)

10. (√) 11. (×) 12. (√) 13. (×) 14. (×) 15. (√) 16. (×) 17. (√)

18. (√) 19. (×) 20. (√) 21. (×) 22. (√) 23. (√) 24. (×) 25. (√)

26. (×) 27. (×) 28. (√) 29. (×) 30. (√) 31. (√) 32. (√) 33. (√)

34. (×) 35. (√)

二、单项选择题

1. (B) 2. (D) 3. (A) 4. (D) 5. (B) 6. (A) 7. (D) 8. (B)

9. (B) 10. (C) 11. (C) 12. (D) 13. (A) 14. (C) 15. (D) 16. (B)

17. (C) 18. (B) 19. (D) 20. (A)

三、多项选择题

1. (AD) 2. (ACD) 3. (ABD) 4. (BCD) 5. (ACD) 6. (ABD)

7. (ABC) 8. (ABD) 9. (ABC) 10. (ABC) 11. (BCD) 12. (BCD)

13. （BC） 14. （ABC） 15. （AB） 16. （ACD） 17. （BC） 18. （ACD）
19. （ABD） 20. （BCD）

项目二、实现工作区终端连接

一、判断题

1. （√） 2. （×） 3. （√） 4. （√） 5. （×） 6. （×） 7. （√） 8. （√） 9. （×）
10. （×） 11. （√） 12. （×） 13. （√） 14. （×） 15. （√） 16. （×） 17. （√）
18. （√） 19. （×） 20. （√） 21. （×） 22. （√） 23. （×） 24. （×） 25. （√）
26. （√） 27. （×） 28. （√） 29. （√） 30. （×） 31. （√） 32. （×） 33. （×）
34. （√） 35. （×） 36. （√） 37. （×） 38. （×） 39. （√） 40. （×）

二、单项选择题

1. （A） 2. （D） 3. （B） 4. （A） 5. （C） 6. （B） 7. （B） 8. （C） 9. （D）
10. （A） 11. （C） 12. （D） 13. （B） 14. （D） 15. （C） 16. （D） 17. （A）
18. （C） 19. （C） 20. （C） 21. （A） 22. （B） 23. （B） 24. （D） 25. （B）
26. （C） 27. （D） 28. （D） 29. （B） 30. （C） 31. （D） 32. （A） 33. （B）
34. （A） 35. （D）

三、多项选择题

1. （BC） 2. （AD） 3. （ACD） 4. （ABD） 5. （AB） 6. （CD） 7. （AD） 8. （BD）
9. （ABC） 10. （AC） 11. （ABD） 12. （BD） 13. （ABC） 14. （ACD） 15. （BC）
16. （ACD） 17. （CD） 18. （BCD） 19. （BCD） 20. （ABD）

项目三、实现综合布线系统配线端接

一、判断题

1. （×） 2. （×） 3. （√） 4. （√） 5. （√） 6. （√） 7. （√） 8. （√） 9. （√）
10. （×） 11. （√） 12. （×） 13. （×） 14. （√） 15. （√） 16. （√） 17. （√）
18. （×） 19. （×） 20. （×） 21. （√） 22. （×） 23. （×） 24. （×） 25. （√）
26. （×） 27. （√） 28. （×） 29. （√） 30. （×） 31. （√） 32. （√） 33. （×）
34. （√） 35. （×） 36. （√） 37. （×） 38. （×） 39. （×） 40. （√） 41. （√）
42. （√） 43. （×） 44. （×） 45. （√） 46. （×） 47. （√） 48. （×） 49. （√）
50. （√）

二、单项选择题

1. （A） 2. （D） 3. （D） 4. （A） 5. （A） 6. （A） 7. （A） 8. （B） 9. （A）
10. （A） 11. （D） 12. （A） 13. （A） 14. （B） 15. （C） 16. （D） 17. （B）
18. （D） 19. （C） 20. （A） 21. （A） 22. （B） 23. （C） 24. （B） 25. （A）
26. （B） 27. （C） 28. （C） 29. （D） 30. （A） 31. （A） 32. （B） 33. （C）
34. （D） 35. （A） 36. （C） 37. （C） 38. （A） 39. （D） 40. （D）

三、多项选择题

1. （ABC） 2. （BC） 3. （ABD） 4. （AD） 5. （BD） 6. （CD） 7. （ACD）
8. （ABC） 9. （BC） 10. （AD） 11. （BD） 12. （AC） 13. （AD）

14．（AC）15．（ACD）16．（AD）17．（BD）18．（ACD）19．（AD）
20．（ABC）21．（BCD）22．（AC）23．（BC）24．（BCD）25．（ABD）

项目四、实现配线子系统布线与端接

一、判断题

1．（√）2．（×）3．（√）4．（×）5．（√）6．（√）7．（×）8．（√）9．（√）
10．（×）11．（√）12．（√）13．（×）14．（√）15．（√）16．（√）17．（×）
18．（√）19．（√）20．（×）21．（√）22．（√）23．（√）24．（×）25．（√）
26．（×）27．（√）28．（√）29．（×）30．（√）31．（×）32．（√）33．（×）
34．（√）35．（√）36．（×）37．（√）38．（√）39．（×）40．（√）

二、单项选择题

1．（A）2．（B）3．（C）4．（A）5．（C）6．（B）7．（B）8．（C）
9．（D）10．（C）11．（C）12．（B）13．（C）14．（A）15．（D）
16．（B）17．（B）18．（C）19．（D）20．（C）21．（B）22．（B）
23．（D）24．（C）25．（B）26．（A）27．（D）28．（D）29．（D）
30．（A）31．（D）32．（B）33．（C）34．（D）35．（A）36．（D）
37．（B）（A）（D）

三、多项选择题

1．（ACD）2．（ABC）3．（BD）4．（ABD）5．（AC）6．（BCD）
7．（AC）8．（AD）9．（BCD）10．（ABC）11．（ABD）12．（ACD）
13．（BCD）14．（ABC）15．（ABC）

项目五、实现综合布线系统工程测试

一、判断题

1．（√）2．（√）3．（√）4．（√）5．（×）6．（×）7．（√）8．（√）9．（√）
10．（√）11．（√）12．（×）13．（√）14．（×）15．（×）16．（√）17．（×）
18．（√）19．（√）20．（√）21．（√）22．（×）23．（√）24．（√）25．（√）
26．（×）27．（×）28．（√）29．（√）30．（×）31．（√）32．（√）33．（×）
34．（√）35．（√）36．（√）37．（×）38．（×）39．（√）40．（×）

二、单项选择题

1．（A）2．（C）3．（C）4．（A）5．（A）6．（C）7．（D）8．（C）9．（A）
10．（D）11．（C）12．（C）13．（B）14．（A）15．（B）16．（B）17．（A）
18．（C）19．（D）20．（C）21．（B）22．（C）23．（C）24．（A）25．（A）
26．（C）27．（B）28．（A）29．（C）30．（B）31．（D）32．（D）33．（B）
34．（C）35．（A）36．（D）37．（B）38．（C）39．（D）40．（A）

三、多项选择题

1．（ABC）2．（ABD）3．（ABCD）4．（ABC）5．（ACD）6．（BD）7．（AD）
8．（ABC）9．（ABD）10．（BD）11．（ABD）12．（ACD）13．（BCD）14．（ABCD）
15．（ABC）16．（ABC）17．（AE）18．（BD）19．（BCD）20．（ABCD）

附录 C   综合布线系统工程设计实训项目考核

注意：本次考核在计算机机房上机操作完成，请在桌面上新建"文件夹"以"本人姓名＋学号"命名，按下列试题要求，完成各项任务，并分别以 A4 幅面保存在该文件夹中，电子稿提交。

▶ 案例背景资料

某学校五层教学楼建筑布局示意图的 Visio 文档，已存放在各计算机的桌面上，图 6-54 所示为教学楼一层平面图，图 C-1 所示为教学楼二层平面图（二层、三层、四层和五层的布局一样），楼层层高均为 3.2m。

根据一层平面图，在 108 会议室的右下角安装 42U 19in 机柜，由学校中心机房引 1 根室外 6 芯多模光纤和 1 根 100 对大对数电缆，分别接入机柜光纤配线架和 110 配线架，该机柜内集中配置交换设备和 RJ45 配线架，并通过沿墙敷设垂直线槽，分别布超 5 类 4 对非屏蔽双绞线（数据）和 3 类 25 对大对数电缆（语音）引至二层、三层、四层和五层的 9U 配线机柜。

楼内水平布线均采用超 5 类综合布线系统，选用 Cat5e-4-UTP，以达到数据与语音信息点在任意情况下可以互换。

教室均配置 1 个数据信息点；办公室分别按人配置 1 个数据和 1 个语音信息点；教研室分别配置 4 个数据和 4 个语音信息点；教师休息室配置 1 个数据和 1 个语音信息点；在会议室的两端各配置 2 个数据信息点；微机教室接入 1 用 1 备数据信息点，以 50 个工位标准，在防静电地板下采用线槽敷设另行布线，组建小型局域网。

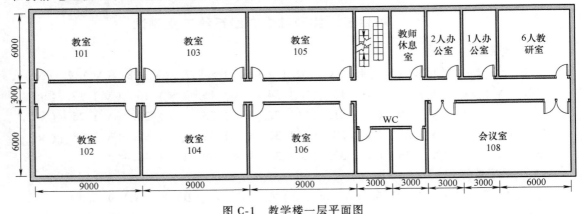

图 C-1   教学楼一层平面图

一、综合布线系统工程施工图的设计（30 分）

根据案例背景资料，使用 Visio 软件，完成教学楼一层综合布线系统工程施工图的设计。要求如下：

1）请在图 C-1 上完成工作区信息点布点设计，并对各信息点进行编号。（12 分）
2）请在图 C-1 上完成配线（水平）子系统的缆线路由设计，并作标注。（12 分）
3）请在图 C-1 上，作图例说明和施工说明，完成图框。（6 分）

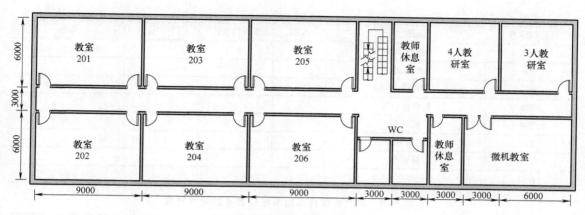

图 C-2　教学楼二层平面图

二、综合布线系统工程信息点点数统计表的编制（20 分）

根据案例背景资料，填写表 C-1 和表 C-2，使用 Microsoft Excel 工作表软件，参照表 6-30 格式，完成学校第五层教学楼综合布线系统工作区信息点点数统计表的编制。

表 C-1　教学楼第一层各房间功能及信息点需求对照表

房间编号	房间功能	人数	数据信息点	语音信息点	备注
101	教室 101				
102	教室 102				
103	教室 103				
104	教室 104				
105	教室 105				
106	教室 106				
107	教师休息室				
108	会议室				
109	办公室 01				
111	办公室 02				
113	教研室				
合计					

表 C-2　教学楼第二层各房间功能及信息点需求对照表

房间编号	房间功能	人数	数据信息点	语音信息点	备注
201	教室 201				
202	教室 202				
203	教室 203				
204	教室 204				

（续）

房间编号	房间功能	人数	数据信息点	语音信息点	备注
205	教室 205				
206	教室 206				
207	教师休息室				
208	教师休息室				
209	教研室				
210	微机教室				
211	教研室				
合计					

表 C-3　建筑物综合布线系统信息点数量统计表

项目名称：

楼层编号	房间或者区域编号								数据点数合计	语音点数合计	信息点数合计
	X01		X02		...		Xn				
	数据	语音	数据	语音	数据	语音	数据	语音			
n 层											
⋮											
一层											
合计											

编制人（签名）：　　　　　　　　　　　　　　编制日期：　　　年　　　月　　　日

注：X01 表示房间或者区域编号，X 表示楼层号。例如：402 表示第四层 02 号房间（区域）。

三、综合布线系统工程系统图的设计（20 分）

根据案例背景资料，按照规定的颜色表示各个子系统：工作区子系统用紫色表示；配线子系统用蓝色表示；垂直子系统用绿色表示；管理间子系统用黄色表示；设备间子系统用橙色表示。使用 Visio 软件，完成学校五层教学楼综合布线系统工程系统图的设计，作图例说明，完成图框。

四、综合布线系统工程机柜配线设备与交换设备配置安装图（15 分）

根据案例背景资料和表 C-2 所填写的内容，使用 Visio 软件，完成 FD2 机柜配线设备配置安装图（机柜大样图）的绘制，并作图例说明和图框。

五、综合布线系统工程信息点端口对应表的编制（15 分）

根据案例背景资料，使用 Microsoft Excel 工作表软件，参照表 C-4 所示格式和说明，完成教学楼一层的综合布线系统工程信息点端口对应表的编制。

表 C-4　信息点端口对应表

项目名称：						
序号	信息点编号	区域号	信息点	机柜号	配线架号	配线架端口号
1						
2						
⋮						
n						
编制人：				日期： 年 月 日		

说明：

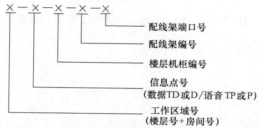

例如：501-26TD-FD5-M2-02 表示第五层的第 01 号房间的第 26 个数据信息点，在第五层机柜的第二个配线架的第二端口。其中：M2 表示第二个配线架；FD5 表示第五层机柜；26TD 表示第 26 个数据信息点（若 8TP 或 8P，则表示第 8 个语音点）。

参 考 文 献

[1] 王公儒. 网络综合布线系统工程技术实训教程 [M]. 北京：机械工业出版社，2009.

[2] 黎连业. 网络综合布线系统与施工技术 [M]. 3 版. 北京：机械工业出版社，2007.

[3] 李京宁，张莘，李法春. 网络综合布线 [M]. 北京：机械工业出版社，2004.

[4] 徐超汉. 智能建筑综合布线系统设计与工程 [M]. 北京：电子工业出版社，2002.

[5] 程控，金文光. 综合布线系统工程 [M]. 北京：清华大学出版社，2005.

[6] 刘化君，黄晓宇. 综合布线系统 [M]. 北京：机械工业出版社，2004.

[7] 中华人民共和国建设部. GB 50311—2007 综合布线系统工程设计规范 [S]. 北京：中国计划出版社，
     2007.

[8] 中华人民共和国建设部. GB 50312—2007 综合布线系统工程验收规范 [S]. 北京：中国计划出版社，
     2007.